LES GÉOGRAPHIES DE L'EAU

5-7, rue de l'Ecole polytechnique, 75005 Paris

http://www.librairieharmattan.com
diffusion.harmattan@wanadoo.fr
harmattan1@wanadoo.fr

ISBN : 978-2-296-10502-7
EAN : 9782296105027

Sous la direction de
Richard Laganier et Gilles Arnaud-Fassetta

LES GÉOGRAPHIES DE L'EAU

Processus, dynamique et gestion de l'hydrosystème

L'Harmattan

ITINERAIRES GEOGRAPHIQUES

SOUS LA DIRECTION DE COLETTE VALLAT

Espace de débats scientifiques reflétant la diversité et la densité des intérêts géographiques comme la richesse méthodologique qui préside à la recherche en ce domaine, cette collection veut rassembler tous les *itinéraires* menant au territoire (géographie sociale, culturelle, quantitative, normative, aménagement…). Forum où rien de ce qui touche à l'homme n'est indifférent la collection donne aussi l'occasion d'ouvrir le dialogue avec de nombreuses sciences humaines en accueillant les textes présentant une réelle curiosité pour l'espace, les cultures et les sociétés.

Déjà parus

1) Corinne Eychenne, *Hommes et troupeaux en montagne : la question pastorale en Ariège* (2005)
2) Richard Laganier (ed.), *Territoires, inondation et figures du risque, la prévention au prisme de l'évaluation* (2006)
3) Ugo Leone, Gilles Benest, *Nouvelles politiques de l'environnement* (2006)
4) Alexandre Moine, *Le territoire : comment observer un système complexe* (2007)
5) Gabriel Dupuy, Isabelle Géneau de Lamarlière (ed.), nouvelles échelles des firmes et des réseaux, un défi pour l'aménagement (2007)
6) Yves Guermond (coord.), *Rouen : la métropole oubliée* (2007)
7) Hervé Rakoto (coord.), *Ruralité Nord-Sud, Inégalités, conflits, innovations* (2007)
8) Jean-Pierre Vallat (dir.) *Mémoires de patrimoines* (2007)
9) Patrice Melé, Corinne Larrue (coord.), *Territoires d'action* (2008)
10) Colette Vallat (dir.), *Pérennité urbaine ou la ville par-delà ses métamorphose* ; T1 *Traces*, T2 *Turbulence*, T3 *Essence* (2009)
11) Marcello Balbo (dir.), *Médina 2030* (2009)
12) Anne Androuais (dir.), *La régionalisation dans les pays de l'Asie orientale* (2009)

Titres à paraître

Lionel Laslaz, *Les zones centrales des Parcs Nationaux alpins*
Julien Frayssignes, *Les AOC des filières fromagères dans le développement territorial*
Philippe Dugot, Michaël Pouzenc, *Territoire du commerce et développement durable*
Céline Pierdet *Phnom Penh, ville fleuve*

Les auteurs

Alber Adrien, Doctorant, Université Lyon 2, UMR Environnement, Ville et Sociétés
Arnaud-Fassetta Gilles, Professeur, Université de Créteil - Paris 12, UMR PRODIG et UMR LGP
Astrade Laurent, Maître de Conférences, Université de Savoie, UMR EDYTEM
Barraud Régis, Docteur, Université de Nantes, UMR LETG-Géolittomer
Bartout Pascal, Maître de Conférences, Université d'Orléans, CEDETE
Beck Thierry, Doctorant, Université de Metz, Laboratoire CEGUM
Benmalek Yohann, Doctorant, Université de Saint-Etienne, UMR EVS-CRENAM
Bocher Erwan, Docteur, Ecole centrale de Nantes
Brunaud Delphine, Docteur, Université de Limoges
Carcaud Nathalie, Professeur, Agrocampus ouest, Angers, INHP, UP Paysage
Castanet Cyril, Docteur, Université Paris 1, UMR ARSCAN et LGP Meudon
Chow-Toun Franck, Doctorant, Université Paris 7, UMR PRODIG
Clauzel Céline, Docteur, Université Paris 4, UMR Laboratoire Espaces, Nature et Culture
Corbonnois Jeannine, Professeur, Université du Maine, UMR ESO-GREGUM
Corenblit Dov, Docteur, Université de Clermont-Ferrand, UMR GEOLAB
Dacharry Monique, Professeur émérite, Université Lille 1
Delahaye Daniel, Professeur, Université de Caen, UMR LETG-Géophen
Delorme-Laurent Virginie, Docteur, Université de Reims
Dia Issa, Doctorante, Université Cheikh Anta Diop de Dakar
Douvinet Johnny, Docteur, Université de Caen, UMR LETG-Géophen
Dufour Simon, Maître de Conférences, Université Aix-Marseille 1, UMR CEREGE
El Ghachi Mohamed, Docteur, Université de Metz, Laboratoire CEGUM
Ferdinand Laurie, Doctorante, Université Toulouse 2, UMR GEODE
Fister Vincent, Université Paul Verlaine-Metz, CEGUM EA 1105
Franchomme Magalie, Docteur, Université Lille 1, Laboratoire Territoires, Villes, Environnement et Société
Garlatti Florence, Docteur, Université Paris 7, UMR PRODIG
Gille Emmanuel, Maître de Conférences, Université Paul Verlaine-Metz, CEGUM EA 1105
Ioana-Toroimac Gabriela, Doctorante, Université Lille 1, Laboratoire Préhistoire, Géologie, Quaternaire
Jacob-Rousseau Nicolas, Maître de Conférences, Université Lyon 2, UMR Environnement, Ville et Sociétés

Kane Coura, Doctorante, Universités de Strasbourg et Cheik Anta Diop de Dakar, Laboratoire Image, Ville, Environnement
Laganier Richard, Professeur, Université Paris Diderot – Paris 7, UMR PRODIG
Lang Claire, Maître de conférences, Université Nancy 2, CERPA
Le Lay Yves-François, Docteur, Université Lyon 3, UMR Environnement, Ville et Sociétés
Liébault Frédéric, Chargé de recherches, Cémagref Grenoble, UR ETNA
Martin Etienne, Doctorant, Université Nancy 2
Masson Eric, Maître de Conférences, Université Lille 1, Laboratoire Territoires, Villes, Environnement et Société
Parage Jane, Doctorante, Université du Maine, UMR ESO-GREGUM
Piégay Hervé, Directeur de recherches, Université de Lyon, UMR Environnement, Ville et Sociétés
Raccasi Guillaume, Docteur, Université Aix-Marseille 1, UMR CEREGE
Rollet Anne-Julia, Maître de Conférences, Université de Caen, UMR LETG-Géophen
Salvador Pierre-Gil, Professeur, Université Lille 1, Laboratoire Territoires, Villes, Environnement et Société
Scarwell, Helga-Jane Professeur, Université Lille 1, Laboratoire Territoires, Villes, Environnement et Société
Steiger Johannes, Maître de Conférences, Université de Clermont-Ferrand, UMR GEOLAB
Temam Saîda, Doctorante, Université Paris 8, UMR LADYSS
Thénard Lucas, Doctorant, Université Lille 1, Laboratoire Territoires, Villes, Environnement et Société

Sommaire

Première partie
Hydrologie et gestion des eaux courantes

Deuxième partie
Eaux, milieux et paysages fluviaux

Troisième partie
Dynamique fluviale

INTRODUCTION

LES GÉOGRAPHIES DE L'EAU

PROCESSUS, DYNAMIQUE ET GESTION DE L'HYDROSYSTEME

Richard Laganier, Gilles Arnaud-Fassetta, Monique Dacharry

En toutes les sciences de la nature, particulièrement en hydrologie à cause de l'extension et de la variété du domaine de l'eau, les disciplines qui concourent à la connaissance sont multiples et la pluridisciplinarité s'impose. Aussi, les frontières entre les disciplines, fort utiles mais fragiles et évolutives, sont-elles fréquemment transgressées. De plus le lien, parfois étroit, entre connaissance, action et décision devrait faire des sciences de l'eau une science dont l'objet d'étude la rapproche du monde professionnel, de l'économie de marché et des questions sociopolitiques liées à l'eau. Pour autant, la communauté scientifique est fractionnée. De toutes les disciplines qui relèvent des sciences de l'eau (hydraulique, hydrologie, hydrogéomorphologie, hydrogéologie, hydroécologie, hydrologie urbaine, hydrologie géographique, sociologie de la nature et de l'environnement, histoire de l'environnement et des risques…), aucune ne peut prétendre à la vérité. Qu'il s'agisse de manque d'eau réel ou potentiel, des différentes formes de vulnérabilités liées aux inondations, à l'épuisement ou à l'altération qualitative de la ressource en eau ou encore de la protection et de la mise en valeur des hydrosystèmes, chaque branche de cette communauté scientifique, plurielle dans ses méthodes et dans ses questionnements, peut apporter une forme d'expertise utile. Cependant, cette communauté est souvent davantage amenée à pérenniser ses propres intérêts, parfois plus en lien avec des objectifs de promotion que de celui du développement de la connaissance ou de réponse à des problèmes concrets. L'enjeu est donc d'assurer à la fois le développement des connaissances fondamentales tout en renouant plus franchement avec les questionnements sociétaux. De ce point de vue, l'Etat central et ses administrations déconcentrées, les collectivités territoriales, les établissements publics, et à une toute autre échelle l'Union Européenne en questionnant ensemble ou séparément la communauté scientifique, *via* des programmes de recherche européens, nationaux ou régionaux, incitent à des recherches nouvelles, y compris fondamentales. Les interrogations et les problèmes qui mobilisent le monde politique, administratif et scientifique imposent toutefois, de dépasser les frontières administratives, scientifiques et culturelles traditionnelles, de rendre perméable la frontière « *entre savoir et action pour fonder une connaissance pratique, multidisciplinaire, dans le souci de répondre à des problèmes concrets sans être pour autant captif docile du pouvoir* » (Kalaora, 1998). Dans ce contexte, l'hydrologie géographique, bien définie par son champ d'investigation, ses intentions et ses méthodes est obligatoirement conduite vers certaines sciences connexes, et partiellement annexée à d'autres. Elle est également amenée à renforcer son partenariat avec des institutions en charge de la gestion de l'eau et des hydrosystèmes.

En se penchant sur le passé récent de la géographie, le présent ouvrage, conçu dans le cadre des travaux de la commission « Hydrosystèmes continentaux » du Comité National Français de Géographie, a pour objectif d'exposer, sans avoir la prétention d'atteindre l'exhaustivité, différentes manières de faire une géographie de l'eau. Il vise à contribuer à l'histoire récente de ces empiètements disciplinaires, de ces complémentarités nécessaires tout comme à préciser l'originalité qui se dégage des approches spécifiques conduites dans la recherche sur les hydrosystèmes continentaux et les évolutions les plus récentes de cette recherche. Il ambitionne d'éclairer l'apprenti géographe et le non-géographe sur la manière dont sont envisagés, en géographie, l'étude des processus hydrologiques, l'analyse des hydrosystèmes passés et actuels, y compris dans leurs interactions avec les sociétés, tout comme les rapports entre l'eau et les territoires. Il se fonde sur un travail de lecture des productions géographiques françaises en matière d'hydrologie (articles, ouvrages, thèses), dans leur lien avec la demande sociale, en vue d'expliquer les tendances enregistrées et de réfléchir au devenir des recherches sur les hydrosystèmes, de ses moyens, de ses méthodes, de ses applications. Ces évolutions récentes, présentées en trois volets principaux (hydrologie et gestion des eaux courantes ; eaux, milieux et paysages fluviaux ; dynamique fluviale) s'inscrivent dans le prolongement de l'histoire d'une science dont un rapide détour historique peut nous permettre d'éclairer, en introduction, les principales facettes.

Dans la très longue histoire du monde progressivement exploré et mis en valeur par l'homme, la géographie a toujours été littéralement et fondamentalement description de la terre. Elle s'honore de grands ancêtres : Hérodote, au Vème siècle avant J-C. ; Strabon, à l'aube de notre ère, auteur en dix-sept livres de la première « géographie universelle »... En fait, la réflexion géographique sur les formes et aspects de la surface terrestre n'a jamais cessé. Son enseignement, fondé sur les auteurs anciens, est dispensé jusqu'au XVème siècle dans les écoles de cosmographie et de mathématiques. À partir de la Renaissance, elle est enrichie par l'abondance et l'accélération des connaissances sur l'œkoumène. Au cours de l'époque « moderne et contemporaine » - selon la pratique usuelle de division des temps historiques - deux temps forts dans l'histoire des sciences hydrologiques doivent être rappelés, celui de l'émergence identitaire et celui de la reconnaissance officielle au rang des sciences modernes autonomes. Quelques dates suffisent à évoquer la première, bien connue, de ces étapes.

- 1634 : Nicolas Sanson, « ingénieur et géographe ordinaire du Roy », publie la première « *Carte des rivières de France* ». Au siècle suivant, un brillant architecte formé à l'Ecole des Ponts et Chaussées, Philippe Buache, premier géographe en titre de l'Académie des Sciences, présentera en 1744 sa « *Carte physique ou Géographie Naturelle de la France, divisée par Chaînes de Montagnes et aussi par TERREINS de FLEUVES et Rivières* », en fait une carte des bassins hydrographiques.

- 1650 : paraît la *Geographia generalis* de Varenius, reconnue par les historiens de la discipline comme « la meilleure synthèse géographique de l'âge classique », la « mise en ordre dans une discipline déjà foisonnante ». Les sources et les fleuves y sont traités, ainsi que les montagnes et les tremblements de terre, les océans, les vents, les forêts, les déserts...

- 1659 : sur le tableau de Vermeer, « *Le Géographe* » est un homme de « cabinet », derrière une fenêtre fermée, réfléchissant, carte et compas en mains.

- 1674 : Pierre Perrault, dans son livre « *De l'origine des fontaines* », démontre par des estimations quantitatives que pluies et neiges sont à l'origine du débit des rivières. Trois siècles plus tard, la parution de cet ouvrage qui ouvrait la voie au concept moderne de cycle de l'eau fut solennellement déclarée acte de naissance de l'hydrologie scientifique (Unesco, Paris, 9-12 septembre 1974).

La seconde étape, aux premières décennies du XXème siècle, correspond au développement de l'hydrologie géographique en tant que science. Après l'essor vertigineux de toutes les sciences, au-delà des éclatements, des chevauchements, des recompositions, des définitions, des subdivisions, l'étude des fleuves et des rivières constitue, avant la première guerre mondiale, une branche incontestée de la géographie physique. Son représentant éminent fut, en France, le professeur Maurice Pardé (1894-1973) dont les quelques 350 publications, rédigées entre 1919 à 1972, sur les monographies fluviales du monde entier, sur les régimes, les crues, les transports d'alluvions et l'envasement des réservoirs, l'influence des forêts sur l'écoulement et autres sujets, ont défini les méthodes d'analyse et les informations sur lesquelles la spécialité se fonde aujourd'hui encore.

La première Guerre mondiale n'était pas terminée que l'organisation d'un comité international pour la recherche scientifique entrait dans les soucis des puissances alliées : au mois d'octobre 1918, les académies des sciences de ces Etats recommandaient, pour chaque discipline, la formation de comités nationaux que grouperait une union internationale. La géographie étant l'une de ces disciplines, telle fut l'origine du Comité national français de géographie, créé le 7 juillet 1920 par des représentants de l'Académie des sciences, des universités, de la Société de Géographie et du Service géographique de l'Armée. Puis il fut rattaché à l'Union géographique internationale (UGI) fondée en 1922. De même naissait, en 1923, à l'initiative également de l'Académie des sciences, le Comité national français d'hydrologie scientifique (CNFHS) dans la mouvance de la jeune Union géodésique et géophysique internationale (UGGI), créée avant même sa sœur l'UGI, dès novembre 1918. Naturellement, le CNFHS groupa, à sa naissance, tous les chercheurs français s'intéressant de quelque manière à l'eau, au premier rang desquels le géographe Maurice Pardé.

Pour désigner la science géographique des cours d'eau, Maurice Pardé avait choisi le terme étymologiquement convenable de « potamologie » en laquelle il distinguait deux branches, d'ailleurs très interférentes, l'hydrologie fluviale et la dynamique fluviale. La potamologie est une partie de la géographie physique, comme le sont l'océanographie, la climatologie, la géomorphologie, la biogéographie. Deux branches y sont distinguées, très interdépendantes et elles-mêmes subdivisées. La première branche ou hydrologie fluviale comprend, d'abord, l'hydrométrie, c'est-à-dire les observations directes et les calculs qui fournissent les bases numériques indispensables. Mais elle étudie principalement les débits fluviaux (en quantité et en qualité), leurs variations (dans le temps et dans l'espace) et les causes (naturelles ou artificielles) de ces variations, en un mot, les régimes fluviaux. La seconde partie de la potamologie ou dynamique fluviale étudie les courants fluviaux (hydraulique) et leur influence sur les lits des rivières et réciproquement, ce qui relève directement de la géomorphologie. Si juste qu'il soit, le mot « potamologie » n'a pas eu, en France, le succès qu'il méritait.

Le mot « hydrogéographie », malgré sa simplicité explicite n'a pas reçu meilleur accueil en France. Sans doute est-ce parce que dans l'enseignement supérieur de la géographie en Union soviétique, une place bien plus grande qu'en France a été attribuée à la potamologie, qu'un Russe, le Pr. Mark Lvovitch a fait prévaloir ce nom d'hydrogéographie. Voici sa définition (1968) : « *Un des aspects de l'hydrogéographie est l'étude aussi bien des rapports entre les éléments du régime hydrologique que des interactions de ce dernier avec d'autres composantes de la nature : climat, sol, végétation, relief, structure géologique. L'étude de la genèse des phénomènes et des processus hydrologiques y est étroitement rattachée. L'autre aspect de l'hydrogéographie, c'est la description des sources d'eau, de leur régime et les généralisations territoriales, géographiques des éléments du régime hydrologique. On range également parmi les tâches de l'hydrogéographie l'élaboration des fondements scientifiques ou des principes de la modification du régime hydrologique visant à utiliser plus complètement et plus rationnellement les ressources hydrauliques et à les protéger contre l'épuisement et la contamination. On y considère la liaison entre les géographies physique et économique dans le cadre de l'hydrologie* ». Cette longue définition met l'accent sur les liens qui ont toujours existé mais de plus en plus nécessaires entre la géographie physique et la géographie humaine quand il s'agit de la vie et des activités de l'homme dans son environnement.

Là encore, la commission du Comité national français de géographie de l'UGI lui a préféré les termes d'« hydrologie fluviale » (vers 1960), d'« hydrologie continentale » (1976) puis d'« hydrosystèmes continentaux » (1992) qui évoque mieux la globalité de l'étude du cycle de l'eau dans sa phase terrestre. Il fait écho également aux nouvelles pratiques de gestion de l'espace et de l'eau (approche intégrée, plus systémique, reliant enjeux environnementaux, sociaux et économiques) tout en traduisant les orientations nouvelles et le développement de complémentarités au sein de la géographie (hydrologie et géomorphologie puis hydrologie et biogéographie) et avec d'autres disciplines comme l'écologie, l'archéologie, la géologie, la sociologie, l'histoire ou les sciences politique).

Le terme d'hydrosystème peut être défini comme la « *portion de l'espace où, dans les trois dimensions, sont superposés les milieux de l'atmosphère, de la surface du sol et du sous-sol, à travers lesquels les flux hydriques sont soumis à des modes particuliers de circulation. L'hydrosystème est le siège, sous l'effet de l'eau, de transformations car, en toutes ses phases, le cycle de l'eau a d'étroits rapports avec d'autres cycles physiques, géochimiques et biologiques de l'environnement terrestre* » (Cosandey *et al.*, 2003). Cette notion générale peut être déclinée de façon plus spécifique en hydrosystème fluvial, hydrosystème lacustre,... limitant ainsi à des espaces particuliers (la plaine alluviale, les lacs) l'analyse des interconnexions entre l'eau et le milieu, dans les trois dimensions classiques, longitudinale, latérale, verticale, auxquelles est rajoutée, de la façon opportune, la dimension historique.

Avant de s'engager de façon plus approfondie dans l'étude des évolutions récentes de la recherche au fil des chapitres suivants, un tableau général de l'évolution de l'hydrogéographie française depuis un siècle peut être tenté en introduction à travers une comptabilité des productions scientifiques. Deux corpus de donnés ont été élaborés dans cette perspective : un premier corpus concerne les articles d'hydrogéographie dans les revues françaises de géographie (seules les revues à comité de lecture ont été abordées) ; un second corpus concerne les thèses d'hydrogéographie soutenues à partir de 1971. Les deux corpus ont été abordés selon 5 axes : le ou les noms des auteurs, la date de parution ou de soutenance, les thèmes (définis à partir des titres et la connaissance personnelle des articles et des thèses), le lieu de parution (nom de la revue, lieu de soutenance) et l'espace géographique étudié. Le corpus « articles » est composé de 595 références bibliographiques réparties inégalement dans 15 des 38 revues de géographie existant en France. Le nombre inégal de publications dans les revues (figure 0.1) s'explique en particulier par des dates de création différentes des revues. Certaines créations sont en lien étroit avec le développement de nouvelles facultés en province dans l'entre deux guerres, d'autres répondent à une demande de revues thématiques à partir des années 1950 et toutes les publications dépendent de la présence d'enseignants-chercheurs géographes travaillant dans le domaine de l'eau. Parmi les revues analysées, retenons les dates de création suivantes : 1891 pour les *Annales de Géographie*, 1913 pour la *Revue de Géographie Alpine*, 1925 pour la *Revue de Géographie de Lyon* (devenue depuis *Géocarrefour)*, 1924 pour *le Bulletin de l'Association des Géographes Français*, 1950 pour la *Revue de Géomorphologie Dynamique* et 1963 pour la *revue Hommes et Terres du Nord*. Le corpus « thèses » ne débute qu'en 1971 - rares sont les thèses d'Etat soutenues avant cette date en plus de la difficulté d'accéder aux informations concernant les rares thèses de 3ème cycle portant sur l'eau - et recense 369 références (soit 7 % des thèses soutenues en géographie depuis 1971). Ce corpus est en partie issu de la base de données de l'UMR PRODIG qui recense les productions scientifiques des géographes français. La variation du nombre de thèses soutenues est étroitement dépendante des réformes universitaires (*i.e.,* changement de statut des doctorats et apparition des allocations de recherche), des possibilités de recrutement dans les universités, qui augmente sensiblement dans les années 1980, et d'une augmentation du nombre d'étudiants en géographie.

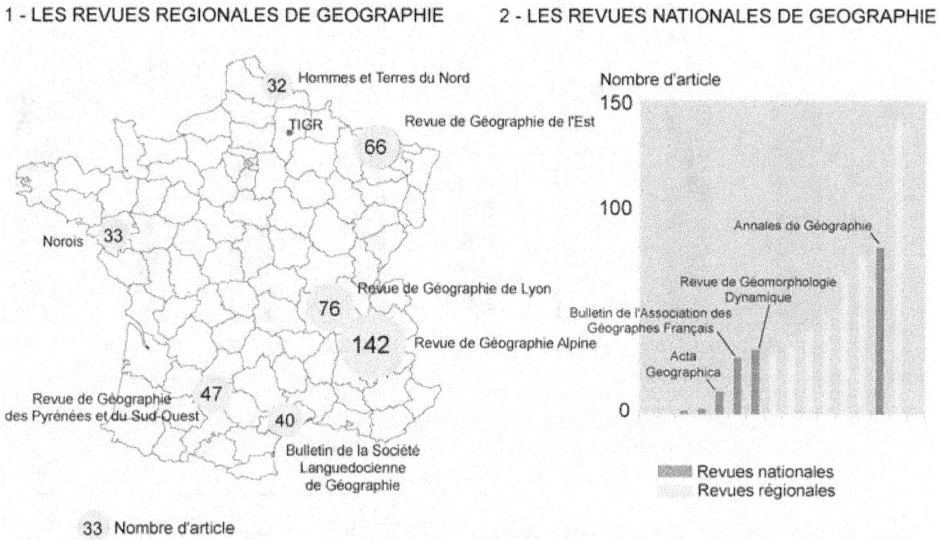

Figure 0.1- Répartition des articles d'hydrogéographie par type de revue 1920-2000

Des changements notables peuvent être observés au cours du XXème siècle lorsque l'on regroupe les travaux hydrogéographiques en deux grandes familles, ceux qui portent sur les processus et fonctionnements hydrologiques et la dynamique des hydrosystèmes d'une part, et ceux qui s'ancrent fortement sur l'étude des usages et de la gestion de l'eau d'autre part.

L'hydroclimatologie, portée par Maurice Pardé dès le début du siècle puis par ses élèves à partir des années 1950 domine les productions en hydrogéographie jusqu'au début des années 1970. La part consacrée à la géomorphologie fluviale s'affirme toutefois entre 1940 et 1970 en raison du poids très important de la géomorphologie dans la formation même des géographes. Les productions scientifiques portant sur l'utilisation de la ressource en eau occupent également une place importante au moment où se construisent des infrastructures lourdes de développement à l'échelle nationale (travaux portant sur l'hydroélectricité, l'irrigation, les canaux en lien avec des problématiques d'organisation et d'aménagement du territoire).

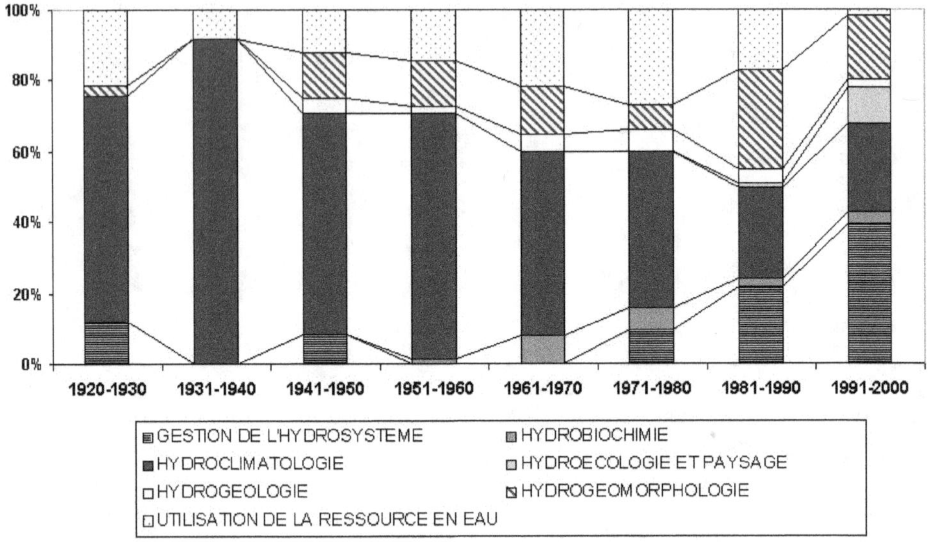

Figure 0.2 - Evolution des thèmes des articles d'hydrogéographie depuis 1920

Un changement très fort des thématiques apparaît à partir des années 1970 avec le développement d'interrogations liées à l'impact de l'homme sur le fonctionnement des hydrosystèmes. Cette évolution fait écho aux peurs sociales qui se cristallisent à la fin des années 1960 et au début des années 1970, autour d'enjeux écologiques nouveaux comme l'épuisement et la dégradation des ressources naturelles ou les risques liés à l'eau. L'étude des interactions milieux-sociétés se fait surtout par une approche naturaliste qui étudie de façon privilégiée l'impact des sociétés sur les processus de ruissellement, d'écoulement, d'érosion... alors même que quelques travaux émergeants commencent à se pencher sur une approche plus sociale et territorialisée de ces interactions. Si l'hydrobiochimie fait son apparition en géographie avec les travaux de Marcel Chartier, ce sont surtout les recherches qui relèvent du champ de la gestion des hydrosystèmes, de l'hydroécologie ou de l'hydrogéomorphologie qui matérialisent le développement d'une géographie fondamentale ou appliquée en lien étroit avec les demandes et les financements de recherches par les collectivités territoriales ou l'Etat.

L'hydrogéographie, en grande partie basée sur une analyse rétrospective de « ce qui est ou a été » s'enrichit ainsi d'une analyse plus prospective de « ce qui doit être ou peut être ». Toutefois la faiblesse de modèles de prédiction en géographie, à la différence d'autres disciplines travaillant dans le domaine de l'eau, s'explique peut-être par la formation même du géographe qui a aussi une formation d'historien, discipline attachée aux certitudes. Ainsi l'hydrogéographie « à la française » regarde préférentiellement le présent ou le passé plus que l'avenir, à des échelles temporelles variables selon les bases de données disponibles et selon les problématiques abordées ; l'hydrogéomorphologue travaillera parfois à l'échelle du Quaternaire voire des ères géologiques antérieures alors que l'hydroclimatologue se concentrera au mieux sur le siècle écoulé.

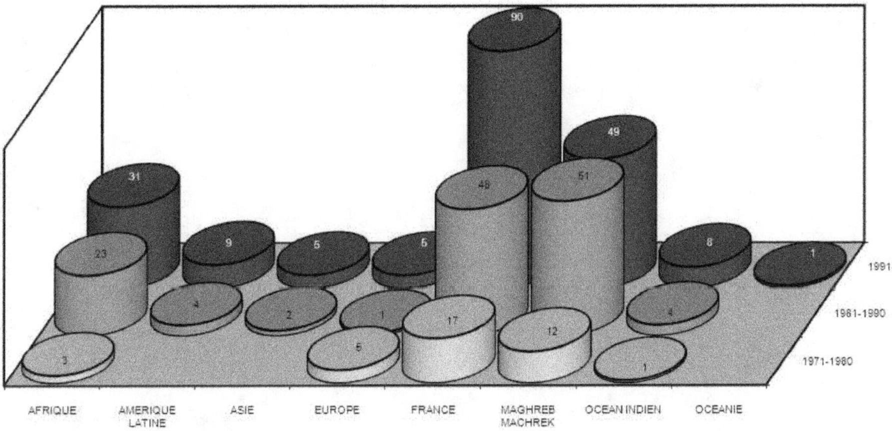

Figure 0.3 - Evolution des espaces d'étude des thèses d'hydrogéographie de 1971 à 2000

Les changements récents, qui conduisent parfois l'hydrogéographe vers la démarche prospective, sont liés aux enjeux socio-économiques et environnementaux des politiques d'aménagements. Ils n'ont pu se développer qu'avec l'appui des dernières nouveautés technologiques (systèmes d'information géographique, traitement de données, analyse spatiale, systèmes multi-agents).

La diversification des espaces géographiques étudiés est une autre caractéristique des récents travaux conduits au sein des unités de recherches françaises au cours des trois dernières décennies (figure 0.3). On constate : une augmentation très nette des terrains d'étude en France ; l'importance du Maghreb-Machrek et de l'Afrique Noire dans le nombre de thèses soutenues (50 % des thèses) ; une récente diversification des terrains d'étude avec quelques thèses portant sur l'Asie, l'Amérique Latine ou l'Océanie.

Les espaces d'investigation des doctorants apparaissent clairement orientés par les structures d'enseignement, de formation et de recherche de chaque département de géographie. Le croisement des lieux de préparation des thèses (structures d'accueil) et des espaces géographiques étudiés affichent des spécialisations spatiales pour certaines universités (figure 0.4).

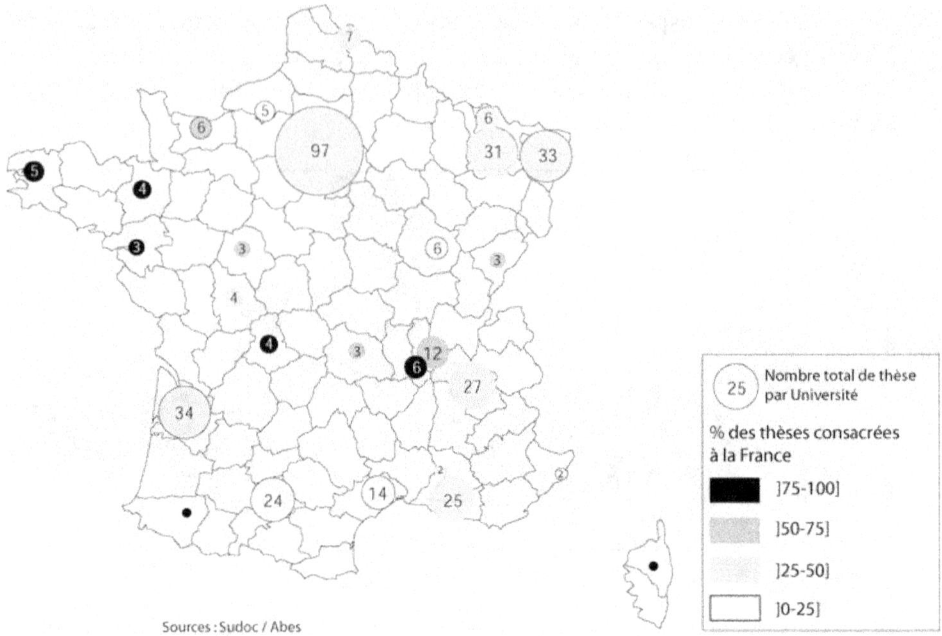

Figure 0.4 - *Les thèses d'hydrogéographie soutenues en France de 1971 à 2000*

Ainsi, plusieurs centres de formation et de recherche présentent un ancrage fort dans leur région (université de l'Ouest comme Brest, Rennes et Nantes, mais également des universités nouvellement crées comme Pau). Les effets de structures, la proximité de terrain et la forte demande des collectivités territoriales expliquent sans doute cet ancrage régional. À l'inverse, d'autres universités (Toulouse, Montpellier, Dijon, Rouen) se caractérisent par un poids très fort des terrains d'étude hors du territoire français et plus particulièrement des pays du Sud francophones (Maghreb-Machrek et Afrique Noire). Cette situation est liée à la présence de grandes chaires spécialisées sur l'Afrique francophone ou le Maghreb-Machrek (Montpellier, Bordeaux, Rouen) et/ou en hydroclimatologie (Montpellier, Toulouse, Nancy, Grenoble et Dijon). La politique de coopération de la France, les dispositifs d'aide à la recherche vers les anciennes colonies françaises ou bien encore l'ancienneté des relations scientifiques avec certains pays expliquent aussi ces spécialisations spatiales.

De ce survol des travaux hydrogéographiques français au cours du XXème siècle se profilent plusieurs constats et perspectives sur le développement des sciences géographiques de l'eau et sur la place que les géographes sont appelés à tenir parmi la nombreuse communauté des chercheurs, universitaires et des ingénieurs hydrologues. La principale observation, peut-être, porte sur l'extension accélérée des champs d'étude des géographes sous la pression de demandes sociales, notamment en matière de risques et de tout ce qui touche à la qualité ou à la fragilité des milieux de vie et des hydrosystèmes continentaux en particulier. Cela laisse prévoir à court et moyen termes que les espaces occupés ou transformés par l'Homme, aires urbaines, terres irriguées ou drainées, vallées alluviales jalonnées d'ouvrages hydrauliques, friches rurales ou industrielles reconquises, l'emportent sur les espaces qui restent ou paraissent « naturels » et qui ont longtemps été le terrain réservé de l'hydrologie classique.

Dans son propre domaine, l'hydrologie n'est pas seulement enrichie par les techniques modernes d'acquisition, d'exploitation et d'expression des données que sont la télédétection, l'informatique, la modélisation, la cartographie utilitaire, les SIG... Elle ouvre aussi par des approches et des voies nouvelles à des connexions entre disciplines dans trois directions. Grâce à la méthode systémique globale d'appréhension des problèmes pratiques d'environnement, ses liens s'affirment avec la climatologie, la géomorphologie, la biogéographie et les sciences de la nature pour une meilleure connaissance des flux hydriques et des processus en dynamique fluviale. Outre cette réunion de toutes les branches de la géographie physique, d'autres liens de plus en plus nombreux s'imposent entre les chercheurs ancrés dans l'étude du fonctionnement des hydrosystèmes et la géographie humaine, retour nécessaire à une complémentarité originelle. Enfin, dès maintenant, il est prévisible que dans les plans d'aménagement du territoire comme dans les politiques d'environnement et même en géopolitique, l'étude de l'eau perdra son autonomie et devra trouver place dans un concert de disciplines physiques, économiques, sociales, inéluctablement complémentaires.

L'ambition de cet ouvrage est précisément d'illustrer ces tendances et ce renouvellement des approches géographiques de l'eau.

PREMIERE PARTIE

HYDROLOGIE ET GESTION DES EAUX COURANTES

Chapitre 1

L'HYDROLOGIE EN GÉOGRAPHIE : DES FONDEMENTS HISTORIQUES AUX DEMARCHES ACTUELLES

Emmanuel Gille, Claire Lang, Vincent Fister, Erwan Bocher

Introduction

L'hydrologic a unc placc cn géographic à la fois indiscutablc ct mal assurée : difficile de concevoir l'approche d'un territoire en ignorant le rôle qu'y joue l'eau et difficile aussi de se donner les moyens scientifiques de quantifier le phénomène sans glisser, par l'objet et les démarches, vers une autre discipline. L'évolution récente, marquée par l'approfondissement des sciences et le développement informatique, a conduit à une sorte de paroxysme de cet écartèlement entre nécessité et investissement. Quels sont les caractères de cette évolution pour l'hydrologie en géographie ? Sommes-nous parvenus à un point de rupture, annoncé depuis 40 ans, entre l'hydrologie et la géographie ? Ces deux questions ne sont-elles que françaises ? Y-a-t-il une approche spécifique de l'hydrologie qui pourrait constituer une originalité géographique ? Les lignes qui suivent essayent d'apporter des éléments de réponse en trois temps : 1) éclairage historique (la présentation d'un état de la recherche en hydrologie au sein de la géographie demande des précisions sur les contours de cette discipline et un retour sur les débats qui en ont accompagné la définition) ; 2) évolution de la recherche depuis une dizaine d'années, sur le plan des effectifs et de la localisation géographique, en termes de contenus des recherches et dans les tendances qui se dessinent actuellement ; 3) illustration de cette évolution, en présentant de façon détaillée quelques travaux de recherche ayant valeur d'exemples.

Définition du champ de l'hydrologie, débats : historique

Pour retracer l'histoire de l'hydrologie géographique au cours du XXème siècle on peut retenir trois périodes : la fondation – définition avec Maurice Pardé, les débats des années soixante-dix, le rapport sur la recherche en hydrologie par Pierre Dubreuil au début des années 1990.

Maurice Pardé

« *La plupart des collaborateurs à ce numéro spécial d'hydrologie fluviale ont été les élèves du professeur Maurice Pardé : conscients de la dette immense qu'ils ont contractée à son égard, ils ont tenu à ce que ce numéro lui soit dédié et que sa mémoire y soit évoquée. On pourrait rappeler l'être extraordinaire qu'il a été (...) et surtout son œuvre monumentale (...). Il a créé de toutes pièces l'hydrologie géographique ou potamologie, avec ses deux branches principales, l'hydrologie et la dynamique fluviales.* »

On doit cette dithyrambique entame d'éditorial de la *Revue de Géographie de l'Est* au professeur René Frécaut faisant clairement remonter la naissance de l'hydrologie géographique aux premiers travaux de Maurice Pardé et associant, de ce fait, le domaine et les méthodes d'investigations de la discipline aux démarches et aux orientations scientifiques du précurseur fondateur (Frécaut, 1975). En 1975, le paysage est relativement simple : le champ de l'hydrologie géographique est dessiné dans l'ouvrage emblématique de Maurice Pardé, *Fleuves et rivières*, où l'on retrouve les deux branches évoquées : l'hydrologie ou la caractérisation et l'étude des flux d'eau, et les transports solides avec les modifications des lits des cours d'eau qui les accompagnent (Pardé, 1947). Ce deuxième volet est nettement moins développé que le premier consacré aux écoulements, mais les orientations n'en sont pas moins bien définies. Le terme potamologie, quant à lui, ne s'est pas vraiment imposé et reste d'un usage marginal[1].

L'hydrologie de Maurice Pardé montre bien des similitudes avec la climatologie : la démarche analytique, fondée sur la statistique des variations saisonnières, s'applique aux débits des cours d'eau et la définition des

[1] En 1992, des étudiants de l'est de la France, doctorants et ne pouvant donc être admis à la commission Hydrologie du CNFG, ont fondé, non sans espièglerie, la « commission des hypo-potamologues »

régimes débouche sur une répartition spatiale en grands domaines et nuances régionales ; pendants de la climatologie synoptique, les modalités et les processus générateurs de l'écoulement ainsi que les événements exceptionnels ne sont pas oubliés. Cette vision de l'hydrologie rejoint alors les préoccupations des gestionnaires de barrages et des producteurs d'hydroélectricité : les *Annuaires hydrologiques de la France*, publiés dès 1939 et notamment dans les années 1960 sous la direction de Jean de Beauregard, ingénieur en chef d'EDF, proche de Pardé et fidèle de la commission « Hydrologie » du CNFG, sont le symbole de la communauté des géographes et des ingénieurs.

Géographes et ingénieurs, les débats des années 1970

Pourtant, cette préface laisse aussi entendre qu'un débat épistémologique agite déjà la communauté hydrologique française : « *Son réflexe de géographe s'est manifesté enfin lors du récent débat, assez vain, qui s'est instauré entre « hydrologie géographique » et « hydrologie mathématique » des ingénieurs* ». De ce débat « *assez vain* », que René Frécaut clôt un peu rapidement en laissant entendre que la position « *sage et mesurée* » de Maurice Pardé « *semble faire l'unanimité* », on retiendra ces deux remarques : la première consacrant la vision géographique « *sa démarche fut celle d'un authentique géographe, en ce sens qu'il s'est toujours placé à une échelle régionale ou générale...* » ; la seconde sur le développement des sciences de l'ingénieur en hydrologie, présenté comme un « *engouement pour l'emploi quasi-systématique de formules mathématiques* », une sorte de mode appelée à faire long feu.

Sept ans plus tôt, Marcel Roche (ORSTOM), par une déclaration toute en nuances[2], avait pourtant décrété la fin de « *l'ère des géographes* » et « *la naissance de l'hydrologie moderne* ». Pour lui, l'hydrologie géographique, « *essentiellement marquée par un travail de systématique sur les chiffres de débits, de crues, de variations saisonnières, de déficits d'écoulement (...) ne saurait mettre en lumière tous les aspects du problème. Le géographe en tant que tel ne dispose pas de notions physiques ou statistiques suffisantes pour pousser très loin l'interprétation des phénomènes, surtout dans le domaine des applications* ». L'avenir des géographes en hydrologie, Marcel Roche le situe dans la dynamique fluviale : « *personne ne peut prétendre que la conception géographique de l'hydrologie n'a plus sa raison d'être (...) il semble au contraire qu'un futur développement de l'hydrologie fera une part*

---

[2] Marcel Roche, « *les processus du raisonnement chez l'hydrologue* », conférence prononcée à la Société hydrotechnique du Québec, Montréal, le **3** mai 1967. Quelques années plus tard, M. ROCHE sera élu président de l'Association Internationale des Sciences Hydrologiques (IAHS).

encore plus large à la géographie, notamment sous forme de géomorphologie ».

À cette époque, l'hydrologie en géographie connaît pourtant un rayonnement incontesté. Ce numéro spécial de la *Revue Géographique de l'Est* recense pratiquement toutes les grandes figures de l'hydrologie géographique « post-Pardé » en dessinant la carte de France des universités où la discipline paraît s'être développée et implantée en profondeur : René Frécaut à Nancy, Jean-Christian Schérer et Gérard Maire à Strasbourg (qui succédaient à Michel Rochefort), Monique Dacharry à Lille, Alain Schulé à Tours, Roger Lambert à Toulouse, Lucette Davy à Montpellier, Maryse Guigo à Nice et Claude Cosandey à Paris. On peut compléter en ajoutant, Jean Loup et Huguette Vivian à Grenoble, André Guilcher en Bretagne, ainsi que Michel Sary et Jean-François Zumstein à Metz. Ces géographes ont bien pris le train de l'hydrologie moderne décrite par Marcel Roche : « *sous l'impulsion de savants hydrologues plus portés aux sciences exactes, le cadre traditionnel de l'hydrologie des géographes a éclaté dans trois grandes directions : l'analyse des hydrogrammes ; les corrélations pluies-débits et débits-débits ; l'étude des séries statistiques constituées par les observations pluviométriques et hydrométriques* ». Des différences existent cependant nettement entre géographes et ingénieurs : les premiers adoptant plutôt des démarches empiriques, fondées sur l'observation de terrain, les seconds préférant des méthodes inductives ; les premiers, parfois accompagnés de chercheurs et d'ingénieurs d'études, sont surtout disséminés dans les universités où ils font figures de spécialistes d'un enseignement parmi tous ceux que comprend la géographie ; les seconds constituent des entités scientifiques homogènes de premier plan, associant la recherche aux applications qu'ils ont mission de développer. Ces deux groupes affichaient une complémentarité, certes déséquilibrée en termes de structures et de moyens, qui pouvait apparaître comme un atout, mais qu'un certain corporatisme, héritier de la vision dualiste de Marcel Roche, et qu'une définition trop pointilleuse du champ d'une discipline pouvait condamner.

L'état des lieux en 1989-1990 : le rapport Dubreuil

Après ces déclarations et ces débats, un autre événement permet d'apprécier de façon quantitative le développement de l'hydrologie géographique : à l'aube de la dernière décennie du siècle, le rapport Dubreuil dresse un état du potentiel français de recherche en hydrologie sur la base des déclarations des laboratoires (Dubreuil, 1990). Il montre que les implantations, en nombre d'universités et en effectifs, sont très proches de celles de 1975 (figure 1.1), toujours liées aux personnalités citées plus haut, auxquelles on peut ajouter Jean-Pierre Laborde à Nice, François Gazelle à Toulouse, Joël Humbert et

Bruno Ambroise à Strasbourg. Deux équipes seulement ont un poids conséquent : Grenoble avec le LAMA et Strasbourg où le CEREG-URA 95, fondé sur l'ancien CGA auquel se sont adjoints des membres de l'école d'ingénieurs ENGEES et des biologistes, annonce plus d'une vingtaine de chercheurs-ingénieurs-permanents se consacrant à l'hydrologie (figure 1.1), devenant ainsi le premier centre universitaire français.

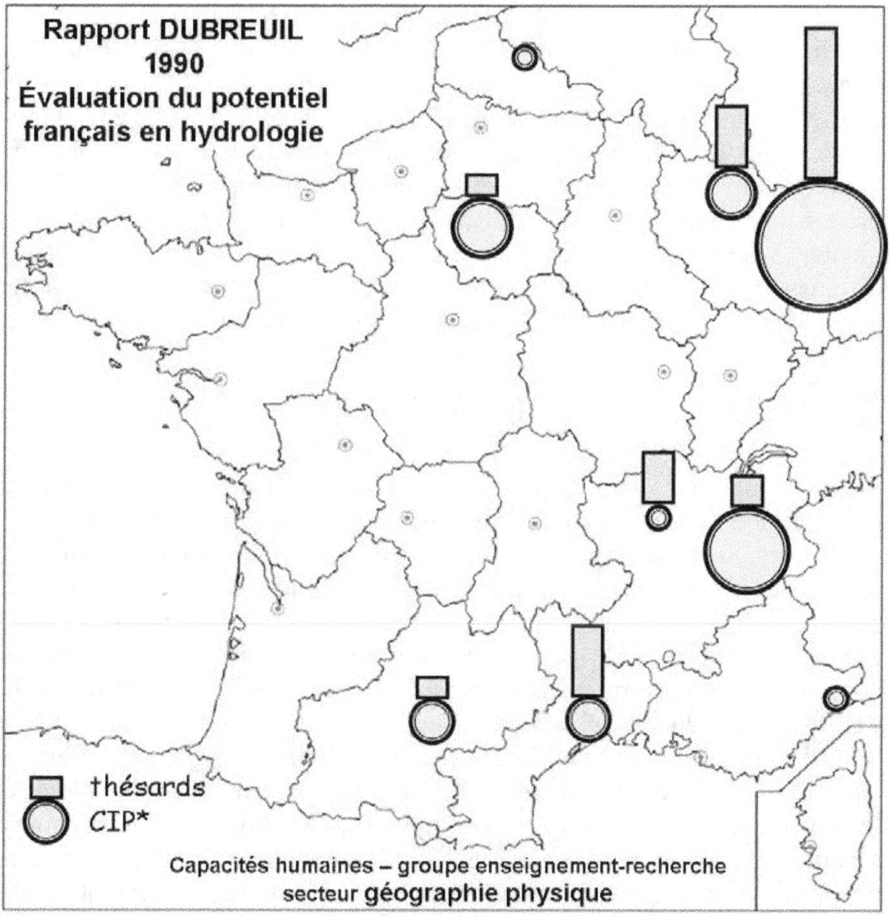

	CEREG Strasbourg	LAMA Grenoble	CNRS-Meudon	CEGUM Metz	Montpellier III	Toulouse	Lyon	Lille	Nice	total
CIP	21	9	6	4	3	3	1	1	1	49
(éq-TP)	*12*	*7*	*4*	*2,5*	*1*	*1*	*0,5*	*0,5*	*0,5*	*29*
Thésards	15	3	2	6	7	2	5			40
TA	1			2						3
total	37	12	8	12	10	5	6	1	1	92

*CIP : chercheur/ingénieur permanent (éq-TP) : équivalent temps plein Thésards et post-doc TA : technicien/administratif

Figure 1.1 - Les géographes hydrologues en 1990

Concernant la géographie, Pierre Dubreuil fait cette remarque (p. 20 du rapport pré-cité) : « *aucune équipe de géographie n'affiche un terme du domaine hydrologique dans son titre* ». Normalité pour une discipline à très large champ, pourrait-on répondre, mais aussi incontestable manque de visibilité, mauvaise communication ou, peut-être simplement, prudence ? L'histoire du CEREG est édifiante. L'association des géographes strasbourgeois avec des scientifiques a posé de vrais problèmes épistémologiques qu'on pourrait traduire ainsi : au-delà de quel Rubicon l'hydrologue géographe peut-il s'attendre à l'excommunication ? Pour avoir participé six ans durant aux débats du CNU (1998-2003), Emmanuel Gille constate à plusieurs reprises que des docteurs formés au sein de ce laboratoire rencontrent de sérieuses, voire rédhibitoires, difficultés à obtenir la qualification en géographie (23ème section). L'approche très fine des processus réglant les termes du cycle de l'eau au niveau du système sol-plante-atmosphère, sur des bassins versants expérimentaux de quelques dizaines ou centaines d'hectares, avait du mal à passer pour une démarche de géographe chez certains membres de cette assemblée, gardienne du temple.

Comment le géographe traite d'hydrologie

L'hydrologie est donc bien aux marges de la géographie. Cette science, à qui Maurice Pardé avait « *donné droit de cité en géographie physique au même titre que la géomorphologie…* », a évolué en profondeur comme toutes les sciences, avec le développement des techniques et la sophistication de la recherche. L'hydrologue géographe, sorte de travailleur frontalier, poursuit un grand écart entre l'analyse fine des phénomènes, socle incontournable de la compréhension des processus l'amenant parfois à l'échelle de la particule, et l'inaliénable « *dimension régionale ou générale* » de la discipline. On peut ainsi définir les champs de l'hydrologie géographique (figure 1.2) : les séries chronologiques, dont découlent toute statistique et, partant, les typologies, les tendances et la connaissance des extrêmes ; les processus et modalités de l'écoulement, de la pluie aux débits : la production de l'écoulement de crue et de l'infiltration, le tarissement et la propagation ; le bassin versant, contexte des phénomènes et des interactions. À l'intersection des trois se trouvent les contraintes et les outils : la quantification spatiale des précipitations, le bilan hydrologique qui globalise phénomènes et données de bassin, la modélisation qu'il faut concevoir comme un essai de représentation visant à mettre en cohérence les connaissances accumulées et, enfin, les SIG, cartes de visite des géographes, permettant d'allier représentation spatiale et modélisation.

Les nuances entre l'hydrologie géographique et celle des ingénieurs se retrouvent finalement moins dans les directions exposées par Maurice Roche, que dans les méthodes ou l'échelle de travail limitant chez le géographe, opérant au niveau « *régional ou général* », le recours aux sciences physiques. La différence de méthodes trouve vraisemblablement en partie son explication dans le recrutement des étudiants, découvrant avec leur première inscription, le champ universitaire d'une discipline qui semble devoir leur resservir ce que toujours ils ont fui : les mathématiques. Il est indiscutable que l'évolution des contenus des programmes de Géographie dans les études secondaires, disons pour simplifier à partir de 1968, a modifié son image et déplacé les leviers de son attractivité. Dominée en heures et en nombre par l'Histoire, à laquelle elle s'est retrouvée associée, et qui l'influence dans le choix des contenus, abandonnant aux Sciences de la Vie et de la Terre l'étude « des œuvres de nature » (George, 1989), la géographie est rangée parmi les disciplines littéraires voire économiques au lycée, où la mémoire d'Eratosthène[3] s'évoque de plus en plus pudiquement.

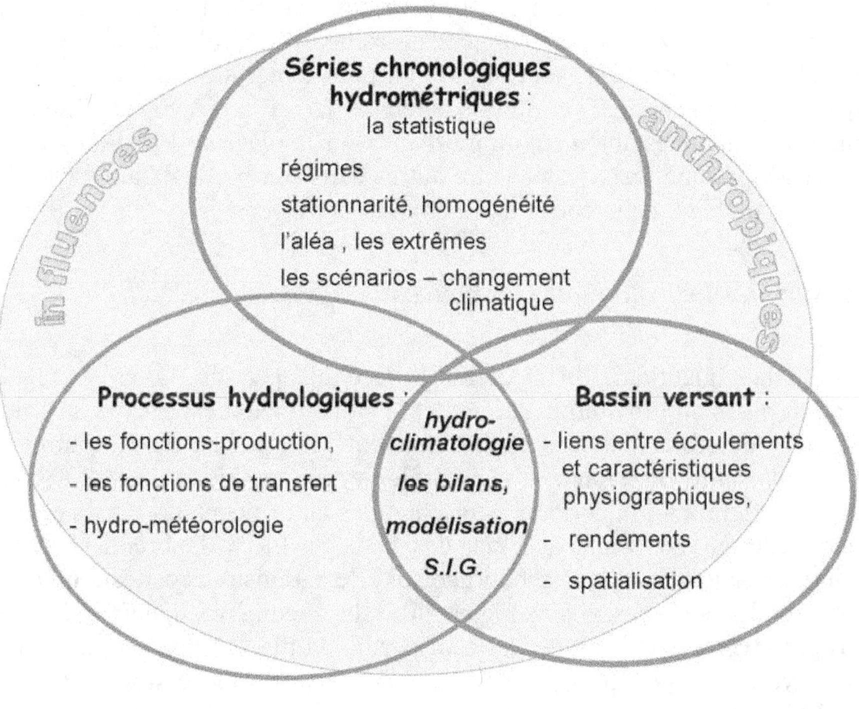

Figure 1.2 - Les champs de l'hydrologie géographique

[3] Eratosthène (276-195 avant J-C) : *GEOGRAPHIA* : « … approche scientifique, fondée sur les mathématiques et l'astronomie, de la situation de la terre dans le cosmos, d'une cartographie de la terre, de descriptions du monde habité… ».

Aucun étudiant ne s'inscrit en géographie pour faire de l'hydrologie, mais les écoles d'ingénieurs en hydraulique forment les hydrologues : cette situation très française, épousant du reste l'organisation selon Marcel Roche et entretenue par la dichotomie entre université et écoles d'ingénieurs, est assez peu compréhensible hors du territoire national, où la géographie physique se conjugue naturellement avec géosciences. En dépit de quoi, vingt ans après la disparition de Maurice Pardé et près de trente ans après le manifeste de Montréal l'hydrologie géographique française, animée par ces remarquables personnalités citées plus haut, prolongeait une sorte d'âge d'or.

Evolution récente de l'hydrologie géographique (1998-2008)

Les sujets, la chronologie et l'origine des trente-huit thèses[4] soutenues au cours de ces onze dernières années et traitant d'hydrologie au sens où nous venons de le repréciser, sont utilisés ici pour tenter de décrire objectivement quelques aspects de l'évolution récente (figure 1.3). Les années 2000 marquent incontestablement un tournant pour la place de l'hydrologie au sein de la géographie, manifestée entre autres dans son implantation territoriale et sur le plan de la recherche et des méthodes déployées.

Les niches hydrologiques du nouveau millénaire

Le bilan quantitatif de la dernière décennie par les thèses soutenues ne traduit pas bien l'évolution récente et la situation actuelle, parce qu'il intègre le délai de réalisation des thèses, souvent plus proche de cinq ans que de trois : la carte de France de l'hydrologie géographique 1998-2008 (figure 1.3), traduit plutôt la période 1994-2004 des lancements des thèses et contient encore les grands traits de l'état des lieux de Pierre Dubreuil (1990), dont l'indiscutable primauté strasbourgeoise. Elle enregistre cependant un recul net de l'influence des hydrologues de la deuxième génération partant progressivement en retraite, laissant parfois la place à des géomorphologues des hydrosystèmes mais parfois aussi sans aucune succession au sein-même de la géographie physique. Dans le même temps, d'ailleurs, faisant le constat de la part croissante de la géomorphologie, la commission « Hydrologie continentale » du CNFG est rebaptisée « Hydrosystèmes continentaux », comme si les géographes, d'eux-mêmes, se rangeaient à la vision de Marcel Roche.

---

[4] Le recensement s'est fait sur le site sudoc.com, par université, avec les mots : eau, hydrologie, hydrologique, hydroclimatologique ; de rares erreurs ou omissions, rétablies ici, apparaissent cependant.

La carte des thèses 2004-2007 exprime mieux, mais toujours de façon incomplète, toute la rupture avec le siècle dernier : l'hydrologie géographique est muette à Lille, Montpellier, Toulouse, Tours, Grenoble et, après les départs à la retraite de Claude Cosandey et Jean-Pierre Laborde, dont les conséquences ne sont pas encore connues, elle pourrait bien l'être à Paris et à Nice. Plus énorme encore, elle a sombré à Strasbourg où, tiraillé entre l'orthodoxie de la discipline et les exigences de l'évaluation par la 31ème section puis la 12ème section du CNRS, le CEREG, avant-gardiste ou déviant, a finalement disparu avec le XXème siècle, en précurseur prématuré ou en suspect arraisonné. Autre aspect de l'évolution de la recherche au cours des vingt dernières années, les unités mixtes, où se sont regroupés les laboratoires universitaires, s'engagent dans des programmes de recherches, lourds engins si possible internationaux, où l'hydrologie se décline souvent à petite dose à la marge de questions plus au cœur de l'actualité. Néanmoins, elle apparaît dans les axes de recherche et dans les productions du LETG [UMR 6554] à Caen (GEOPHEN), Rennes (COSTEL) et Nantes (Géolittomer), d'EDYTEM [UMR 5204] à Chambéry, d'ESPACE [UMR 6012] à Nice, d'EVS [UMR 5600] à Lyon (IRG) et Saint-Etienne (CRENAM), du CEGUM à Metz, du GEGENA à Reims et du laboratoire Paysages et Biodiversité à Angers. Le rythme des soutenances de thèses s'est globalement maintenu autour de trois par an durant la décennie, en dépit d'un fléchissement certain en 2007, qu'on ne peut considérer comme significatif.

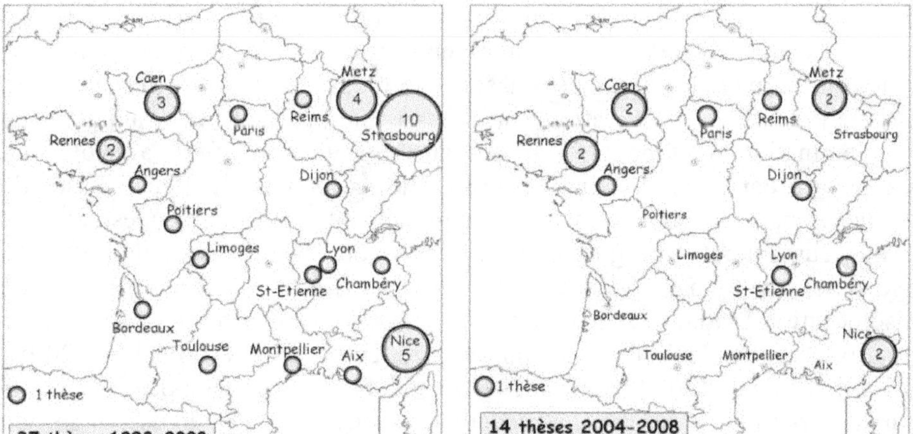

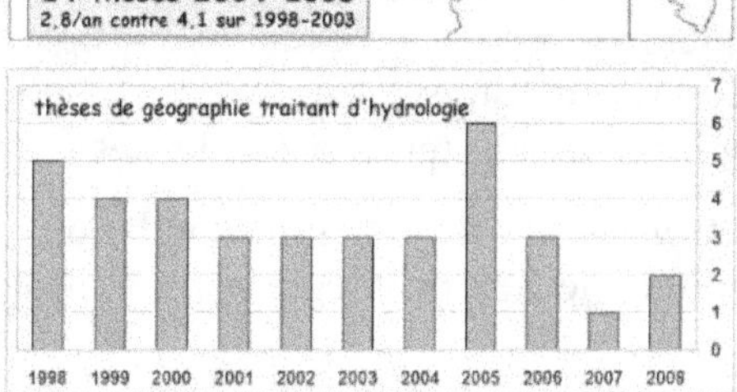

Figure 1.3 - Les thèses soutenues en hydrologie géographique

Les thèmes de recherche

Les 38 thèses peuvent se regrouper en 6 grands thèmes dominants, étant entendu que certaines d'entre elles abordent plusieurs de ces aspects : Evaluation de la ressource en eau – processus de la circulation (8 thèses) ; Hydroclimatologie et bilans hydrologiques – Fonctionnement des bassins versants (10 thèses) ; Impacts des aménagements - Gestion de l'eau et scénarios (8 thèses) ; Crues et inondations (4 thèses) ; Relation hydrologie – géomorphologie (5 thèses) ; Cartographie et SIG (3 thèses). Les deux premiers thèmes représentent 47% de la production (6 sur 15 pour 2004-2008) et s'ancrent dans l'étude naturaliste du milieu, même si la ressource en eau est d'abord une préoccupation des sociétés. Les troisième et quatrième thèmes font davantage intervenir les interactions entre les aménagements, les implantations humaines et tout ou partie du cycle de l'eau. Le cinquième thème peut être comptabilisé en géomorphologie également, mais les développements hydrologiques qui accompagnent ces travaux permettent un double recensement. Le dernier thème correspond à une problématique particulière, très opérationnelle, des années 1990, liée au développement des SIG et à la vogue des « outils d'aide à la décision ».

Des modèles...

Les sujets des recherches montrent le poids croissant de la modélisation (12 thèses sur 38, mais 7 sur 15 depuis 2004) qu'on retrouve pratiquement dans tous les thèmes : modélisation pluie-débit, modélisation du fonctionnement d'aquifères, modélisation des phases hydrologiques (crues, ruissellement, tarissement). La modélisation, au départ pur produit des langages de programmation de type Fortran des années 1970 ou 1980, a évolué en s'appuyant par exemple sur des outils d'usage courant (tableurs, bases de données) mais également, plus géographiquement, sur des SIG. Ces derniers, outre leur intérêt cartographique évident pour la représentation du fait hydrologique fondamentalement territorial, offre une forme efficace de discrétisation spatiale des paramètres qui peut se coupler à un modèle maillé ou à un automate cellulaire (Erwan Bocher, 2005 ; Cédric Lomakine, 2005 ; Johnny Douvinet, 2008). Certaines des modélisations développent des outils particuliers, plutôt de type conceptuel, à des fins de représentation de quelques aspects du cycle hydrologique (Claire Lang, 2007 ; Daniel Mansuy, 2005) ; d'autres utilisent des modèles existants, en général après une sélection, pour tenter d'établir des scénarios probables (Gilles Drogue, 2003).

Concernant les crues et inondations, les modèles hydrauliques se présentent comme le lien privilégié entre hydrologie et géomorphologie : détermination des lits moyens, majeurs, exceptionnels ; origine, évolution et rôle de la morphologie de la vallée (Sylvain Chave, 2003). On notera, par ailleurs, la démarche originale de Patrice Poinsotte (2004) qui propose la triple association d'un modèle atmosphérique de détermination de l'averse maximale possible avec un modèle pluie-débit pour la production d'un hydrogramme de crue et un modèle hydraulique pour l'évaluation des inondations.

... Et quelques approches de bassins versants... monographiques ?

Nombre de sujets de thèse présentant les travaux sur un bassin versant ou une région naturelle avancent d'abord une question générale ou méthodologique, mettent deux points puis ajoutent : « application au bassin X, à la rivière Y, *etc.* ». Un bon quart des 38 thèses recensées contient ainsi des renseignements complets sur des bassins versants. Pourtant, quelquefois, ces bassins ne sont pas nommés dans le titre ; parfois même, une partie des informations collectées et utilisées n'est pas reproduite dans la thèse... Pourquoi ? Le syndrome de la monographie de bassin versant. À l'honneur il y a 50 ans, notamment avec les travaux de l'ORSTOM, celle-ci est devenue une sorte de référence contraire et la phrase : « le travail, par bien des aspects, est monographique... » ; Il donne en retour bien des sueurs à un impétrant quand il la lit chez ses rapporteurs. Par une sorte de méfiance de ce qualificatif, il arrive que la description des bassins versants étudiés soit survolée pour aller au plus vite vers la partie « noble » du travail ; et, dans l'autre sens, on voit des réticences à annoncer l'étude d'un bassin versant : celle-ci paraissant ne devoir réserver que des banalités fastidieuses à l'usage exclusif des natifs, on lui cherche un autre intitulé. Convenons que la monographie dans un cadre rigide, procédant par pointage, n'a pas grand-chose à voir avec la recherche. Mais l'hydrologie géographique ne peut s'envisager sans vision globale, systémique, avec en premier lieu la connaissance détaillée du contexte : l'inventaire y est naturel parce qu'il est le préalable nécessaire ; et avec lui, la cartographie, l'atlas, la constitution de bases de données, sont des exigences pleinement scientifiques et à l'évidence du ressort du géographe qui, quelque part aussi, tient le rôle de chroniqueur pour la génération suivante. L'hydrologue géographe doit pouvoir, en remodelant la silhouette de la monographie, savoir lui réserver une juste place dans ses recherches.

La géographie et la recherche hydrologique internationale

Cette exigence de la connaissance du terrain n'est d'ailleurs pas l'apanage des seuls géographes et on peut ainsi remarquer la convergence entre les champs de l'hydrologie géographique et les objectifs du projet hydrologique international FRIEND[5] : « *The essential objective of this project is to develop methods and tools for the regional analysis of hydrological cycle processes and to establish specialized databases* », analyse régionale, étapes et processus du cycle hydrologique, banques de données... Sans vouloir évoquer ici tous les aspects de la recherche internationale en hydrologie, on peut cependant prendre en exemple le réseau FRIEND, structuré en grandes régions mondiales et qui a déjà une vingtaine d'années de développement avec cinq colloques quadriennaux (*world conferences*) : la géographie française est absente de ces programmes (les représentants français viennent du CEMAGREF et de l'IRD), alors que les géographes d'autres pays sont bien présents[6]. Pourtant, les domaines des thèses se situent pour près d'une sur deux à l'étranger (17 sur 38 et 6 sur 15 depuis 2004), en Afrique du Nord, Afrique occidentale et dans le monde méditerranéen pour l'essentiel : cela s'explique par les attaches des directeurs de thèse, les traditions de coopération entre universités et également, opportunément, par l'origine ou les parcours personnels des étudiants. Si le nouveau siècle semble annoncer de nouvelles façons de faire de la recherche par des implications dans des programmes internationaux, les thèses soutenues ces dix dernières années ne le manifestent encore que timidement.

Exemples récents de recherches en hydrologie

Cette partie est consacrée à la présentation (bien incomplète) de quelques aspects des recherches menées récemment ou actuellement en hydrologie. D'autres travaux cités ici sont exposés dans d'autres chapitres de cet ouvrage. Elle fait ressortir que l'axe central hydrologique, chargé de produire données et représentations de phénomènes à l'aide essentiellement de modèles, est emprunté pour desservir d'autres domaines, notamment du champ socio-économique, au travers de questions globales telles que le risque, l'impact de l'aménagement, *etc.*

Ces exemples portent sur : 1) l'étude systématique des étiages et tarissements pour une cinquantaine de cours d'eau du bassin Rhin-Meuse. Claire Lang avait, entre autres finalités opérationnelles, celle de préparer l'élaboration d'outils de gestion et un modèle de prévision des étiages ; 2) l'hydrologie des calcaires en milieu océanique. Les travaux en cours de Vincent Fister analysent les chemins souterrains de l'eau pour y repérer les risques qui pèsent sur la qualité de l'eau et que font encourir les modifications

---

[5] Flow Regime from International Experimental and Network Data : programme transversal intégré au programme hydrologique international de l'UNESCO.

[6] Par exemple Lena Tallaksen, géographe norvégienne, est ainsi coordinatrice pour les basses eaux en Europe du nord (Low flows, groupe Northern Europe)

naturelles du réseau ; 3) L'examen et la quantification des conséquences sur des territoires ruraux d'aménagements réorganisant le ruissellement par une trame de linéaires contraignant les directions d'écoulements et modifiant les exutoires.

Etiages, tarissements et modélisation

La thèse de Claire Lang part du constat qu'avec l'accroissement des besoins en eau, le risque de pénurie d'eau dans nos régions est réel, comme l'a rappelé - conséquence ou non du changement climatique - la situation exceptionnelle de l'été 2003 sur une grande partie de l'Europe (Lang, 2007 ; figure 1.5). Face aux enjeux, on doit envisager que ces situations de sécheresse exceptionnelle puissent devenir plus fréquentes. L'objectif de cette recherche est d'analyser et caractériser les étiages pour les modéliser, en développant des méthodes d'analyse transposables ; elle apporte sa contribution à l'étude des écoulements en étiage par une approche comparée de la diversité des cours d'eau de l'est de la France (figure 1.4) : 63 bassins aux régimes hydrologiques pluviaux océaniques à la fois proches par le climat et nuancés par des géologies variées. On peut retenir trois étapes : la caractérisation de l'étiage (définition et statistique), l'étude des tarissements et la modélisation.

Définition et grandeurs d'étiage

Si la langue française permet de discerner les termes « basses eaux » et « étiage », cette distinction n'est pas opérée dans toutes les langues comme l'attestent certaines traductions (Glossaire International d'Hydrologie, 1992) : « étiage » se traduit ainsi « *niedrigwasser* » en allemand, « *acqua bassa* » en italien ou encore « *low water* » en anglais. Comme le montre encore le Lexique Hydrologique pour l'Ingénieur (2005) qui traduit « *low water* » par « étiage, basses eaux », la distinction entre étiage et basses eaux n'est pas toujours clairement établie, malgré le recours à deux termes spécifiques. En outre, l'étiage est un phénomène délicat à décrire car il intègre plusieurs aspects (débit, durée, volume, usage, juridiction *etc.*), ce qui lui vaut autant de définitions que de concepts.

Du point de vue hydrologique, il est naturel de s'appuyer sur les grandeurs qui décrivent les différents aspects de l'étiage, généralement par une définition statistique. Ces « grandeurs de l'étiage », variables statistiques appelées parfois « indices d'étiage », sont nombreuses : en France, citons le Q_{MNA} (débit moyen mensuel minimum de l'année), valeur règlementaire prescrite par la loi sur l'eau de 1992 mais contraint par l'échelle calendaire mensuelle, le *DCE* (débit caractéristique d'étiage issu de la courbe des débits classés), les *VCN*x (débit moyen minimum sur x jours consécutifs ; VCN_{10} : sur 10 jours), les *QCN*x (débit-seuil, maximum non dépassé pendant x jours consécutifs) *etc.* La variable se prêtant le mieux à une caractérisation fréquentielle des étiages des cours d'eau pluviaux océaniques, à rares et plutôt courtes périodes sans pluies, est le VCN_{10}, grandeur voisine d'autres variables préférentiellement utilisées dans le monde.

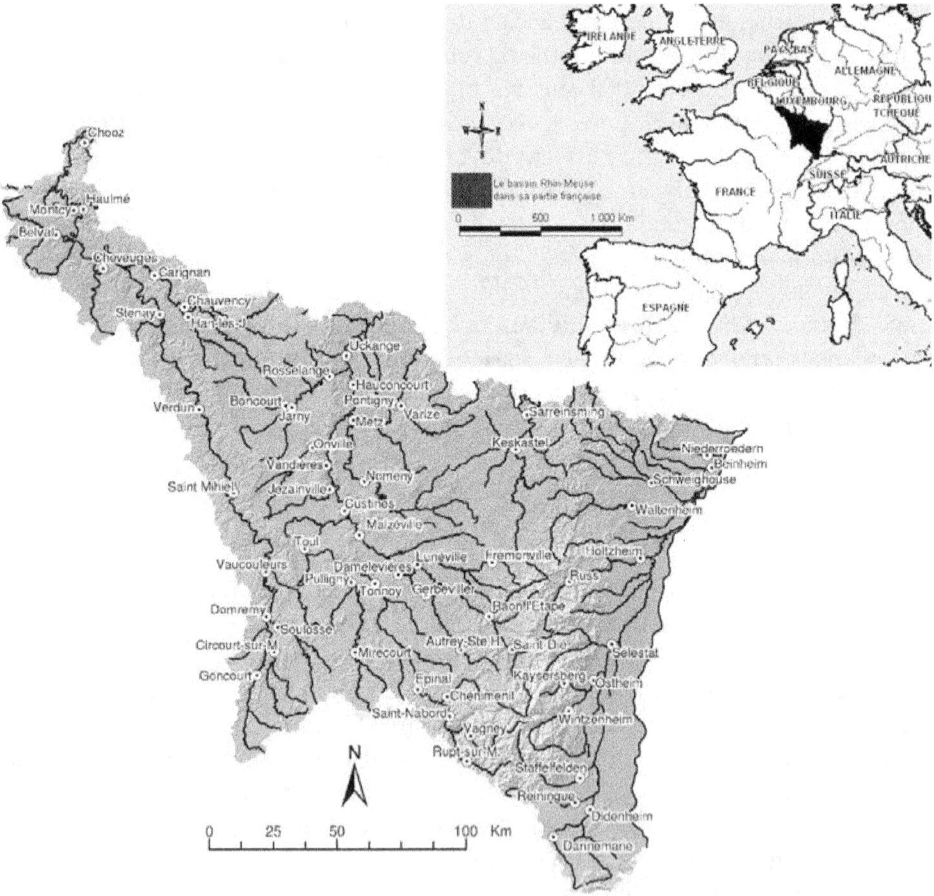

Figure 1.4 - Localisation des 63 bassins d'étude des étiages et tarissements

Pour aller au-delà de la simple statistique annuelle des valeurs extrêmes (qui n'expliquent rien par elles-mêmes) et entrer dans une caractérisation phénoménologique de l'étiage, Claire Lang propose un débit d'entrée en étiage, nommé « débit limite d'étiage », définissant ainsi une population de débits amenant ou appartenant, par leur genèse et leur succession, à l'étiage.

En choisissant un débit seuil, on accepte également l'idée intéressante que l'étiage ne constitue pas un phénomène annuel. Ce « débit limite d'étiage », obtenu entre autres après l'analyse des hydrogrammes en période non influencée, semble se positionner assez naturellement autour du débit modal. Ce choix peut paraître surprenant si l'on pose que les débits inférieurs au débit modal représentent, par définition, un débit sur deux et que les débits d'étiage sont des débits extrêmes. Mais, d'une part, il s'agit d'abord d'écarter les débits sans relation avec l'étiage et, d'autre part, le débit modal est toujours un débit faible, beaucoup plus proche des débits d'étiage que du module ; exemple pour la Moselle à Metz-Hauconcourt : 130 m^3/s de module et 32 m^3/s pour le mode, valeur à rapprocher de celle qui déclenche le soutien du débit de la Moselle par le réservoir de Vieux-Pré : 29 m^3/s (figure 1.4).

Figure 1.5 - Le réservoir de Vieux Pré durant l'été 2003. Situé dans les Vosges, il a pour vocation le soutien des débits d'étiage de la Moselle

L'étiage peut donc être caractérisé en valeurs fréquentielles annuelles par le VCN_{10} ; et, concernant l'analyse du phénomène, de même que le module sépare conventionnellement, en valeurs moyennes mensuelles, les hautes eaux des basses eaux, le mode peut être retenu comme le seuil d'échantillonnage des débits d'étiage, en valeurs moyennes journalières.

L'analyse statistique des grandeurs de l'étiage

Le calcul des débits caractéristiques d'étiage, à finalité informative ou règlementaire, est réalisé par une analyse statistique qui assigne à un événement une fréquence d'occurrence. L'analyse statistique menée ici avait pour finalité non seulement de déterminer des valeurs caractéristiques, mais aussi d'aider l'appréhension du fonctionnement des cours d'eau en période d'étiage : les paramètres des modèles statistiques peuvent être rapprochés de paramètres descripteurs d'une réalité de terrain. L'approche privilégiée ici a été de tester le bien-fondé des hypothèses avancées ci-dessus sur la définition de l'étiage. Deux séries extraites sur la période 1971-2000 ont été soumises à sept lois statistiques : d'une part, la série « globale » des chroniques de VCN_{10} (une valeur par an) et, d'autre part, la série « tronquée » des VCN_{10} inférieurs au mode (années d'étiage). Le traitement statistique a mis en évidence l'intérêt de l'utilisation d'un débit limite d'étiage : les chroniques tronquées apparaissent plus homogènes et plus proches d'un échantillon de débits extrêmes et s'ajustent d'ailleurs à une loi élaborée spécialement pour les débits extrêmes (la loi GEV, *Generalyzed Extreme Value*) ; au contraire, les chroniques globales s'ajustent mieux à la loi log normale à deux paramètres, qui est régulièrement utilisée pour les *QMNA*. Le recours à un débit limite semble ainsi tout à fait pertinent. Enfin, les précipitations constituant le premier facteur lié à la genèse d'un étiage, le traitement des débits d'étiage est complété par une analyse statistique des précipitations associées à l'étiage. L'objectif est double : observer les précipitations qui participent à la recharge des réservoirs souterrains (précipitations hivernales et printanières) et analyser les séquences sèches qui sont à relier aux périodes de tarissement des cours d'eau.

Le tarissement des cours d'eau

Les épisodes marqués par une absence d'apport pluviométrique et durant lesquelles le débit des cours d'eau, réduit à l'apport des nappes souterraines, décroit régulièrement sont appelés périodes de tarissement ou de récession. L'analyse du tarissement a notamment pour objectif de préparer la mise au point d'un modèle de prévision des débits d'étiage par la détermination de coefficients de tarissement qui traduisent les rythmes de vidange des aquifères, en relation avec les caractéristiques hydrogéologiques des bassins versants. Le climat océanique rend l'analyse du tarissement des cours d'eau délicate : les courbes de tarissement sont en effet régulièrement perturbées par des fluctuations liées à de courts épisodes pluvieux et les longues périodes de tarissement sont rares. Aussi, la sélection des débits de tarissement est opérée à partir d'un algorithme qui impose une série de critères dont l'objectif est de garantir l'homogénéité des débits retenus, notamment : détermination du débit initial sous un débit-seuil et ajustement à une règle de succession des débits (type loi de Maillet) à partir de la fin de l'épisode. De l'analyse de ces épisodes de tarissement on peut retenir les éléments suivants : 1) Les débits de tarissement s'ajustent de manière satisfaisante à la loi exponentielle de Maillet ($e^{-\alpha t}$) et un épisode peut être représenté par le coefficient noté communément α ; 2) Pour un même bassin, la dispersion des valeurs de α, sans relation nette avec la valeur du débit initial, oblige à rechercher la courbe moyenne de tarissement, en recourant à des méthodes de détermination d'un coefficient moyen (α moyen et « α maître ») ; 3) La variabilité spatiale des coefficients moyens de tarissement a pu être expliquée et a, en outre, permis de rapprocher ces coefficients des rythmes de vidange des principales entités hydrogéologiques du domaine d'étude (Tableau 1.1).

Substrat perméable			Substrat imperméable	
Calcaires oxfordiens	Grès	Calcaires du Dogger	Marnes et argiles	Socle
0,015	0,022	0,031	0,055	0,059

Tableau 1.1 - Coefficients (α) de tarissement moyens des principales entités hydrogéologiques du domaine étudié

Dans la continuité, la méthode de sélection des périodes de tarissement a permis d'élaborer une méthode de séparation des écoulements : la cartographie des volumes des écoulements de base à l'échelle du domaine d'étude met en évidence les ressources aquifères des différents bassins versants, en cohérence avec l'hydrogéologie régionale.

La modélisation des écoulements : de l'approche conceptuelle à la prévision opérationnelle

La modélisation hydrologique des étiages a été entreprise sur la base des résultats de l'analyse du tarissement. Généralement la modélisation pluie-débit a pour objectif principal la simulation de débits et la performance d'un modèle est ainsi souvent jugée par sa capacité à produire des débits simulés proches des débits observés et de nombreux modèles très efficaces existent. L'objectif était davantage de s'intéresser aux apports de la modélisation en termes de représentation des phénomènes et d'interprétation des résultats. Le principal inconvénient d'une démarche modélisatrice de type dit conceptuel réside dans la phase de calage (ou d'optimisation) des valeurs des paramètres de calcul qui peut, si elle est réalisée de manière itérative et non fondée, leur ôter toute signification. Pour cette raison, la démarche appelée « optimisation assistée »[7] a été privilégiée : elle recourt à des valeurs d'observation issues de l'analyse hydrologique, comme les critères statistiques de séparation des écoulements et, plus particulièrement, les valeurs des coefficients de tarissement déterminants pour gérer les écoulements en étiage (Gille et Lang, 2004). La modélisation est réalisée à deux échelles de temps, mensuelle et journalière.

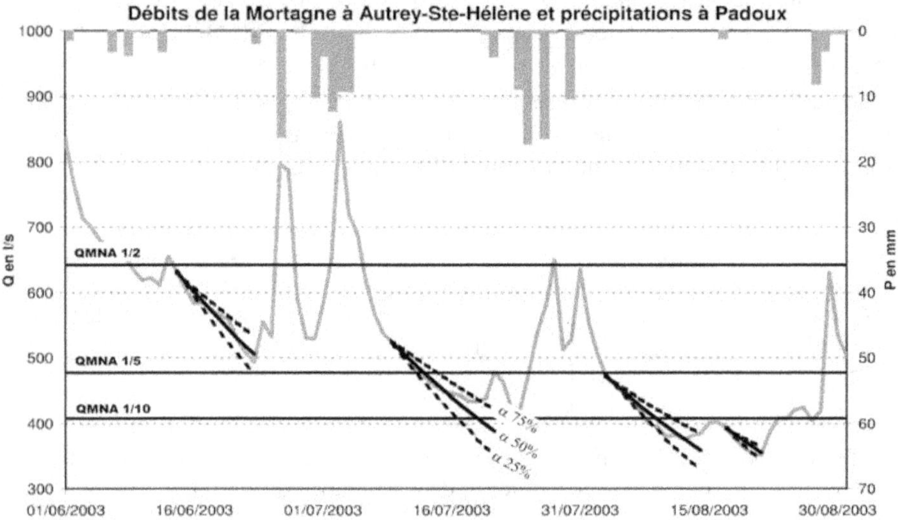

F

igure 1.6 - Modélisation des tarissements à l'aide des coefficients moyens (α 50%)

Enfin, cette recherche se conclut, en matière de gestion des étiages, sur un prolongement opérationnel utilisant les concepts et les méthodes validés avec, d'une part, la mise au point d'un indicateur du risque étiage et, d'autre part, un modèle de prévision du risque de pénurie. Le modèle de prévision propose l'évolution des débits moyens journaliers à dix jours, assortis d'un rail de confiance entre 25 et 75 % permis par l'approche statistique des coefficients de tarissement, et leur interprétation fréquentielle (figure 1.6). D'autres outils sont issus de ce travail, comme l'élaboration automatique de cartes de situations hydrologiques évaluant la durée en jours avant l'apparition de certains débits caractéristiques, tel le VCN_3.

---

[7] Dans un modèle conceptuel, la représentation simple de phénomènes complexes peut avoir « un sens physique mais est dépourvu de réalité physique », selon Kayark-Leite et nascimento (1993) cités par Cosandey (2001) ; ces auteurs appellent « conceptuellement réaliste » un modèle où les paramètres sont déduits de l'observation de terrain, de manière à permettre une certaine interprétation, comme par exemple déterminer une répartition plausible entre infiltration et ruissellement (séparation des écoulements). L'« optimisation assistée » proposée par Gille et Lang (2004) peut admettre un ajustement minime, « à la marge », des valeurs observées introduites pour leur conserver leur signification initiale. Ici, l'utilisation de celles-ci directement sans calage se justifie par le grand nombre de bassins, l'automatisation de la modélisation et parce que la conception du modèle s'y prête.

Les écoulements dans les formations calcaires dans le Nord-Est de la France

La thèse en cours (début 2007) de Vincent Fister, sous la direction de Jeannine Corbonnois et Emmanuel Gille (CEGUM, Metz), décrit les séries sédimentaires calcaires du Jurassique, bajociennes essentiellement dans le Dogger, et oxfordiennes dans le Malm. Celles-ci constituent à l'échelle du Nord-Est français deux des principales ressources pour l'alimentation en eau potable. Ces ensembles puissants, limités stratigraphiquement par des séries marneuses ou marno-calcaires, arment respectivement les côtes de Moselle et de Meuse (figure 1.7) et sont affectés plus ou moins profondément par la karstification (agrandissement des fissures par dissolution).

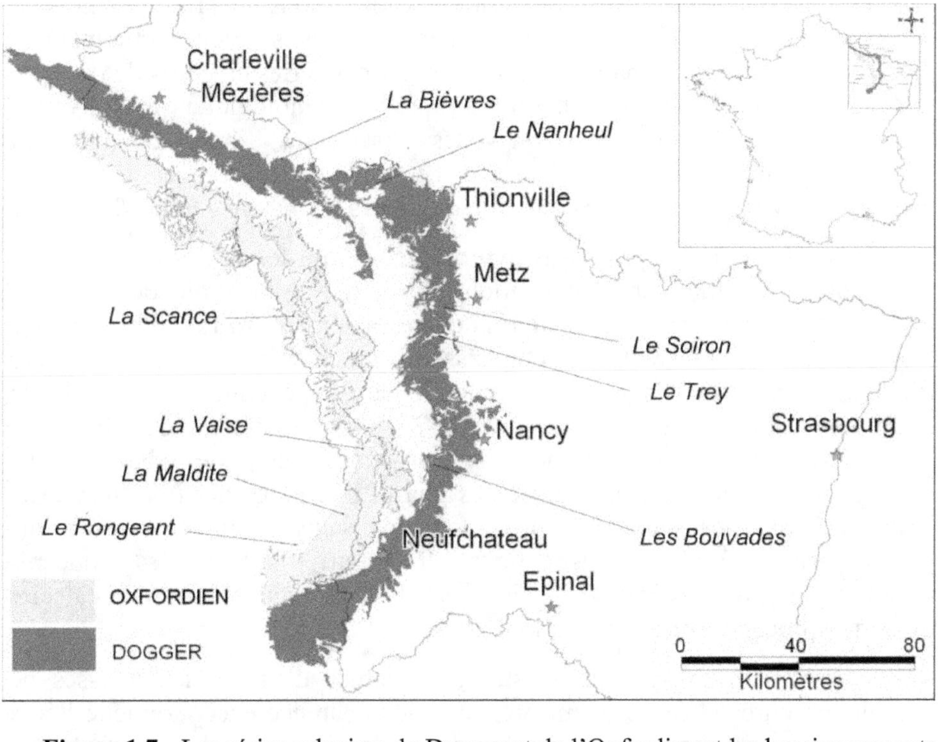

Figure 1.7 - Les séries calcaires du Dogger et de l'Oxfordien et les bassins versants équipés

Contexte scientifique, axes de recherche et méthodologie

La spécificité de l'hydrologie en pays calcaire demande une approche pluridisciplinaire traversant les champs de la géomorphologie, de l'hydrogéologie ou encore de la géochimie. Les études fondamentales en hydrologie karstique ont avant tout comme base géographique le milieu méditerranéen. L'équipe du laboratoire souterrain du Moulis (04) emmené par Mangin (1971) a élaboré au début des années 1970 une méthodologie spécifique pour la compréhension des écoulements karstiques, méthodologie qui sert encore de référent dans les travaux traitant de ce type de substrat. Les premières études réalisées sur les formations calcaires en Lorraine sont les témoins d'une approche essentiellement géomorphologique du milieu, l'eau est alors davantage considérée comme un agent morphogène que comme une ressource. Ce n'est qu'au cours des années 1990 que des thèses de géographie (Gamez, 1992 ; Devos, 1998 ; Jaillet, 2000) ont appréhendé avec des outils propres à l'hydrologie certains aquifères calcaires du Nord-Est de la France. La variété des affleurements géologiques aux caractères karstiques a guidé également d'autres travaux sur les hydrosystèmes de cette région, des grès d'Ardenne-Luxembourg (Lebaut, 2000) aux formations du Trias au sud de la Lorraine (Mansuy, 2005). Les recherches menées sur le fonctionnement hydrologique de ces formations s'appuient sur des séries en cours de données d'observation de terrain (hydrométrique, climatologique et physico-chimique). La compréhension des processus hydrologiques et hydrogéologiques est envisagée ici à l'échelle de sources et de bassins versants de petites dimensions (bassins inférieurs à 100 km^2 ; figure 1.7).

La quantification des processus hydrologiques, qui fonde nos directions de recherche, s'appuie sur l'acquisition de données au droit des stations hydrométriques et sur des campagnes de jaugeage pour profiler le linéaire des cours d'eau. Elle recherche : la connaissance du cheminement souterrain par l'étude couplée de l'hydrodynamique et de la géochimie de l'eau ; la définition de « périodes à risques » sur les aquifères calcaires ; la conceptualisation des systèmes hydrologiques dans le cadre d'une modélisation pluie-débit. L'analyse des phases hydrologiques (tarissement et crue) au droit des sources et des bassins versants instrumentés constitue l'outil privilégié des investigations. Il s'agit d'utiliser des concepts fondamentaux de l'hydrologie en intégrant les spécificités du milieu calcaire liées aux processus de karstification.

À l'exutoire d'un système karstifié, les lames d'eau et les vitesses de circulation enregistrées peuvent prendre une apparence exceptionnelle liée à la surface importante que peut drainer une seule source : en domaine calcaire, les surfaces des bassins topographiques et hydrologiques sont très souvent différentes parce que la circulation souterraine n'obéit pas à la définition de l'impluvium superficiel.

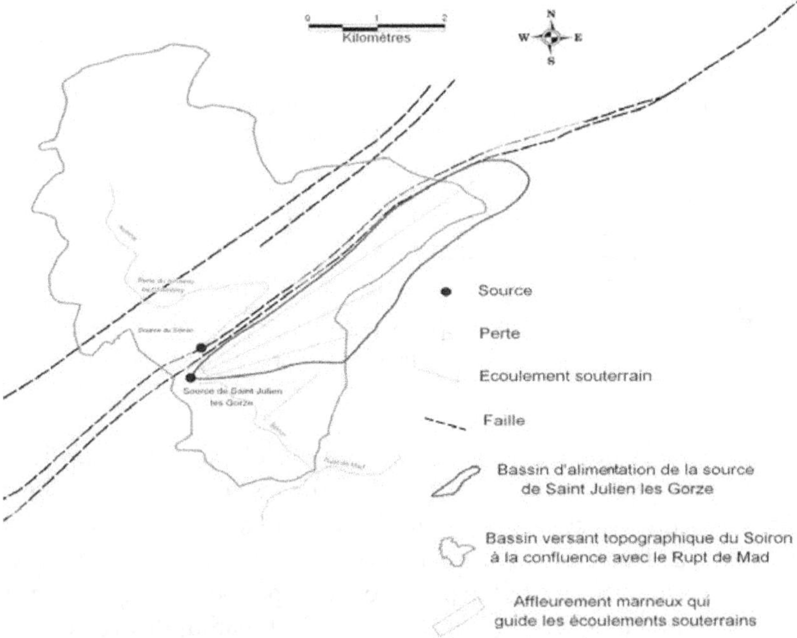

Figure 1.8 - Bassin versant et aire d'alimentation d'une source

L'estimation des aires d'alimentation des sources (figure 1.8) doit s'appuyer sur la mise place d'un bilan hydrologique dans lequel, à l'aide de modèles, l'évaluation des volumes précipités (*P*) et évaporés (*E*) permet de ramener les écoulements mesurés aux stations hydrométriques à une lame d'eau (en mm). Lorsque le caractère diffus de l'écoulement limite le recours aux opérations de traçage, l'identification des principales directions d'écoulement souterrain est déduite de la mise en relation des superficies d'alimentation des exutoires avec les données topographiques et géologiques.

Analyse des hydrogrammes et évaluation de la ressource

Il est légitime de s'appuyer sur l'analyse des courbes de tarissement - ou récession - des hydrogrammes des sources (figure 1.9) telle que Mangin (1971) l'envisage, malgré les différences entre le karst méditerranéen qui a servi de base à la méthodologie établie par Mangin (1971) et le karst lorrain (divergences liées entre autres à la puissance des couches calcaires, à la présence de couches semi-perméables dans les couches du Dogger et de l'Oxfordien, aux types de climats ...).

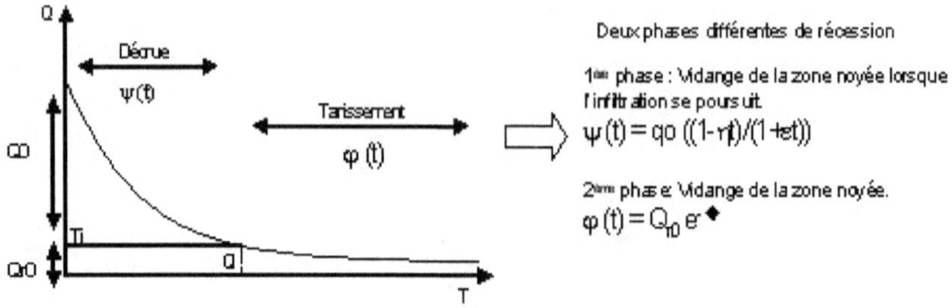

Figure 1.9 - Analyse de la courbe de récession des hydrogrammes (d'après Mangin, 1971)

L'intérêt de l'étude des hydrogrammes est d'obtenir la quantification de différents paramètres afin de définir certaines des caractéristiques des aquifères, tels que les conditions d'infiltration (grâce aux paramètres η et ε de la phase de décrue), le tarissement et les modes de fonctionnement des bassins calcaires en étiage. La prévision des périodes à risque de pénurie découle de cette étude des hydrogrammes. L'estimation des ressources et de leur répartition spatiale repose également sur les campagnes de jaugeage au niveau du linéaire des cours d'eau, qui permettent de quantifier l'intensité des échanges entre le cours d'eau et les aquifères par la réalisation de profils hydrologiques et de cartes de rendement spécifique. Dans le cas des hautes eaux, à partir d'épisodes de crues, le travail porte sur le comportement à l'infiltration, les principaux processus responsables de la mise en charge des cours d'eau et l'évaluation des vitesses de percolation entre impulsions et réponses ($P = Q+F+E+Da+Vd$ avec P = précipitation, F = infiltration, E = évapotranspiration, Da = volume de rétention et Vd = interception ; Llamas, 1993). L'approche est menée à différents pas de temps (jour, heure ou minute) dans la perspective de caractériser les processus en relevant l'intensité des pluies nécessaires pour provoquer un gonflement des débits et la saturation des sols, les temps de transfert vers les exutoires et les conditions initiales à risque d'apparition des crues, voire de pollution.

La géochimie comme support à la compréhension hydrologique

En complément de l'approche hydrodynamique, les relevés géochimiques constituent un bon indicateur du cheminement souterrain et révèlent le degré d'organisation des écoulements (karstification) aux exutoires des systèmes considérés (figure 1.10). La pertinence et la facilité d'acquisition des données de conductivité électrique (corollaire de la minéralisation de l'eau) en font un moyen privilégié dans l'étude hydrogéochimique des aquifères carbonatés.

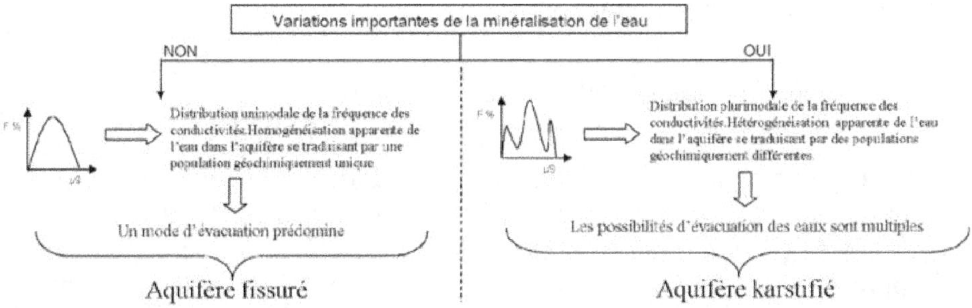

Figure 1.10 - Exemple de distribution des conductivités et interprétation (d'après Bakalowicz, 1979)

Enfin un dernier aspect est abordé, projeté sur une échelle de temps beaucoup longue : l'évolution des systèmes karstiques dans le temps avec le risque qu'elle fait courir sur la redirection d'écoulements et la mise en contact de compartiments auparavant non connectés.

La modélisation des écoulements de surface contraints

La thèse d'Erwam Bocher précise que depuis cinquante ans, le paysage rural breton s'est modifié sous l'effet du développement de l'agriculture intensive qui a entraîné une profonde réorganisation des structures bocagères (Bocher, 2006). Dans un premier temps, on assiste à une ouverture du paysage avec une augmentation de la superficie des parcelles dégageant de larges impluviums au ruissellement, associée à un nouveau réseau de voirie augmentant les surfaces imperméabilisées et favorisant les transferts rapides des flux vers les cours d'eau. Une phase de programmes de re-bocagement s'en est ensuite suivie (début des années 1970-milieu des années 1990) à caractère essentiellement paysager. Mais ce n'est que récemment que le rôle du talus dans la réduction des transferts rapides des flux de surface a été reconnu : dans les bassins versants bocagers où les linéaires subsistent, le transfert des écoulements depuis la parcelle jusqu'au cours d'eau s'effectue par un cheminement complexe au travers d'une série de cellules en relais, bloquant ou permettant le passage des eaux selon leur degré de connexion. L'objectif de la thèse était de mettre en évidence les enchaînements des processus d'écoulement et d'identifier les chemins de l'eau à l'échelle du bassin versant, pour cerner les conditions d'efficacité du linéaire (connexion, déconnexion), les aires d'alimentation potentielle des cours d'eau et donc également les aires sensibles à l'érosion. Le travail s'est appuyé sur un modèle distribué intégré à un Système d'Information Géographique (SIG), appliqué à trois petits bassins versants test de densité bocagère différente situés dans les Côtes-d'Armor.

La modélisation spatiale et le modèle *Odissés*

Depuis une quinzaine d'années des efforts ont été réalisés par la communauté scientifique pour le développement de modèles spatialisés en hydrologie (Puech, 2000). Ces modèles dits « distribués » ont permis d'approcher les processus selon leur localisation et leur agencement dans l'espace (Sebbab, 2000) et cela à divers niveaux d'agrégation (Puech, 2000 ; Delahaye 2002). Fondés sur l'utilisation de Modèles Numériques de Terrain (MNT), ils ont été particulièrement exploités pour modéliser les processus d'érosion et de transport de particules à l'échelle des bassins versants. Pour exprimer spatialement les effets des obstacles sur le parcours de l'eau de surface, les modèles distribués utilisent un arbre de drainage selon la plus grande pente, contraint par des données géographiques exogènes telles que les routes, le linéaire de haie ou le type de sol. Il est représenté sous la forme d'un ensemble de valeurs de direction associées à chaque cellule du MNT. Il définit les conditions du routage de l'eau dans le bassin versant et sert de support à la production d'indicateurs secondaires tels que la distance au cours d'eau ou l'aire d'alimentation topographique d'un exutoire.

Couche géographique	Type de données	Géométrie	Contenu	Type de données
MNT	raster	pixel	Échantillon de valeurs d'altitude en format double	raster
Contrainte	vecteur	polyligne	Couche représentant des obstacles linéaires, talus ou digues.	vecteur
Parcellaire	vecteur	polygone	Couche représentant les parcelles culturales et les routes. Un paramètre indique par une valeur binaire si les parcelles peuvent ruisseler (0 ruissellement, 1 pas de ruissellement).	vecteur
Cours d'eau.	vecteur	polyligne	Couche représentant le réseau hydrographique vérifié sur le terrain. Les polylignes sont numérisées dans le sens d'écoulement de la rivière	vecteur

Tableau 1.2 - Les 4 couches du SIG couplé au modèle *Odissès*

Il existe aujourd'hui une multitude de modèles permettant de calculer un arbre de drainage contraint. Cependant, aucun de ces modèles ne se prête aisément à une modélisation en système bocager ; aussi, sur la base de ces expériences, a-t-il été développé *Odissés* (Outil distribué pour la spatialisation des écoulements superficiels), un modèle spatialisé (Figure 1.11) intégré à l'environnement SIG du logiciel *ArcGIS*, qui permet de mettre en évidence le cheminement probable des écoulements superficiels dans un bassin versant bocager en tenant compte de la structuration spatiale anthropique du linéaire (talus, voirie, parcellaire). Pour fonctionner, l'outil nécessite quatre couches d'information géographique (tableau 1.2). La modélisation se décompose en trois grandes étapes (figure 1.11) : sélection des données d'entrée ; application d'une chaîne de traitements spatiaux (modèle *Odissés*) ; production des indicateurs spatiaux et statistiques.

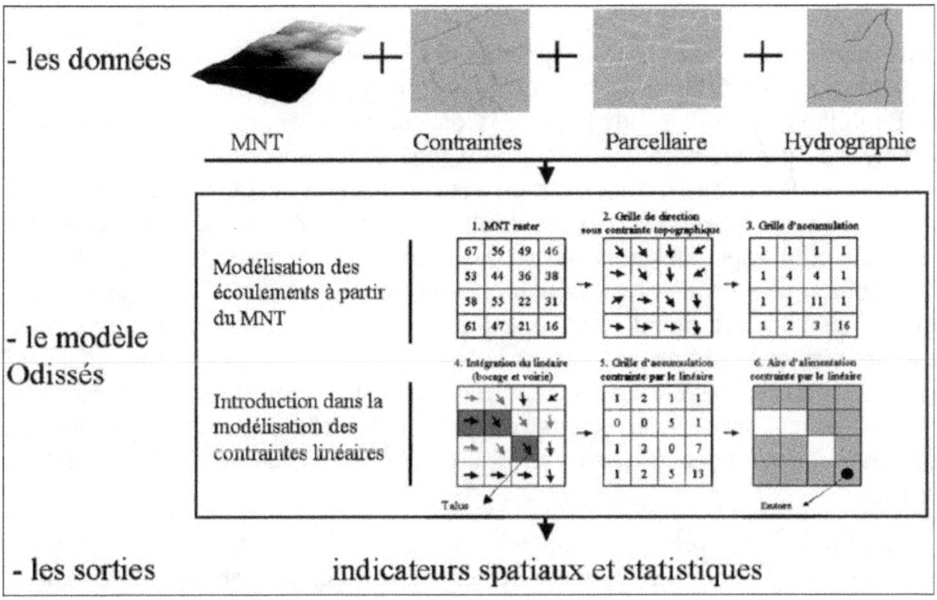

Figure 1.11 - Schématisation de la démarche de modélisation avec *Odissés*

La chaîne de traitements spatiaux conduit à la production de deux grilles de direction des écoulements (figure 1.11) : l'une calculée essentiellement à partir de la topographie, l'autre à partir des obstacles et paramètres d'écoulements spécifiés dans le modèle. La simulation des écoulements est réalisée en combinant les calculs de pentes, des règles logiques et des opérateurs morphologiques. Les deux grilles de direction servent de support pour obtenir deux types d'indicateurs (spatiaux et statistiques).

Les indicateurs spatiaux sont produits en s'appuyant sur les méthodes classiques utilisées pour dériver des critères hydrologiques à partir d'un MNT. Il s'agit par exemple d'une carte représentant l'aire d'alimentation d'un cours d'eau ou d'une carte des distances par rapport à celui-ci. Ces indicateurs sont ensuite combinés avec des couches géographiques (parcellaire, réseau bocager) pour mettre en évidence leur participation dans le cheminement des écoulements de surface. Les indicateurs statistiques sont des données agrégées par bassin versant. Il s'agit par exemple du pourcentage d'aire connectée au cours d'eau avec ou sans la prise en compte des obstacles aux écoulements, du pourcentage de bocage efficace... L'intérêt de ces indicateurs est de pouvoir hiérarchiser différents bassins versants et donc de fixer des priorités d'intervention.

Application aux sous-bassins versants du Sterenn (Côtes-d'Armor)

À l'intérieur du Sterenn, trois sous-bassins versants ont été retenus pour leur appartenance aux différentes classes de la typologie évoquées précédemment : le Poulglaou, le Goasguden et le Goazelarc'h. Les deux premiers sont caractérisés par un réseau bocager moyennement conservé (densités variant entre 80 et 90 m/ha), l'autre par un réseau bocager résiduel (densité de 52 m/ha). L'analyse des grilles d'accumulation permet de dresser une typologie des interactions spatiales au sein du bassin versant avec : des zones de blocage des écoulements (puits) sur les parcelles en amont des talus ; des déviations lorsque les talus redirigent et canalisent les écoulements ; des connexions entre les parcelles et le réseau de voirie : la voirie concentre les eaux provenant de parcelles parfois très éloignées, modifiant ainsi la forme du bassin versant et favorisant les apports au cours d'eau ; des échanges avec les bassins topographiques adjacents qui prennent la forme d'exportation ou d'importation de flux.

L'ensemble des résultats obtenus confirme l'importance des éléments linéaires dans le contrôle du ruissellement de surface à l'échelle du versant et du bassin versant. Le schéma de modélisation intégré à *Odissés* permet d'appréhender les effets conjugués des talus et de la voirie : celle-ci apparaît comme une composante déterminante relayant l'impact de la topographie naturelle et des talus. Elle complexifie les processus de transferts de surface en multipliant les interactions spatiales entre les différents compartiments du bassin versant et, en canalisant les écoulements, permet le raccordement entre des territoires qui auparavant étaient hydrologiquement déconnectés. Dans la hiérarchisation des écoulements selon l'ordination de Stralher, elle représente ainsi un cours d'eau élémentaire de niveau zéro, au même titre que les micro-vallons à écoulements temporaires. Dans une perspective de lutte contre les transferts de polluants par ruissellement de surface, ces travaux confirment la nécessité de prendre en compte, dans la notion de système bocager, à la fois le réseau de talus et le réseau de voirie.

Conclusions

Le bilan de la recherche française en hydrologie géographique de cette dernière décennie est incontestablement contrasté : les quelque trois thèses soutenues par an en moyenne ne représentent qu'un peu moins de 2 % des thèses de géographie, les fiefs historiques ont presque tous disparu, et les aspects opérationnels semblent largement abandonnés à la communauté des hydrauliciens avec qui les expériences de coopération ou simplement les rendez-vous sont de plus en plus rares. Cause ou conséquence, aucun étudiant s'inscrivant actuellement en géographie n'ambitionne de se spécialiser en hydrologie et la recherche doctorale en partie déstructurée par cette faible attractivité, s'en remet finalement davantage aux opportunités qu'à un socle de filières constituées. Un savoir-faire certain est sur le point de ne plus se transmettre tandis que, critères de l'évaluation aidant, la restructuration des unités de recherche avec le recentrement autour de quelques thèmes fédérateurs se traduit, un peu mécaniquement, par la marginalisation de disciplines considérées comme trop spécialisées. Dans les faits, dans la place qu'on lui laisse, l'hydrologie a-t-elle encore « droit de cité » en géographie aujourd'hui en France, au niveau de la recherche ? En contrepartie, qui d'autre que le géographe peut entretenir durablement cette culture du système hydrologique, d'abord espace avant même d'être processus ? C'est d'ailleurs pour cette essentielle raison qu'un territoire est aussi un bassin versant, que l'on peut croire que l'hydrologie géographique continuera d'exercer une attraction certaine sur les générations de géographes à venir ; c'est aussi en raison de la perméabilité grandissante au contexte international : en premier, disciplinaire de la géographie elle-même qui, hors de France, vit davantage la pluridisciplinarité en termes de collaboration qu'en termes de pré carré. Politique, en second, avec en Europe la directive cadre sur l'eau qui est une opportunité économique sans précédent pour mettre en valeur l'approche du géographe, pourvu que celui-ci comprenne l'urgence de l'implication opérationnelle et n'hésite pas à s'équiper matériellement en conséquence. Quant à l'inventivité dans les approches, à la générosité des chercheurs dans le travail - dans ces études doctorales aux lendemains pourtant tellement incertains en France - faut-il en douter à la lecture de ces 38 thèses ? C'est sans doute ce qui ne demande qu'à s'exprimer de la façon la moins exigeante et a surtout besoin de confiance. L'hydrologie géographique en questionnements, en repositionnement, en mutation, peut-être en phase transitoire et délicate mais, et on peut le penser avec quelques motifs de sérénité, en « à venir ».

Les 38 thèses de géographie [1998-2008] traitant d'hydrologie classées par thèmes

Evaluation de la ressource en eau/Processus de la circulation (8, dont modélisation = 4 et étrangers = 3)

Claire LANG (2007), Etiages et tarissements : vers quelles modélisations ? L'approche conceptuelle et l'analyse statistique en réponse à la diversité spatiale des écoulements en étiage des cours d'eau de l'est français ; dir. Jeannine Corbonnois et Emmanuel Gille (Metz)

Anne GUYOMARD (2006) Etude structurale et hydrogéologique de la terminaison occidentale du Massif des Mémises et ses relations avec le complexe détritique quaternaire d'Evian ; dir. S. Fudral (Chambéry)

Daniel MANSUY (2005), L'eau dans les formations argileuses et calcaires du trias au sud de la Lorraine (France) ; dir. Jeannine Corbonnois

Stéphane DESRUELLES (2004), L'eau dans l'ensemble insulaire cristallin méditerranéen Mykonos-Délos-Rhénée (Cyclades, Grèce) et sa gestion dans la ville antique de Délos ; dir. Jean-Pierre Peulvast (Paris)

Mustapha TOUAZI (2003), Evaluation des ressources en eau et acquisition de bases de données à références spatiale et temporelle en Algérie du nord ; dir. Jean-Pierre Laborde (Nice)

Abdelouahab NEJJARI (2002), La sécheresse, l'eau et l'homme dans le bassin versant du Haut Sebou (Moyen Atlas septentrional - Maroc) ; dir. Jeannine Corbonnois (Metz)

Sébastien LEBAUT (2000), L'apport de l'analyse et de la modélisation hydrologiques de bassins versants dans la connaissance du fonctionnement d'un aquifère : les grès d'Ardenne Luxembourg ; dir. Jeannine Corbonnois et Emmanuel Gille (Metz)

Abdeslam BOUCHTI (1998), Modélisation spatialisée des flux hydriques dans le système sol-plante-atmosphère. Application à la recharge de la nappe phréatique de la plaine d'Alsace.; dir. Joël Humbert (Strasbourg)

Hydroclimatologie/Bilans hydrologiques/Fonctionnement des bassins versants (10, dont modélisation = 3 et étrangers = 7)

Jérôme PORTERET (2008), Fonctionnement hydrologique des têtes de bassin versant tourbeuses du Nord-Est du Massif Central ; dir. Hervé Cubizolle (Saint-Etienne)

Mohammed ASSABA (2004), La connaissance des pluies mensuelles au service de la modélisation hydrologique des apports mensuels en eau de surface : application à l'Algérie du Nord, au Sud de la France et à la Corse ; dir. Jean-Pierre Laborde (Nice)

Taher CHEIKHO (2003), Synthèse spatio-temporelle des paramètres hydroclimatiques et modélisation hydrologique: application au bassin versant du Var ; dir. Jean-Pierre Laborde (Nice)

Gilles DROGUE (2003), Apports de l'information historique et des outils de modélisation à l'étude de l'évolution passée et future du climat et de la relation pluie-débit au grand-duché de Luxembourg. dir. Joël Humbert (Strasbourg)

Rédouane SERBOUT (2001), Le bassin versant de l'oued Oum er Rébia en amont de Dechra el Oued (moyen-Atlas) : contribution à l'étude des phénomènes hydro-climatiques ; dir. Jean-Pierre Laborde (Nice)

Hamid Reza NAJIB MOLAI (2000), Etude de la structure et du fonctionnement hydrologique du bassin versant karstique de la Doria (massif des bauges - Savoie) ; dir. Michel Mietton (Strasbourg)

Laurent PFISTER (2000), Analyse spatio-temporelle du fonctionnement hydro-climatologique du bassin versant de l'Alzette (grand-duché de Luxembourg). Détection des facteurs climatiques, anthropiques et physiogéographiques générateurs de crues et d'inondations ; dir. Joel Humbert (Strasbourg)

Jean Philippe DROUX (1999), Hydrologie et flux de matières solides particulaires et dissoutes sur petits bassins versants du bassin du fleuve Niger au mali. (bassins du Dounfing, de Djitiko et de Belekoni ; dir. Michel Mietton et Jean-Claude Olivry (Strasbourg)

Dominique DUMAS (1999), Karsts du Zagros (Iran) : bilans hydrologiques et évolution géomorphologique ; dir. Joel Humbert (Strasbourg)
Suliman OMAR HAROUN (1998), Climatologie du Soudan et hydrologie du système nilotique: évolution récente ; dir. Marcel Leroux (Lyon)

Aménagements/Impacts humains/Gestion de l'eau/Scénarios hydrologiques (8, dont modélisatrion = 2 et étrangers = 5)

Olga SOLDATENKOVA-KERGARAVAT (2006) Evaluation de la vulnérabilité de la ressource en eau souterraine et gestion des risques de contamination : exemple des aquifères de la région de Vladimir (Russie) ; dir. G. Moguedet (Angers)
Cédric LOMAKINE (2005) Contribution des bassins versants aux pollutions des écosystèmes conchylicoles du Croisic et de Pen-Bé: approche par couplage d'un sig avec un modèle agro-hydrologique ; dir. Jean-Pierre Corlay, Marc Robin (Nantes)
Jean-Bernard MINOT (2005) L'étude du barrage, du lac et du bassin versant de la Mbali : interrelations entre un lac et un environnement anthropique en Afrique Tropicale ; dir. Marie-José Penven (Rennes)
Erwan BOCHER (2005) Impacts des activités humaines sur le parcours des écoulements de surface dans un bassin versant bocager : essai de modélisation spatiale : application au Bassin versant du Jaudy-Guindy-Bizien (22) /; dir. Corentin Canevet (Rennes)
Madi CHOUAT (2002) Les techniques de maîtrise de l'eau dans le bassin versant de l'Oued Fessi (sud tunisien) ; dir. Roger Lambert puis Alain Giret (Poitiers)
Stéphanie DUVAIL (2001), Scénarios hydrologiques et modèles de développement en aval d'un grand barrage : Les usages de l'eau et le partage des ressources dans le delta mauritanien du fleuve Sénégal ; dir. Michel Mietton (Strasbourg)
Boutheina DRIDI (2000), impact des aménagements sur la disponibilité des eaux de surface dans le bassin versant du Merguellil (Tunisie centrale) ; dir. Jean-Michel Avenard (Strasbourg)
Alexis MERCIER (1999) L'Anthropisation d'un systeme fluvial à haute énergie : l'exemple de l'Ariège (Pyrénées centrales françaises) ; dir. Bernard Valadas (Limoges).

Crues inondations (4, dont modélisation = 2 et étranger = 1)

Estelle AGASSE (2005), Les crues de rivières en Basse-Normandie: expression d'un système hydrogéographique complexe en milieu tempéré océanique ; dir. Armel Coudé (Caen)
Patrice POINSOTTE (2004) Pluie, crue et inondation maximale probable en Versilia (Toscane): une nouvelle méthode d'évaluation des aléas pluvio-hydrologiques extrêmes ; dir. Denis Lamarre (Dijon)
Sylvain CHAVE (2003) Elaboration d'une méthode intégrée du diagnostic du risque hydrologique ; dir. Jean-Louis Ballais (Aix-Marseille)
Eric MASSON (2002), Les conséquences des crues dans le bassin versant de l'Eure : le risque inondation dans un hydrosystème anthropisé ; dir. Armel Coudé (Caen)

Relation hydrologie/Géomorphologie (4, dont modélisation = 1 et étranger = 1)

Johnny DOUVINET (2008), Les bassins versants sensibles aux « crues rapides » dans le Bassin Parisien : Analyse de la structure et de la dynamique des systèmes spatiaux complexes ; dir. Daniel Delahaye (Caen)
Jean MORSCHEL (2006) L'eau et les paysages dans la Dorsale Tunisienne : expliquer le cheminement des flux hydriques en fonction des organisations présentes dans le milieu naturel ; dir. J.P. Laborde (Nice)
Olivier LEJEUNE (2005), Dynamiques d'érosion des bas plateaux de l'Est de la France: l'exemple du bassin versant amont de la Marne ; dir. Alain Marre (Reims)
Laurent SCHMITT (2001), Typologie hydro-géomorphologique fonctionnelle de cours d'eau : Recherche méthodologique appliquée aux systèmes fluviaux d'Alsace ; dir. Joël Humbert (Strasbourg)

Stéphane JAILLET (2000), Le Barrois et son karst couvert: Structure, fonctionnement, évolution ; dir. Jean-Noël Salomon (Bordeaux)

Carto graphie/Systèmes d'information géographique (3, dont modélisation = 0 et étranger = 1)

Gérard LIGNON (2000), Systèmes d'information géographique comme outil d'aide à la décision : application à l'espace karstique méditerranéen ; dir. Jean Paul Cheylan (Montpellier)
Nathalie SIEFERT (1999), Etude méthodologique de cartographie automatique des écoulements fluviaux. Application aux bassins de la Fecht et du Giessen. ; dir. Joel Humbert (Strasbourg)
Christophe PRUNET (1998) Géographie des zones inondables de la Dordogne moyenne étude méthodologique et cartographique de la cartographie informative a la cartographie réglementaire ; dir. Roger Lambert

Chapitre 2

GESTION DE L'EAU, GESTION DES RISQUES :

DE RÉCENTES RECHERCHES POUR ÉVALUER LA TERRITORIALISATION DE L'ACTION PUBLIQUE

Richard Laganier, Helga-Jane Scarwell
Pascal Bartout, Yohann Benmalek, Delphine Brunaud, Franck Chow-Toun, Magalie Franchomme, Jane Parage, Saida Temam

Qu'il s'agisse de la gestion de l'eau ou de la gestion des risques, ces deux thématiques ont été investies par des champs disciplinaires issus tant des sciences de l'ingénieur, des sciences du vivant, de la chimie et des sciences de la terre que des sciences humaines et sociales. La reconnaissance des possibilités qu'elles offrent de circulation, d'échanges intellectuels entre grands champs disciplinaires constitue à elle seule une avancée essentielle qui favorise leur participation à la construction d'objets en commun avec des accroches ou des dispositions pour l'interdisciplinarité. Aussi, si parfois les questions liées à l'eau et aux risques ont été abordées à priori sans ordre évident, désormais la question consiste à examiner comment certaines approches peuvent aider à penser les interactions sur un même objet d'étude et, à l'inverse, comment d'autres approches favorisent leur éclatement. Au-delà de la volonté de développer un dialogue ouvert autour d'un même objet d'étude, reste la nécessité du partage d'un vocabulaire pour « *passer de la masse d'eau au bassin versant puis au territoire* » (Arnould, 2006).

Mais à y regarder de plus près, on peut noter qu'au-delà d'un apparent cloisonnement entre disciplines, c'est à partir des lacunes et des incertitudes et donc des problèmes soulevés par ces deux thématiques que les enjeux de gouvernance ont été abordés pour remonter d'abord aux enjeux de connaissances puis aux questions de contenu de la connaissance, de sorte que les constructions des objets scientifiques ont pu apparaître à tort renversées. En conséquence, on a l'impression aujourd'hui que la recherche, comme l'action, sont de plus en plus éclatées entre deux pôles : la montée des pluralismes (acteurs, disciplines…) et la volonté de tout réunifier (i.e. intégrer) pour ne pas perdre la main (d'où l'importance donnée à la médiation et la gestion intégrée…). Prenons alors garde à la manière dont on aborde ces thématiques car, comme le signalait Paula Rizzi lors du colloque « *Eaux et territoires ; quelles priorités pour la recherche* ? » (Lyon, 9 et 10 janvier 2006) à partir du moment où l'on cherche à agréger des éléments disparates issus de champs divers, on n'échappe pas au « bricolage » sur le plan pratique.

C'est pourquoi ce chapitre ne prétend pas faire un inventaire exhaustif de tous les travaux scientifiques publiés ou en cours sur ces deux thématiques. L'ambition est plus modeste. D'ailleurs, l'éclatement de ces deux objets d'études sur plusieurs champs disciplinaires rend la collecte de statistiques difficile. C'est pourquoi, l'objectif consiste davantage à présenter les grands axes de la recherche actuelle qui vise à : resituer le contexte des politiques mises en œuvre ; mettre en correspondance l'évolution des politiques de gestion de l'eau et du risque avec un changement de posture ; analyser les concepts sur lesquels se sont appuyées ces politiques ; mais aussi définir les outils de gestion mis en place pour accompagner l'action publique ; analyser le jeu d'acteurs impliqués et enfin, développer des méthodes afin de procéder à l'évaluation de ces mêmes politiques publiques de gestion de l'eau et des risques associés.

Si le risque se situe aujourd'hui à la croisée de processus naturels et de dynamiques territoriales, la gestion de l'eau, hier, a longtemps été une politique sectorielle ignorant trop le territoire. De fait, le rapport à l'eau et aux risques reposait sur des concepts, des outils, qui constituaient autant de manifestations de cohérence ou d'incohérence, entre des finalités à long terme, des objectifs à moyen terme et des actions à court terme, compte tenu des contraintes auxquelles la société s'est trouvée confrontée et des atouts dont elle disposait.

L'obsolescence des logiques de régulation publique face à un contexte incertain et complexe implique que l'on s'intéresse à l'évolution des modalités de la gestion publique. C'est pourquoi, à travers plusieurs travaux scientifiques relatifs à la gestion de l'eau et aux risques liés à l'eau, nous avons souhaité retracer brièvement de façon diachronique, sur la base des recherches des plus récentes, la manière dont s'est formalisée la prise en compte du risque d'inondation dans la société, ainsi que les réponses qu'on a essayé de lui apporter à travers l'histoire. Autrement dit, nous souhaitons à travers les travaux d'auteurs géographes mais également de disciplines différentes reconstituer l'histoire de la gestion de l'eau et du risque. Quel est l'apport de ces travaux et études, notamment en matière de modélisation, de représentation des risques en passant par la gouvernance de l'eau jusqu'à l'aménagement du territoire ? L'enjeu n'est-il pas de bien comprendre comment les différents champs disciplinaires se répondent et construisent des objets en commun capables d'apporter un appui scientifique voire une aide à la décision ?

Bien évidemment, nous ne prétendons pas retracer toutes les approches du risque et de l'eau, mais nous nous limiterons aux approches contemporaines, lesquelles insisteront sur le fait que l'eau a suscité des aménagements, des usages et des formes d'organisation entretenus et adaptés aux découvertes techniques et aux évolutions sociales, politiques et économiques. D'ailleurs, les scientifiques, les aménageurs et les gestionnaires de l'eau n'ont pas toujours eu la même approche de cette relation. D'où de nombreux ajustements et des réformes en tenant comptent notamment d'approches mises en exergue par des travaux de recherche. Mais les réformes de fond envisagées ne sont concevables que si elles reposent sur des procédures d'évaluation adéquates, faute de quoi le remède proposé peut se révéler pire que le mal. Car, faut-il le souligner, la force de l'évaluation de l'action publique repose notamment dans sa dimension de production de connaissances et de restauration du principe de responsabilité.

Bien audacieux serait celui qui essaierait de traiter exhaustivement des politiques publiques de gestion de l'eau et du risque dans un seul et même chapitre. Pour autant, il est toujours possible de situer les choses : les politiques publiques en matière de gestion de l'eau et du risque se conjuguent à partir de choix institutionnels, de mises en place de procédure, d'un système d'action et de consécration de principes dont l'étude du fonctionnement, des dynamiques à l'œuvre dans le temps et dans l'espace et d'appropriation sont précisément objets de recherche. L'évaluation des politiques publiques apparaît alors comme un moyen de s'interroger sur les objectifs théoriques et réels de la politique envisagée et sur les voies de transformation possibles.

Quoi qu'il en soit, si l'utilité de la recherche n'est pas immédiate, nul doute qu'elle soit indirecte. Car demain, il est incontestable que les recherches sont tournées vers la compétition autour des ressources en eau et en terre, lesquelles s'accroissent sur fond d'incertitudes climatiques et de transformation des politiques publiques.

Quelles politiques publiques dans les domaines de l'eau et des risques ?

Les politiques publiques de gestion de l'eau ont évolué au cours des dernières années. En effet, on est passé de l'eau « *patrimoine commun de la nation* » à une approche globale de la gestion de l'eau dans le cadre d'un périmètre hydrographique cohérent, tout en favorisant la concertation avec les usagers, l'incitation économique et le principe pollueur/payeur. Aujourd'hui, comme une évidence, l'émergence du développement durable a constitué une opportunité pour reproblématiser la question du risque d'inondation et, plus globalement, de l'eau en lien avec l'aménagement du territoire. Pendant longtemps, la gestion de l'eau et du risque d'inondation s'est fondée sur une conception hydraulicienne visant à maîtriser l'eau, à limiter l'extension spatiale des inondations et des milieux humides (endiguement, barrages écrêteurs de crue, assèchement des marais par drainage…). Des travaux de recherche en témoignent à travers notamment les angles d'entrée des problématiques traitées. Cette vision, que nous présenterons à travers une lecture plutôt technico-historique correspond à une approche anthropocentriste du rapport à la nature (Narcy, 2004). La perspective historique retenue permet de dégager distinctement les liens entre les logiques de développement, dont les racines plongent dans le XIXème siècle, et l'émergence du développement durable. Elle vise également à resituer les échelles et les outils réglementaires de l'intégration du risque d'inondation et de gestion de l'eau à l'aménagement du territoire dans un contexte d'usages multiples des ressources, souvent concurrents, et d'une grande pluralité d'acteurs concernés.

Les modes de gestion antérieurs des risques et de l'eau

Les modes de gestion antérieurs des risques et de l'eau ont été bouleversés par de nouveaux comportements qui s'éloignent des « socialités » communautaires d'antan, lesquelles peuvent être mieux connues grâce aux analyses de nombreuses disciplines. En effet, depuis que la conscience collective a été mobilisée autour de la défense du patrimoine hydraulique, la gestion de l'eau longtemps limitée à une politique sectorielle ignorant le territoire s'est réorganisée en tenant compte de la raréfaction de la ressource, de son caractère social et culturel. L'explosion des besoins a fait apparaître la nécessité d'une approche globale des problèmes de l'eau, mais aussi de toutes les questions liées à l'environnement, comme l'énonce la loi sur l'eau de 1992 : « *l'eau est un patrimoine commun dont la gestion équilibrée est d'intérêt général* ». D'ailleurs, cette nécessité est affichée non seulement en préambule de la directive-cadre sur l'eau, mais elle est également rappelée lors de tous les forums internationaux (Dublin, Johannesburg, Kyoto, Istanbul).

Cette gestion intégrée fait référence au besoin de concilier différents objectifs qui ne convergent pas nécessairement comme : la reconquête de la qualité des milieux aquatiques, mais aussi le développement d'activités économiques utilisatrices de ressources en eau ou altérant les hydrosystèmes ; la limitation de l'artificialisation des milieux mais aussi la protection contre les risques naturels ; le service d'intérêt général et la garantie d'accès à tous pour l'approvisionnement en eau potable et l'assainissement, mais aussi la sécurisation du financement à long terme des réseaux ; l'obligation d'actions et de planifications pour le long terme, mais aussi la nécessité de prendre en compte les incertitudes techniques et scientifiques et les risques ;

Enfin, la participation des populations concernées à la définition des objectifs et des moyens soucieux du bien commun, dans un contexte socio-économique par ailleurs très favorable aux comportements consuméristes et à l'individualisme (type NIMBY).

Aussi, la loi et les directives communautaires ont permis la mise en place d'outils de planification décentralisés et de concertation pour faciliter la mise en œuvre de cette politique. Ce passage d'une gestion sectorielle à une gestion spatiale de l'eau a fait l'objet de nombreux travaux scientifiques analysant par exemple l'évolution de la gestion de l'eau, instrument du territoire, aménagé pour les besoins du territoire, à une relation eau-aménagement du territoire (figure 2.1), voire à un ménagement du territoire pour la préservation de la ressource (Laganier et Davy, 2000 ; Scarwell, 2005). De même, différentes disciplines se sont consacrées à l'étude du lien passé, présent et à venir entre le(s) territoire(s), l'eau et les risques hydrologiques (l'histoire, la géographie, les sciences de l'ingénieur, le droit, la sociologie…). Car, comme le souligne November (2002), l'étude du risque n'est pas l'apanage d'une discipline en particulier mais elle suppose des regards croisés pour rendre compte de la complexité de l'objet de recherche d'autant que, désormais, « ce n'est plus de l'extérieur mais de l'intérieur que les risques viennent » inquiéter la société (Noiville, 2003, p. 1). Ils sont produits, « manufacturés » par elle (Beck, 2001). Ces recherches se caractérisent également par la diversité des entrées retenues : aménagements, usages de l'eau, représentations sociales de l'eau et des risques, conflits, pratiques de gestion. Il n'est donc pas incongru de s'interroger sur un tel engouement.

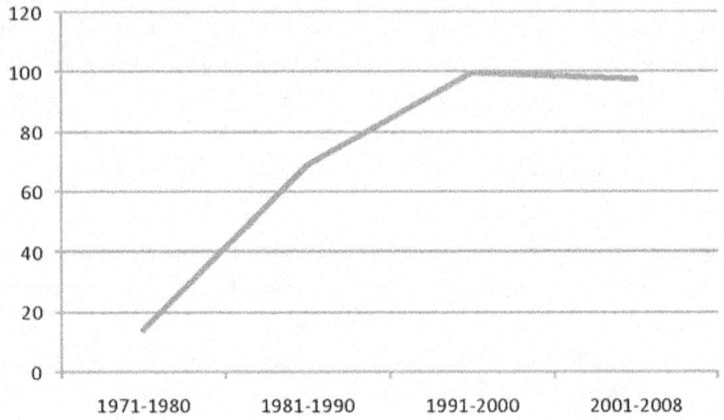

Figure 2.1 - Les thèses d'hydrogéographie portant sur l'étude du lien eau-territoire en France (1971-2008)

La multiplicité de rapports, d'ouvrages, de thèses (figure 2.1) et, plus globalement, de littérature sur le sujet témoigne non seulement de l'intérêt de la communauté de recherche, mais également de la diversité des approches contemporaines. Une première remarque s'impose sur les approches. Chaque discipline a tenté dans un premier temps d'analyser les problématiques du risque et de l'eau séparément et de mettre en évidence toute une série de questionnements qui, finalement, ont donné une compréhension éclatée de cet objet de recherche. Au total, il existe dans le champ de réflexion scientifique une variété de possibilités et d'évolutions. Ainsi, les objets à risques ne demeurent pas circonscrits à l'intérieur d'une discipline, mais débordent souvent de leur champ étude. C'est même une de leurs caractéristiques : il n'existe pas de discipline qui détiendrait le monopole du risque en tant qu'objet d'un savoir.

De la conquête à la maîtrise de l'eau : une stratégie de gestion contre la spirale des risques (excès hydrologiques des eaux pluviales et usées).

Historiquement, tout comme l'eau, l'inondation était inscrite dans le fonctionnement des sociétés riveraines[8] (Antoine, 1992 ; Meschinet de Richemont, 1997 ; Martinais, 2001 ; Favier et Granet-Abisset, 2002). Les

[8] Pour les plaines alluviales : la régularité des crues est propice à l'adoption de comportements sociaux adaptés.

crues étaient même acceptées en Camargue au milieu du XIXème siècle (Allard et Pailhès, 1996) voire même à l'Antiquité romaine (Arnaud-Fassetta et Landuré, 2003) et ce n'est que progressivement que des changements de représentations et de pratiques ont transformé ce rapport à l'eau (figure 2.2) en un mal à combattre, une fatalité et beaucoup plus tard en une contrainte à intégrer au développement des territoires, voire en un atout de développement (Laganier et Davy, 2000). Ces travaux nous renseignent non seulement sur la place de l'eau et du risque à cette époque au sein de la société, mais nous rappellent aussi que si l'eau peut sembler avoir disparu, le risque, lui, ne peut être assigné à résidence (Cans, 2003).

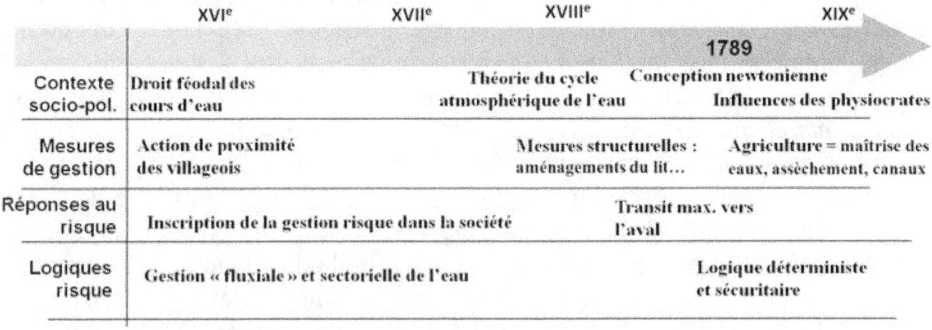

Figure 2.2 - L'eau est inscrite dans le fonctionnement de la société (d'après Scarwell, 2005)

Certaines études montrent que les risques liés aux débordements paraissaient autrefois globalement moins pris en considération que d'autres problèmes, comme celui de l'insalubrité. Aussi, toute une série de travaux à dominante historique ou en lien avec les sciences de l'ingénieur ont démontré que les médecins et les ingénieurs ont eu une influence décisive dans la disparition de l'eau dans la ville. On relira avec attention l'ouvrage de Barles (1999) et notamment son chapitre 2 sur « *La ville des ingénieurs* », illustrant leurs gloires et déboires dans l'aménagement de l'espace, ainsi que celui de Picon (1995), « *La mécanique des fleuves au XVIIIème siècle* » ou encore le mémoire d'Habilitation à Diriger des Recherches de Geneviève Massard-Guibaud (2004) : *Histoire de la pollution industrielle en France (1789-1914)*). La thèse de Romain Garcier offre également une lecture très précieuse et nuancée sur la naissance, le développement et la gestion de la pollution industrielle de la Moselle française (2005) alors que celle, en cours, de Saïda Teman (Paris 8) s'interroge sur les rapports entre « *Stratégie de gestion du risque d'inondation, ouvrages d'art et ingénieurs dans le val de Loire nivernais du XVIIIème siècle à nos jours* ». C'est en effet largement par un regard historique que les études sur les réseaux et les ouvrages d'aménagement se sont ouvertes aux sciences sociales, avec aussi bien la prise en compte du contexte politique et institutionnel de la décision que la mise en valeur des facteurs d'inertie liés au développement des réseaux urbains d'infrastructures ou influençant l'émergence de nouveaux concepts et de nouvelles pratiques en matière de gestion de la pollution de l'eau (Garcier, 2005). D'autres auteurs soulignent encore à travers l'analyse du passé que les populations n'acceptent plus les débordements liés à l'eau dès les XVIIIème et XIXème siècles, d'autant qu'il convient de maîtriser celle-ci pour la production d'énergie, la navigation ou l'agriculture hydraulique. Ainsi, la lutte contre l'eau (figure 2.2) sous toutes ses formes, d'après Picon (1992), représente l'un des principaux problèmes posés aux techniciens. Car, ajoute-t-il, la voie d'eau constitue le principal mode de transport des denrées pondéreuses, les rivières fournissent la seule source d'énergie capable de faire fonctionner régulièrement des machines de forte puissance. « *La sidérurgie proto-industrielle*[9] *est par exemple tributaire du cours d'eau qui actionne ses martinets et qui doit être aménagé en conséquence. Par le biais de ce type d'aménagement, l'architecture hydraulique structure la géographie manufacturière* » (p. 57). Le terme « *architecture* » se rapporte d'ailleurs aux références communes que partage l'ingénieur avec l'architecte et notamment l'usage de la géométrie et des proportions, afin de dimensionner les ouvrages. La monarchie française, après avoir investi dans la défense du royaume, demande aux ingénieurs de privilégier la vie économique, l'agriculture, les manufactures et le commerce. Ainsi, il convient de construire à moindre coût des routes et des canaux. Telle sera la tâche confiée aux ingénieurs. Héritiers des pratiques et savoirs remontant au Moyen-Age ou à la Renaissance, l'aménagement du territoire ne reflète qu'une partie de leur compétence (Gille, 1978 ; Vérin, 1993).

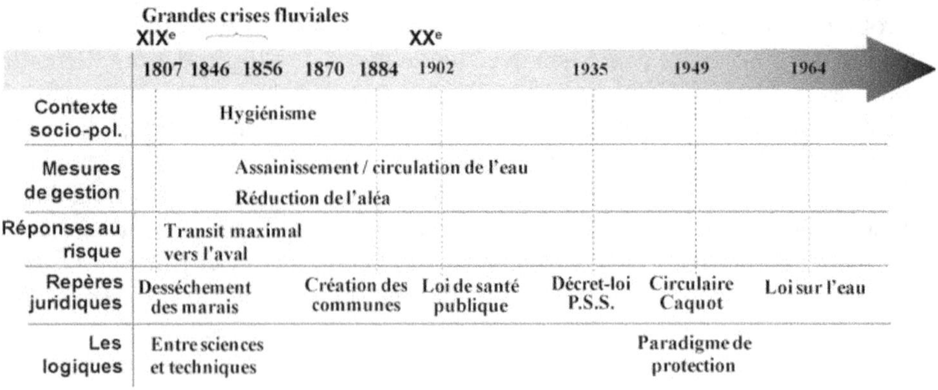

Figure 2.3 - L'eau est un mal à combattre, l'eau doit disparaître (d'après Scarwell, 2005)

9 Voir par exemple Woronoff D., 1984 : L'industrie sidérurgique en France pendant la Révolution et l'Empire, pp. 236-267.

Puis, une période de conquête de la sécurité s'ouvre et s'explique d'autant mieux qu'on passe « *de la rivière à l'axe fluvial* » (Bethemont, 2001). Désormais, la politique de gestion de l'eau, tout comme celle de prévention, est arc-boutée sur l'élimination de l'eau et donc du risque, renforcée par le développement des connaissances et sur une vision technique, voire techniciste, de la gestion du risque plutôt que sur des comportements raisonnables comme le refus d'urbaniser en zones inondables. À titre d'exemple, la littérature recèle de métaphores empruntées à l'art militaire : conquête de l'eau, combat et victoire contre les crues, *etc.* Il va sans dire que de telles expressions nous renseignent sur le besoin de sécurité des populations contre les risques liés à l'eau.

Désormais, pour les ingénieurs comme pour les médecins, il s'agit de faire disparaître l'eau de la ville par le biais de réseaux souterrains vers la périphérie. Dans « *Les temps de l'eau. La cité, l'eau et les techniques* », Guillerme (1983) rappelle que l'eau stagnante, après avoir servi de rempart écologique à la ville classique, devient « *l'ennemi* » à combattre et ce d'autant, comme le précise Ariés (1975), que l'image de la mort fait peur au point d'en détourner les regards, comme d'ailleurs de tout corps qui se décompose. Les ingénieurs et médecins s'entendent sur la nécessité d'assainir la ville (Dupuy et Knaebel, 1982). Dupuy (1978) analyse le lien entre science et technique dans son ouvrage « *Urbanisme et technique, chronique d'un mariage de raison* », après un détour par les travaux d'Habermas (1978) pour souligner l'interdépendance des sciences et des techniques, mais également rappeler que « *cette rationalité technique et scientifique pouvait être liée à l'exploitation de l'homme dans des formes nouvelles de contrôle social* ». Dans tous les cas, l'assainissement est, selon lui, d'abord hygiénique « *le contexte socio-historique rend compte (...) du caractère hygiénique de l'assainissement même lorsqu'il ne s'agit que d'eaux pluviales* » (Dupuy, 1978, p. 142). Comme le souligne Goubert (1986, p. 41) « *l'eau devient, avec l'air, l'élément pollué par excellence, le lieu d'élection de la « génération spontanée » des microbes* ». Aussi, sa circulation devient indispensable aux yeux des hygiénistes luttant alors contre le « méphitisme » et croyant voir dans « *les graves épidémies de choléra du XIXème siècle confirmation de leur théorie* » (Narcy, 2004, p. 44). Cet idéal circulatoire des hygiénistes peut être résumé par cette citation de Corbin (1986, p.107-108) « *nettoyer, ce n'est pas tant laver que drainer (...). Le contraire de l'insalubre, c'est le mouvement (...). Assécher la ville par le drain, c'est désamorcer la stagnation putride généalogique, préserver l'avenir de la cité, assurer, par la technique, la régulation que la nature, seule, ne saurait opérer dans ces lieux d'entassement artificiel* ». Dupuy et Knaebel (1982, p. 18) ajoutent que le réseau d'égout doit évacuer non seulement les eaux utilisées pour le nettoyage des rues, mais aussi les eaux pluviales, qu'elles soient porteuses ou non de déchets : « *Ainsi des égouts sont-ils construits pour protéger des inondations* *les zones basses, ce qui permet d'ouvrir celles-ci à l'urbanisation (...)* ». Désormais, la conquête de la salubrité s'appuie sur la gestion technicienne et hygiéniste des villes. Cette cohérence entre médecins et ingénieurs[10] n'est rendue possible que grâce aux découvertes pastoriennes. La loi du 15 février 1902 donne aux hygiénistes et aux pastoriens les moyens juridiques pour transformer en impératifs juridiques les vérités scientifiques. La réglementation s'aligne donc sur les avancées de la science et de la technique. Doit-on en conclure que ces points de convergence traduisent une vision commune de la ville idéale ? La phase couvrant les XIXème siècles et XXème siècles se caractérise par la canalisation des rivières et l'enterrement des réseaux d'eau entraînant un bouleversement dans la gestion de l'eau. Cette mutation est notamment soutenue par les Lumières et a pour incidence l'essor de l'hydraulique et l'avènement dans les milieux scientifiques du cycle atmosphérique de l'eau (Goubert, 1986). Dès lors, comme le décrit Guillerme, à « *la demande du pouvoir politique, (l'ingénieur) s'efforce d'éponger, de cureter ou de cautériser cette plaie ouverte qu'est devenu le réseau de surface* » (p. 189). Ajoutons que celui-ci est devenu inutile pour l'industrie qui demande une eau épurée et sous pression. Au-delà du débat technique, on confronte des concepts.

Cette problématique qui pouvait apparaître comme purement technique s'articule à différentes disciplines, ce qui ressort en filigrane des développements ci-après : comment s'est formalisée la prise en compte du risque d'inondation dans la société et quelles réponses on a essayé de lui apporter à travers l'histoire ?

La difficile maîtrise de la qualité des milieux récepteurs ou les limites de la conception « hydraulique » : du transit maximal vers l'aval au stockage temporaire des eaux en amont.

En effet, des débats techniques de plus en plus nombreux ont lieu notamment à propos de l'évacuation des eaux et surtout des eaux pluviales ou de leur stockage, en raison des contraintes liées au dimensionnement des canalisations. Finalement, ces débats débouchent, en 1949, sur la circulaire « *Caquot* » (circulaire CG 1333) fixant au niveau national les règles de calcul à utiliser. Cette circulaire, considérée comme la « Bible » de l'assainissement

---

[10] Rappelons que l'ingénieur moderne naît en France au XVIIIème siècle. Il appartient soit au corps militaire (ingénieurs du Génie), soit au corps civil (ingénieurs des Ponts et Chaussée puis des Mines). La création du corps des Ponts et Chaussées en 1716 et celui de l'Ecole Polytechnique en 1794 assurent sa pérennité (Belhoste *et al.*, 1995). Les ingénieurs seront rattachés tout au long du XVIIIème siècle au contrôle général des Finances responsable de la politique économique de la Monarchie. Ceci souligne que leur rôle ne consiste pas uniquement à réaliser des infrastructures mais bien, conformément à l'apport des Lumières, à faire circuler hommes et marchandises, selon une conception de l'excellence, fondée sur le volume de la production et des échanges.

urbain, privilégie l'option de l'évacuation des flux d'eau et de pollution, au détriment de l'option de stockage qui aurait peut-être permis de réduire les sections des collecteurs avals. Cette circulaire n'a fait qu'entériner la doctrine hygiéniste de l'idéal circulatoire qui avait présidé à la genèse de l'assainissement. Jusqu'aux années soixante, elle ne sera pas remise en cause, mais l'option choisie d'évacuer les eaux pénalise toute extension de l'habitat en amont du réseau. La création des villes nouvelles qui ne se fera pas en fonction des possibilités d'évacuation des eaux, mais plutôt en fonction des disponibilités foncières, entraînera une alternative à la circulaire « Caquot ». Ce compromis entre l'option « évacuation » ou « stockage » sera validé dans la circulaire « *Loriferme* » de 1977 (circulaire 77-284). C'est, au fond, reconnaître sur la question du risque d'inondation que les concepts et les modèles implicites et explicites qui ont été utilisés n'ont pas pris suffisamment en compte les interactions entre les sociétés humaines et leurs milieux de vie. Rappelons que la circulaire Caquot invitait à dimensionner les égouts de façon à ce que la crue centennale soit résorbée en une heure.

Des outils conformes aux approches conceptuelles

La gestion du risque d'inondation a longtemps reposé sur des actions de proximité des villageois et sur des réalisations des ingénieurs qui, par des interventions techniques, comme la réalisation de « beaux ouvrages », aménageaient les lits des fleuves ou rectifiaient le lit des cours d'eau, afin de lutter contre les risques d'inondation et soustraire les terres inondables au profit de l'aménagement. Les grandes crises fluviales des années 1840 à 1850 (Bethemont, 2001 ; Martinais, 2001 ; Combe, 2007 ; Gerardot, 2007 ; Delahaye, 2009) ont constitué un tournant décisif dans la compréhension du fonctionnement hydrologique des bassins. À cela sont venus s'ajouter les progrès intervenus aussi bien dans les procédés de mesure que dans la mise en forme des connaissances. Ainsi, comme nous venons de le souligner, on est passé d'une conception basée sur l'évacuation rapide des eaux vers l'aval à une conception se rapprochant davantage « des cycles de la nature ». Les outils de gestion du risque d'inondation en sont une illustration.

Diversité des outils et modes de gestion des risques

Les différents modes de gestion qui peuvent être adoptés sont liés à la définition même du risque. Celui-ci est fréquemment défini dans la plupart des travaux comme le produit de deux composantes indépendantes que sont l'aléa et la vulnérabilité (White, 1975). C'est à partir de cette définition que des auteurs ont pu élaborer une typologie des outils et modes de gestion des zones inondables en distinguant deux stratégies qui, sans être en opposition, se complètent désormais et qui ont deux objectifs. Le premier est de réduire l'aléa, autrement dit, le phénomène physique d'inondation. Celle-ci s'est traduite par une démarche plutôt traditionnelle qui promeut des mesures de protection dites « structurelles » pour lutter contre les inondations fluviales à l'échelle de la vallée et plus récemment par le renforcement de mesures visant à favoriser l'infiltration ou le stockage des eaux pluviales sur les versants (mesures compensatoires). Nous sommes ici dans cette hypothèse, car la vulnérabilité n'est pas encore prise en compte dans les mesures de gestion. Le second objectif est de réduire les impacts prévisibles des inondations et la vulnérabilité au risque, et de démontrer la capacité de la société à affronter et à surmonter une crise, autrement dit à conforter la forte « résistance » du socio-système. Cette conception est en plein essor aujourd'hui en France et se manifeste par le recours à des mesures dites « non structurelles » à caractère informatif, institutionnel ou législatif. Ces mesures définissent la politique préventive initiée en France depuis la loi d'indemnisation des catastrophes naturelles de 1982 (figure 2.4).

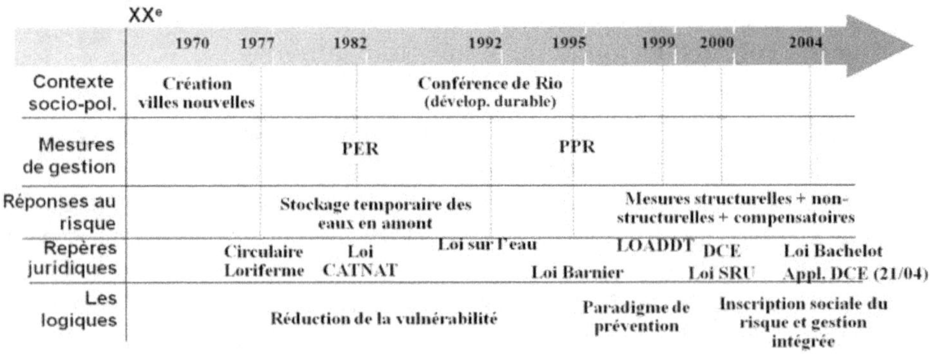

Figure 2.4 - L'eau est un atout de développement (d'après Scarwell, 2005)

Tous les outils ne sont pas créés en même temps et ils se conjuguent parfois sur le terrain. En l'occurrence, nous nous intéresserons ici aux mesures structurelles dont l'objectif était de lutter contre les inondations en modifiant l'aléa hydrologique, c'est-à-dire en réduisant la fréquence avec laquelle les événements naturels de crue affectent les zones urbaines et rurales développées. Ces outils sont variés et anciens puisqu'on retrouve des traces archéologiques de construction de digues datant d'il y a plus de 6000 ans (LR. Johnston Associates, 1992). Ces outils témoignent d'une époque où l'approche des risques était avant tout technique, puisqu'ils incarnaient l'idée que le risque pouvait être éradiqué par la toute puissance de la technique. Ils sont également qualifiés de défense rapprochée.

Les mesures structurelles de gestion de l'inondation : un large éventail de réponses

Les mesures structurelles sont des mesures techniques de protection contre les crues. Elles sont bien connues et consistent en des travaux d'ouvrages de génie civil dans le lit du cours d'eau et sur les versants. Elles visent à influer sur les conditions d'écoulement des crues et leur hydrologie pour réduire le risque d'inondation. La correction des lits, l'emploi judicieux des barrages et la construction de digues, la protection et l'aménagement des bassins sont les principaux aspects de la lutte contre les crues. La méconnaissance des phénomènes d'inondation et plus globalement du milieu naturel, tant dans ses mécanismes que dans ses implications spatiales, reposait sur une approche intuitive du phénomène. Un renforcement de l'action de l'Etat dans la lutte contre les inondations se met en place du XIXème siècle jusqu'à la fin des années 1960 à travers une politique de grands travaux. Les progrès scientifiques et techniques qui accompagnent la révolution industrielle, la puissance financière d'un pays en pleine croissance, la demande de plus en plus forte d'espaces à urbaniser ou à cultiver se manifestent par un interventionnisme croissant du pouvoir central dans les affaires de gestion de l'eau et plus spécifiquement dans la gestion du risque d'inondation. L'ensemble des mesures menées jusqu'au milieu du XXème siècle s'inscrivent dans une pratique de gestion sectorielle de l'eau, destinée à privilégier une spécialisation des cours d'eau et de leurs abords.

La récurrence des crues montre dès lors que leur coût est de plus en plus important eu égard aux dommages subis. Elle illustre aussi les limites évidentes de ces mesures structurelles, notamment pour certains événements majeurs : les ruptures des digues se traduisent par l'inondation de zones fortement urbanisées qui se croyaient à l'abri des inondations. Parallèlement, le coût des aménagements menés à l'échelle du bassin versant semble également mettre un frein à leur développement excessif. En outre, certaines de ces pratiques apparaissent en plusieurs occasions en contradiction avec le fonctionnement des écosystèmes, voire des hydrosystèmes. En effet, les digues et les canalisations isolent la rivière de sa plaine alluviale, les barrages et seuils sont néfastes aux écosystèmes aquatiques de la rivière pour la modification du rythme hydrologique du transit sédimentaire et du système fluvial. De surcroît, ces mesures structurelles ne proposent de solution qu'au niveau local en reportant le problème en aval. L'endiguement des cours d'eau qui empêchent le stockage des eaux de crue dans le lit majeur et inondable accentue le flot de crue en aval et de là, l'aléa d'inondation. À l'évidence, ces aménagements traditionnels visant à se prémunir contre les crues ont eu parfois des conséquences perverses sans toujours résoudre les problèmes initiaux. Les travaux de recalibrage des cours d'eau des plaines d'inondation ont souvent accéléré le transit de l'eau et augmenté de ce fait les débits de pointe d'aval lesquels, à leur tour, favorisent les débordements. À l'inverse, en rétrécissant la section d'écoulement, les endiguements ont augmenté les niveaux d'eau en amont, d'où de nouveaux débordements.

La seconde approche conceptuelle est prolongée par le développement de la méthode « inondabilité » (Gilard, 1998), qui part du principe selon lequel pour lutter contre les inondations il faut inonder, mais à bon escient. Cela signifie que pour protéger les villes, il ne suffit plus d'élever des digues le long des quais, mais qu'il est préférable par exemple de laisser se développer des champs d'expansion de crues, de préférence dans les plaines agricoles le plus en amont de la ville. Dans cette perspective, une stratégie basée sur des actions moins spectaculaires, moins coûteuses, plus efficaces, plus fonctionnelles et moins locales a peu à peu réduit les aménagements structurels pour les inscrire dans une vision plus systémique des bassins, considérés comme des ensembles fonctionnels complexes, dont chaque élément interagit sur les autres éléments. Ces mesures structurelles dites « compensatoires » concernent aussi bien les milieux urbains, ruraux, ou les zones périurbaines et n'ont pas uniquement pour objet de compenser, par exemple, les effets de l'urbanisation en matière de ruissellement. Elles doivent avant tout limiter les effets de l'urbanisation sur l'imperméabilisation des sols, facteurs d'augmentation des débits de rejet des eaux pluviales dans les réseaux. Ainsi, plus qu'une simple politique compensatoire, c'est une politique visant à limiter le ruissellement qui doit être mise en œuvre. Elle s'accompagne nécessairement d'une politique compensatoire. Celle-ci consiste à mettre en œuvre des ouvrages d'écrêtement intégrés dans l'aménagement tant d'un point de vue fonctionnel que paysagé. En milieu rural, les mesures et travaux de réduction du risque portent en particulier sur le développement des mesures agro-environnementales nécessaires à la réduction du ruissellement et de l'érosion des sols. L'objectif pourrait être de favoriser l'infiltration des eaux de ruissellement en profitant des bonnes capacités des zones enherbées. Les techniques à utiliser sont basées sur le maintien en herbe des zones d'écoulement et l'amélioration de leur capacité d'infiltration par des ouvrages de petite hydraulique. Des équipements spécifiquement adaptés aux zones de ruissellement peuvent être encouragés : bandes enherbées de fond de vallon équipées de barrettes transversales pour constituer des capacités de rétention, fossés, prairies inondables… Quelle que soit la stratégie retenue pour faire face aux problèmes, d'importantes emprises foncières seront nécessaires.

Désormais, le développement durable représente un nouveau référentiel de l'action publique territoriale. Progressivement, on s'achemine vers une réconciliation entre l'aménagement du territoire et la gestion du risque d'inondation grâce à l'encadrement territorial du risque d'inondation (figure 2.4).

De nouvelles formes de l'action publique territoriale accompagnant le développement durable : le temps des bassins ou l'articulation de la gestion de l'eau et du territoire.

Les principes du développement durable, à travers des pratiques judicieuses, offrent aux pouvoirs publics locaux une opportunité pour redonner à la problématique de la gestion de l'eau et du risque ses multiples dimensions spatiales et sociales. En outre, on se demandera ici si les pratiques qu'il a engendrées ou, à tout le moins, si le fait de s'inscrire dans une démarche de développement durable a permis de poser d'une autre façon les enjeux. Ces questions se posent avec d'autant d'acuité que des démarches affichées comme relevant de pratiques de développement durable se sont accrues et avec elles, un éclatement des acteurs dans le temps et dans l'espace. Ce sont ces démarches nouvelles et croisées qui font également l'objet de récentes recherches. En effet, les instruments de gestion de l'eau et du risque d'inondation connaissent un processus d'adaptation et d'ajustement au nouveau contexte et cadres territoriaux d'action innovants. L'action publique se caractérise par le recours à des instruments dont les conditions de leur choix et les effets qu'ils produisent traduisent une dynamique qui peut être celle du changement. À ce titre, la mise en place stratégique d'outils de gestion de l'eau et du risque d'inondation illustre la nouvelle démarche organisationnelle et planificatrice au niveau supra communal et local. Des travaux récents menés tant par les sciences de l'ingénieur que les SHS (Sciences humaines et sociales) ont mis en évidence cette nouvelle vision dans la gestion de l'eau et ont analysé les outils stratégiques mobilisés.

Dès les années 1960, la critique d'une gestion par filière de la ressource en eau et, surtout, la présentation d'un triste bilan sur la santé des fleuves et des rivières, à propos notamment de la montée du coût de la pollution et des inondations, ont fait prendre conscience que le modèle de la gestion de l'eau et des risques associés, et donc le rapport que notre société entretenait à l'eau, devait évoluer. Une nouvelle vision de l'eau s'impose, non sans résistances, aux acteurs locaux : il s'agit de limiter le coût des risques, de maintenir ou de recréer un fonctionnement « naturel » des hydrosystèmes. Pour ce faire, de nouveaux instruments de gestion de l'eau sont mis en place. Il s'agit tout à la fois de recourir à la planification générale via le SDAGE et le SAGE et à la planification spécifique : planification des risques, surveillance et protection des milieux. Mais c'est surtout la désignation du bassin versant (figure 2.5) comme nouveau cadre global de gestion de l'eau qui constitue l'innovation essentielle car le bassin hydrographique apparaît comme s'approchant le plus près des réalités naturelles.

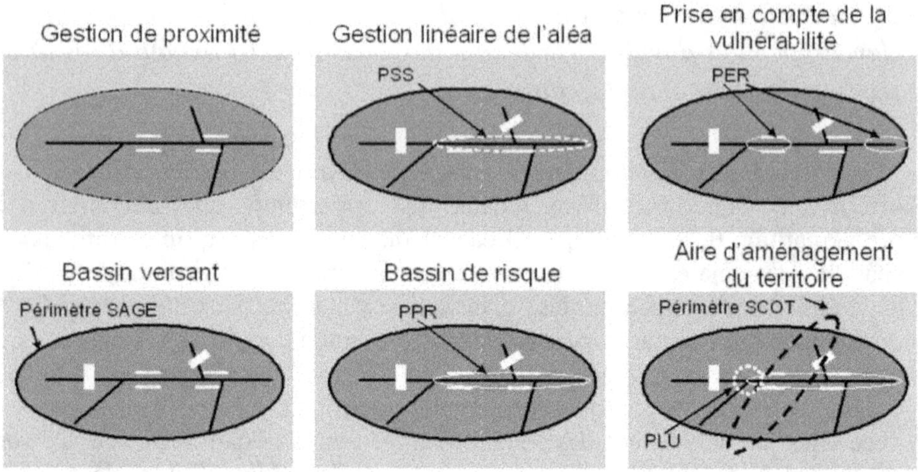

(PSS : plan de surface submersible ; PER : Plan d'exposition aux risques ; SAGE : Schéma d'aménagement et de gestion des eaux ; PPR : Plan de prévention des risques ; PLU : plan local d'Urbanisme ; SCOT : Schéma de cohérence territoriale)

Figure 2.5 - L'eau et les nouveaux cadres de gestion de l'eau

Depuis l'application de la loi sur l'eau de 1964 et la création des Comités de bassin, une nouvelle démarche, organisationnelle, prend appui sur le principe de subsidiarité[11]. La mise en œuvre de la subsidiarité dans le domaine de l'eau peut reposer, au-delà de la contractualisation, sur une démarche planificatrice élaborée depuis 1992, à l'échelle régionale (SDAGE) et locale (SAGE) et sur des approches procédurales dans la politique de l'eau. Elle s'appuie aussi sur un mode d'organisation des acteurs (institutions, entreprises, associations...), plus fondé sur l'accommodement que sur la domination : le Comité de bassin et la Commission Locale de l'Eau. Toutefois, l'idée de planification n'est pas nouvelle. Enfin, la définition du contenu et des modalités opératoires de la politique de l'eau à partir des SDAGE et des SAGE illustre l'institutionnalisation de la gestion décentralisée et participative déjà amorcée à travers les contrats de rivière. Finalement, la loi de 1992 reconnaît la diversité des usages et des risques hydrologiques et le caractère trans-territorial de la politique de l'eau. Elle se présente alors comme une nouvelle vision des relations « eau-territoire », une nouvelle manière d'agir sur l'environnement prenant en compte la diversité des aspirations locales. Elle légitime de fait de nouvelles pratiques de gouvernement axées sur la négociation, la concertation et de façon plus générale, la participation des usagers dont plusieurs auteurs relevant de la géographie, des sciences de la

[11] La subsidiarité donne priorité à la personne ou à la communauté de base dans le domaine de l'action individuelle et collective, si celle-ci est capable de l'assumer. Une instance supérieure prend alors en charge les seules tâches que les unités de proximité ne peuvent accomplir.

gestion, de la sociologie ou des sciences politiques en ont fait leur objet d'étude (Ollagnon, 1984 ; Barouch, 1989 ; Mermet, 1992 ; Caquard, 2001 ; Brun, 2003 ; Gaillard, 2004 ; Amalric, 2005 ; Leymarie, 2007).

La gestion intégrée de l'eau, présentée par certains de ces auteurs sous le vocable d'« *approche patrimoniale* », correspond à une « *révision du processus de décision qui assurerait l'intégration des intérêts et des points de vue des acteurs et favoriserait leur engagement dans une gestion commune* » (Mermet, 1992). Ce point de vue met l'accent sur les modalités d'action construites sur des activités de négociation, de concertation et de participation, pour la mise en œuvre d'une gestion intégrée. En même temps, une vision systémique des interactions entre hydrosystème et sociosystème s'appuie sur une expertise scientifique évaluant et quantifiant le fonctionnement des milieux aquatiques, l'impact des usages de l'eau et les besoins actuels ou potentiels. L'objectif principal consiste à satisfaire, à un prix acceptable pour la collectivité, les besoins exprimés sur un bassin versant, en limitant les concurrences entre les usages et les impacts sur les hydrosystèmes (Valiron, 1984). Cette vision s'inscrit dans une logique d'optimisation de l'hydrosystème par la recherche d'un équilibre entre les besoins et la préservation des milieux aquatiques.

Ces deux approches sont bien évidemment complémentaires, même si l'approche patrimoniale tend à relativiser le rôle de l'expertise scientifique face aux savoirs locaux, issus de la pratique des acteurs de terrain. De même, la loi d'orientation foncière de 1967, instituant le Plan d'Occupation des Sols (POS), va plus loin dans sa volonté d'intégration du risque dans les stratégies de développement des communes en instaurant des zones ND (comprenant des zones inondables et humides), au sein desquelles l'urbanisation est définitivement ou temporairement exclue. Désormais, il va falloir concilier enjeux environnementaux et enjeux socio-économiques, sans abandonner complètement pour autant la logique de protection structurelle. La politique de gestion du risque prendra appui de plus en plus sur les travaux de génie écologique privilégiant un aménagement doux des rivières et sur une logique préventive ancrée sur l'écriture des risques à travers des cartes réglementaires, comme sur l'information et la planification territoriale. Cette mise en carte réglementaire des espaces exposés à l'aléa inondation constitue depuis 1984, avec l'élaboration des Plans d'Exposition au Risque, la pierre angulaire de la politique préventive du risque d'inondation. Elle a pour objectif d'intervenir sur la vulnérabilité des espaces exposés à l'aléa inondation.

De cette lecture très schématique du rapport de la société à l'eau, des auteurs ont fait remarquer que le territoire était parfois absent ou isolé des questionnements, comme en témoigne l'histoire de la cartographie opérationnelle. En outre, dans un contexte politique marqué par la décentralisation, le processus de décision manque par ailleurs de concertation entre les services de l'Etat et les collectivités locales. La procédure est avant tout conçue comme un ensemble de « *réponses techniques à des problèmes techniques* » (de Vanssay, 1991).

C'est sur ces bases qu'une nouvelle procédure de prévention des risques naturels est définie à travers la loi du 2 février 1995 : le Plan de Prévention des Risques (PPR). Celui-ci peut ainsi être prescrit à l'échelle communale ou intercommunale. Toutefois, il est préconisé de mener la procédure à l'échelle du bassin de risque (*i.e.* le bassin versant ou le sous-bassin versant hydrographique). Cette référence donne au premier abord la possibilité au PPR d'articuler l'aménagement du territoire et la gestion du risque d'inondation (figure 2.6). La procédure, entièrement décentralisée, y contribue d'autant qu'une place plus importante est faite à la concertation avec les élus locaux durant les différentes phases d'élaboration du projet dans le but d'une plus grande appropriation de l'outil par les acteurs locaux

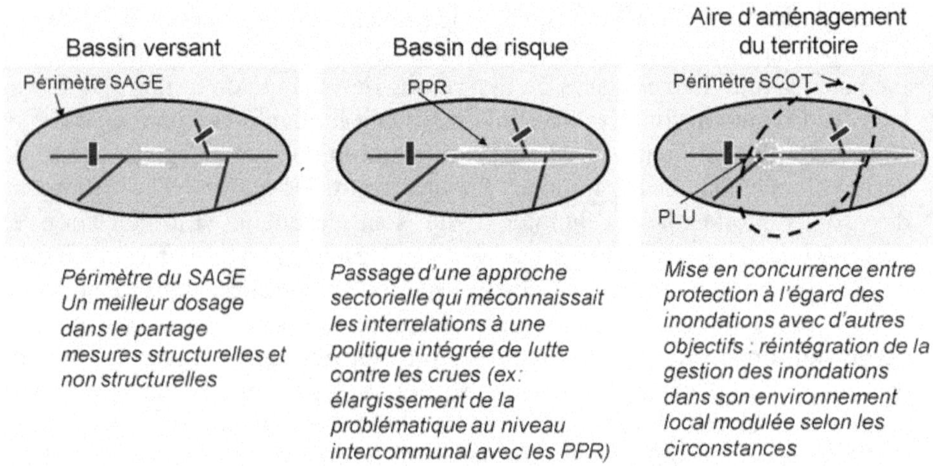

Figure 2.6 - Le périmètre de gestion de l'eau

Dans cette perspective, l'étude de la gestion du risque d'inondation, longtemps focalisée sur la protection contre les aléas naturels a progressivement pris en compte la maîtrise de la vulnérabilité pour désormais conjuguer l'action sur ces deux paramètres. Son encadrement juridique passera donc par la limitation de l'occupation humaine sur les territoires inondables. La notion même de « *vulnérabilité* » dépasse largement le cadre strict des biens et des personnes localisés en zone inondable pour englober l'écosystème dans son ensemble tout comme les impacts sur le fonctionnement du système économique et des réseaux associés, prenant ainsi en compte les différentes formes d'interdépendances spatiales entre la zone inondable et les territoires extérieurs à celle-ci (Gleize, 2005 ; Laganier, 2006 ; Reghezza, 2006). Cet élargissement de la notion invite à réexaminer sous un angle critique ce qui peut constituer demain les enjeux et les buts de l'action collective, les problèmes à résoudre et les moyens pour y parvenir. Sa prise en compte envisagée dans le cadre d'une articulation des différentes politiques de planification urbaine, de gestion intégrée de l'eau, fait par ailleurs écho aux limites de la logique régalienne basée sur des interventions techniques et réglementaires. Dans le même ordre d'idées, cette perspective met aussi en avant la nécessité de changer les modalités et processus de la décision en valorisant, par exemple, le débat public ou la participation des populations concernées afin d'ancrer une véritable culture du risque, lever les sources potentielles de tensions et conflits pour favoriser au final une meilleure appropriation de l'action publique.

En conclusion, de nombreux travaux permettent de souligner plusieurs évidences. Notre société entretient des rapports complexes avec l'eau. Désormais, l'enjeu de la gestion de l'eau consiste à appréhender en même temps de multiples objectifs : la satisfaction des besoins croissants en eau, la maîtrise des consommations, la réduction des impacts qualitatifs et quantitatifs des différents usages, la lutte contre les inondations comme la restauration ou la protection des zones humides… L'objectif est en effet de rechercher la meilleure adéquation possible entre une demande variée, celle des acteurs locaux, et une offre tout aussi diverse dans le temps et dans l'espace, celle de l'hydrosystème. Comment poursuivre simultanément ces multiples objectifs, si ce n'est en les prenant en compte au sein d'une politique d'aménagement du territoire à un niveau pertinent ? Cela signifie aussi que les politiques d'aménagement du territoire et de développement économique ou d'occupation du sol intègrent les contraintes liées à l'eau. Or la diversité des situations impose une diversité de solutions.

Dans cette perspective, nul doute qu'il faille définir une gestion intégrée de l'eau prenant appui aujourd'hui sur un ensemble de démarches opérationnelles qui conjugue à la fois : 1) le souci de faire participer les acteurs locaux dans la mise en œuvre de projets par la négociation de contrats ou l'élaboration d'une planification concertée ; 2) le souci de vigilance, plus ancré dans le rôle traditionnel de l'Etat jacobin, se traduisant par le développement de normes et de plans réglementaires imposés aux acteurs locaux.

La gestion intégrée renouvelle donc partiellement les modes d'action publique et les types d'intervention, tant sur les rivières que sur les bassins versants. Si cette gestion impliquait au départ des approches transversales où une pluralité d'acteurs définissait ensemble les stratégies et les actions en fonction des différents objectifs analysés simultanément, désormais elle préconise, voire impose, cette évidence. Cette vision intégrée est conditionnée au choix de la bonne échelle de décision et à la mise en place de systèmes d'information rassemblant et organisant les connaissances, qui permettent d'identifier les interrelations entre les problèmes et les indicateurs de suivi facilitant l'évaluation de la mise en œuvre des actions. Elle amène surtout à se pencher sur les interrelations entre le territoire et les différentes formes d'action menées pour assurer une telle gestion intégrée. C'est finalement l'efficacité de l'action publique qui est visée, ce qui nous renvoie à la problématique de l'évaluation des politiques publiques et aux méthodes à mettre en œuvre pour en mesurer les effets.

L'évaluation des relations eau-territoire, un récent objet de recherche à dimensions à la fois fondamentale et appliquée

Il existe de nombreux facteurs responsables de la dégradation des hydrosystèmes. On peut citer par exemple des facteurs démographiques, économiques, sociopolitiques, culturels, technologiques et cognitifs. Que faire donc pour contribuer au bien-être de l'homme et assurer la conservation des hydrosystèmes ? L'évaluation des hydrosystèmes pour le millénaire, réalisée à différentes échelles (local, bassins versants, échelle nationale, régionale et internationale), propose différentes options pour assurer la gestion intégrée de l'eau, la conservation et l'utilisation durable de la biodiversité : 1) la modification des dispositifs institutionnels et de gouvernance environnementale pour une meilleure participation des parties prenantes aux prises de décisions, associée à une détermination des gains et des pertes en termes de bien-être et de patrimoine naturel ; 2) la mise en place de mesures économiques et incitatives pour prendre en compte, par exemple, les services d'origine hydrosystémique qui ne font pas l'objet de transactions marchandes ; 3) la prise en compte, d'une part, de facteurs sociaux et comportementaux qui influencent la consommation de services d'origine hydrosystémique pour corriger les mauvaises pratiques à l'aide de programmes de communication et d'éducation, et d'autre part des inégalités, en donnant plus de pouvoir aux acteurs fortement dépendants de ces services.

Ces profondes mutations de l'action publique dans le domaine de l'eau et des risques placent ainsi les acteurs territoriaux au cœur du dispositif de gestion. Ils sont désormais appelés à approfondir et à mettre en pratique des systèmes de gouvernance pour une meilleure gestion de l'eau et des risques et à interagir avec les acteurs privés pour améliorer la vigilance et la sécurité de chacun et développer une culture du risque et de l'autoprotection et donc une culture de la responsabilité. Dans la pratique, cette mutation se révèle difficile à réaliser. Elle requiert à la fois une maîtrise des aspects techniques relatifs aux aléas (inondation, pollution des eaux, épuisement de la ressource, pénurie…), un intérêt pour la perception et la connaissance des risques par les populations concernées et le développement d'approches systémiques et multi-acteurs (aménagement du territoire, lutte contre les pollutions et les accidents, cadre de vie, aspects fonciers, lien social). Elle implique également de concilier les exigences de développement et de sécurité tout comme d'articuler avec cohérence les diverses échelles géographiques de l'action territoriale en mettant en pratique des formes nouvelles de participation des citoyens aux décisions concernant l'eau et ses risques dans un territoire.

L'évaluation, une démarche d'analyse et de questionnement

En France, la décentralisation dans ses différentes phases a rendu nécessaire de clarifier les contours et les enjeux de l'action publique et finalement de soumettre celle-ci à l'évaluation avec, pour objectif, d'améliorer l'action publique mais aussi de contribuer à la démocratisation de la décision publique. De façon plus générale, la rapidité avec laquelle l'action publique a évolué tout comme la profonde mutation du modèle d'administration publique (centralisation/décentralisation, vertical/horizontal, sectorisé/global, émergence de nouveaux acteurs, protection/prévention) conduisent à développer des démarches d'évaluation afin d'accompagner ces processus de transformation. Qui plus est, des résistances locales ou un simple manque d'adhésion aux nouvelles actions entreprises (représentations divergentes du danger et des moyens de le gérer ; hiérarchisation des enjeux différente selon les acteurs et le contexte décisionnel) amènent à apprécier finement les facteurs limitant ces mutations. De manière plus spécifique, dans les domaines de l'eau et des risques, une plus grande articulation entre actions publiques de prévention des risques, de gestion de l'eau et d'aménagement du territoire apparaissent nécessaires dans un contexte marqué par l'ampleur et l'évolution croissante des conséquences humaine et économique liées aux aléas naturels ou influencés par les activités humaines.

Plus globalement, l'évaluation incite surtout à renforcer le niveau d'information et les capacités d'expertise des acteurs impliqués. Ce sont aussi, dans le domaine du risque, les conséquences sur la société des inondations renouvelées qui justifient que désormais l'on s'intéresse à l'évaluation des outils utilisés pour leur gestion. Mais si, comme nous le pensons, l'évaluation est une démarche d'analyse et de questionnement, pour autant, on ne peut postuler a priori qu'il s'agisse d'une activité homogène et pratiquée avec les mêmes référentiels. En outre, des débats subsistent tant sur la définition de l'évaluation que sur sa finalité et les méthodologies qui la particularisent. Peut-être que cela explique la percée relativement récente de cette thématique dans la recherche française. C'est d'autant plus paradoxal qu'elle peut aussi s'appliquer à toute forme de l'action publique et concerner à la fois des programmes, des organismes ou des procédures. C'est pourquoi, progressivement, l'évaluation a été considérée comme un moyen pour restaurer un principe de responsabilité politique et valoriser le rôle des acteurs politiques. Au total, les objectifs de l'évaluation oscillent entre une logique visant à développer un instrument de management et une logique considérant l'évaluation comme nouvel ingrédient de recomposition du système politico-administratif. De ces différentes conceptions découlent plusieurs manières d'engager, sur le plan méthodologique l'évaluation.

Ainsi peut-on chercher à mesurer l'efficacité des actions engagées (comparaison des objectifs de l'action engagée et des résultats obtenus) et l'appropriation du risque et de ses outils de gestion par les acteurs locaux. La démarche s'inscrit pleinement dans la logique de rationalisation des pratiques et de gouvernance des actions. L'enjeu de l'évaluation peut se fixer également pour objectif de mieux gérer le financement des politiques publiques. L'évaluation est alors davantage conduite pour répondre à une urgence dans un contexte de restriction budgétaire. Bien souvent, la démarche d'évaluation vise à réajuster les politiques publiques de prévention des risques et de gestion de l'eau. Elle vise alors à améliorer la décision publique et s'inscrit dans une démarche englobante permettant la constitution d'un nouvel espace publique.

Pour lever toute confusion, une définition préalable des types d'évaluation et de leurs objectifs apparaît donc nécessaire. Plusieurs définitions synthétiques de l'évaluation sont généralement retenues. Une première est celle issue du décret du 22 janvier 1990 qui la définit de la façon suivante : « *Évaluer une politique, c'est rechercher si les moyens juridiques, administratifs ou financiers mis en œuvre permettent de produire les effets attendus de cette politique et d'atteindre les objectifs qui lui sont fixés* ». Cette définition de Jean Leca[12] insiste, à juste titre, sur le fait que les effets de la politique doivent être appréciés en référence à ses objectifs. Il faut pour cela qu'ils aient été formulés de manière suffisamment précise et opératoire pour être confrontés à l'observation empirique de la réalité sociale ou, du moins, qu'ils puissent être reconstitués et/ou interprétés dans cette perspective[13]. Mais

---

[12] Petit guide élaboré par les rapporteurs du Conseil scientifique de l'évaluation, 1992 http://www.evaluation.gouv.fr/cgp/fr/interministere/doc/petit_guide_cse.pdf.

[13] Dans un rapport du Plan de 1986 (rapport Deleau) : évaluer une politique, c'est « reconnaître et mesurer ses effets propres» . Cette définition ne présuppose pas l'existence d'objectifs, mais elle néglige le fait que les effets d'une politique sont en général extrêmement nombreux, complexes et hétérogènes : ils ne sont pas identifiables sans une grille de lecture préalable et sont, qui plus est, rarement mesurables. La

cette définition a pour limite de ne pas prendre suffisamment en compte les impacts non directement attendus. Une autre définition possible est celle donnée dans le rapport Deleau et Nioche (1986). L'évaluation d'une politique publique consiste ici à *« mesurer ses effets propres »*. Cette définition propose une approche quantitative de l'évaluation dans l'esprit d'un instrument de gestion. On peut suivre aussi la définition que donne Viveret, auteur de deux rapports demandés par le Premier ministre sur l'évaluation du RMI et l'évaluation des politiques publiques, selon lequel l'évaluation est *« un jugement porté sur la valeur des politiques publiques »* (Viveret, 1989). Ici, il s'agit davantage d'un instrument de démocratie dont l'objectif est de porter un jugement sur les valeurs d'une politique. L'approche est qualitative.

Les différentes définitions formulées dans les années quatre-vingt-dix reflètent les approches possibles de l'évaluation, selon que l'on attend des progrès dans les connaissances des mécanismes de l'action publique, la rationalisation de la gestion, un changement des pratiques ou des éléments pour le débat public. À notre sens, l'évaluation est avant tout un mode de questionnement. Ainsi, ce qui la définit n'est pas tant son objet, mais bien sa méthode. C'est pourquoi notre démarche cherche à la fois à contribuer au choix entre différentes mesures pour répondre à un problème donné et produire des connaissances à partir de l'analyse des impacts, dans le temps et dans l'espace, des mesures mises en œuvre sur le terrain. Elle a donc une valeur cognitive. En revanche, elle n'a pas pour objet de mener une analyse économique des actions réalisées.

Il résulte de ces différentes approches une diversité de formes d'évaluation : l'évaluation *ex ante* entendue comme l'étude prospective de la faisabilité d'une politique envisagée ; l'évaluation *ex post* qui consiste à tirer les enseignements d'une politique mise en œuvre (évaluation des outils réglementaires, retour d'expérience) ; l'évaluation concomitante ou « chemin faisant » (mise en place des SAGE).

Les travaux de Nathalie Pottier et de Gilles Hubert conduits sur la Saône (Pottier, 1998 ; Pottier et Hubert, 1998) et élargis ensuite dans un cadre comparatif à l'échelle française (Laganier *et al.*, 2006) relatifs à l'évaluation de la politique réglementaire (Plan d'Exposition aux Risques et Plan de Prévention des Risques) illustrent la volonté de mettre en relation les questions de management et de gouvernance des actions publiques. Comme ils le soulignent eux-mêmes : *« dans le champ de l'environnement et plus particulièrement des risques naturels, la pratique française est relativement*

---

définition du rapport Viveret (1989), en revanche, met l'accent sur la dimension normative de l'évaluation : « évaluer une politique, c'est former un jugement sur sa valeur» . Le terme d'évaluation contient le mot « valeur» et il est aisé de constater que des valeurs de référence sont à l'arrière plan de la plupart des évaluations.

modeste comparativement à celle des pays anglo-saxons » (Hubert et Pottier *in* Laganier, 2006, p.43). S'inscrivent aussi dans ces nouvelles démarches d'évaluation les travaux de recherches visant à analyser la capacité d'auto-organisation des individus face au danger (Mengal en 2005 à propos de la mise en place d'un instrument d'autodiagnostic de vulnérabilité des PME-PMI ; Ruin en 2007 dans le cadre de l'étude des pratiques de mobilité en période de crise hydrologique). Relèvent enfin de cet ensemble les recherches ancrées dans l'analyse de la participation des individus et des groupes sociaux à la prise de décision à travers diverses structures de gestion territorialisée de l'eau et des risques tout comme celles visant à développer des outils d'accompagnement des processus de participation. Caquard s'intéresse ainsi aux « *cartes multimédias dans le débat public* » dans le but d'aller vers « *une nouvelle conception de la cartographie appliquée à la gestion de l'eau* » (Caquard, 2001) alors que Gaillard se penche sur la *« gestion concertée du ruissellement-érosif dans les espaces agricoles des plateaux de grande culture »* à travers une analyse spatiale combinée à une approche socio-économique pour la mise en place d'une dynamique collective d'aménagement (Gaillard, 2004). Dans une approche plus analytique, Leymarie s'interroge de son côté sur la « *gestion et cultures de l'eau dans le sud du bassin garonnais : l'aménagement hydraulique face aux aquosités* » (Leymarie, 2007) et s'emploie ainsi à décrypter les influences culturelles sur les pratiques d'aménagement.

Ces travaux illustrent le développement de recherches fondamentales, en interaction avec une réelle demande sociale et politique, autour de l'évaluation et de la mise en exergue de systèmes d'indicateurs.

Indicateurs et évaluation

Depuis le début des années 1990, la question des indicateurs environnementaux et de développement durable est devenue un sujet de préoccupation des Etats et des institutions en charge de la gestion de l'environnement. Désormais amenés à rendre des comptes sur l'efficacité des actions mises en œuvre, ces derniers sont vivement sollicités pour produire des indicateurs environnementaux aidant à l'élaboration ou au suivi de leur politique d'intervention. Parce que le domaine de l'eau et des risques associés est sujet à de multiples tensions ou controverses (prix de l'eau, pollution, pénurie, partage de l'eau entre différents usages, réglementation de l'usage des sols…), il constitue un secteur où le foisonnement de travaux sur les indicateurs et la prolifération d'indicateurs rend parfois confus le choix qu'il convient de faire au moment d'établir un tableau de bord ou une grille d'évaluation. Ces travaux ne présentent d'ailleurs guère de cohérence entre eux en raison de la faible coordination des initiatives (seule l'OCDE propose des lignes directrices que ses Etats membres ont toute liberté pour appliquer – OCDE, 1998). De plus, certains de ces indicateurs semblent pêcher au niveau de leurs procédures d'élaboration et leurs méthodes de calcul sont bien souvent opaques.

Pour autant, la demande d'indicateurs répond à plusieurs types de besoins et résulte de la conjugaison de plusieurs événements convergents. La conférence de Rio de Janeiro de 1992 constitue l'un de ces moments. Le chapitre 8 « *Intégration du processus de prise de décisions sur l'environnement et le développement* » tout comme le chapitre 40 « *L'information pour la prise de décision* » de l'Agenda 21 signé par la France rappellent notamment l'intérêt de mettre en place des « *systèmes de comptabilité écologique et économique intégrée* », « *des systèmes de surveillance et d'évaluation des progrès accomplis dans le sens d'un développement durable, en adoptant des indicateurs qui permettent de mesurer les changements dans les domaines économique, social et environnemental* ». Ils insistent sur la nécessité de « *veiller à ce que les décisions soient de plus en plus fondées sur des informations correctes* » tout comme sur l'enjeu d'améliorer « *la collecte et l'utilisation des données* », les « *méthodes d'évaluation et d'analyse des données* ». Sous-produits de Rio certes, mais plus fondamentalement encore, les indicateurs deviennent aussi une nouvelle exigence des politiques de l'environnement, dite de seconde génération[14], aujourd'hui parvenues à une nouvelle maturité. Jusqu'à une période récente, les politiques environnementales reposaient sur une base informationnelle très fragmentaire et partielle. À cette exigence d'une plus grande rationalité dans la prise de décision s'ajoute fort logiquement une demande d'information accrue du public, qui, plus sensibilisé aux enjeux relatifs à l'environnement, cherche à en savoir toujours plus. Ces nouvelles demandes convergent vers le gestionnaire et le décideur qui doivent faire face. À l'évidence, les indicateurs ont leur mot à dire pour satisfaire ce nouvel impératif. Enfin, la contrainte budgétaire renforce le phénomène précédent à une époque où les budgets ne sont pas extensibles et où la limitation très sensible des moyens oblige à une plus grande efficacité dans la gestion des fonds, notamment publics. À telle enseigne que tant les Etats, que les institutions publiques ou encore les organismes gestionnaires de l'environnement sont de plus en plus amenés à rendre des comptes sur les performances de leurs actions en faveur de l'environnement (notamment). Cette demande d'indicateurs s'inscrit donc dans un effort de rationalisation et de maturation des politiques de l'environnement (les politiques de « deuxième génération »), tendance dont l'une des caractéristiques est précisément de chercher à fonder les choix politiques et de gestion sur une base informationnelle plus développée. Dans

[14] Par opposition aux politiques de la première génération aux motivations plus sociales et naturalistes, et surtout plus « affectives ».

cette perspective, les indicateurs deviennent de véritables outils de gestion. L'amélioration permanente de la gestion de l'eau et des risques en termes d'efficacité et d'efficience exige donc une gestion par objectifs ainsi qu'un modèle cohérent d'évaluation stratégique identifiant clairement les bons résultats et les déficiences, ainsi que les domaines où il faudra faire de plus grands efforts. Pour ce faire, il est fondamental de disposer d'un système adéquat d'indicateurs permettant de quantifier de façon fiable, homologable et dynamique les services fournis dans le cadre de la gestion de l'eau, leurs résultats et leurs impacts. Ceci est en effet nécessaire pour pouvoir planifier les actions dans le domaine de l'eau, pour effectuer le suivi du développement des programmes d'intervention et pour évaluer les résultats et les impacts de ces mesures.

Lorsque l'on parle d'indicateurs dans le domaine de l'eau et des risques, la tendance naturelle est de faire le parallèle avec les indicateurs économiques et sociaux, d'usage désormais courant, et dont les décideurs sont si friands. Or, si les similitudes existent bien, il convient de ne pas sous-estimer la spécificité de ce domaine. Une chose apparaît certaine toutefois : il n'existe pas de recette miracle en la matière, la construction d'un corps d'indicateurs doit être le résultat d'une démarche volontaire, adaptée à la situation que l'on cherche à décrire et aux hommes qui en sont les acteurs.

L'évaluation se fonde donc pour l'essentiel sur la recherche d'indicateurs, qualitatifs ou quantitatifs, rassemblés au sein de systèmes d'indicateurs. Ces derniers accompagnent l'ensemble des processus en jeu au sein du cycle décisionnel visant à conduire la politique de l'eau et à entreprendre des actions répondant aux grands objectifs fixés par celle-ci. La figure 2.7 rappelle les 4 piliers de ce cycle : Observer-Evaluer-Décider-Adapter (Chow-Toun, 2009). Ces 4 temps peuvent être regroupés en deux catégories. L'une correspondant à la phase de diagnostic, intégrant l'étape d'observation qui s'appuie sur des réseaux de mesure et des données variées et celle d'évaluation où sont définis les indicateurs. L'autre caractérisant l'action rassemble les étapes de décision et d'adaptation. Pour chacune des 4 étapes correspondent des processus d'accompagnement de la décision (Apprendre-Comprendre-Choisir-Gérer) et des outils de connaissance pour l'aide à la décision (Systèmes d'information-Systèmes d'indicateurs-Analyse factuelle-Outils de gestion de projets). Les systèmes d'indicateurs sont donc à concevoir comme des outils d'aide à la décision qui prennent appui sur des systèmes d'information développés en fonction d'objectifs de gestion.

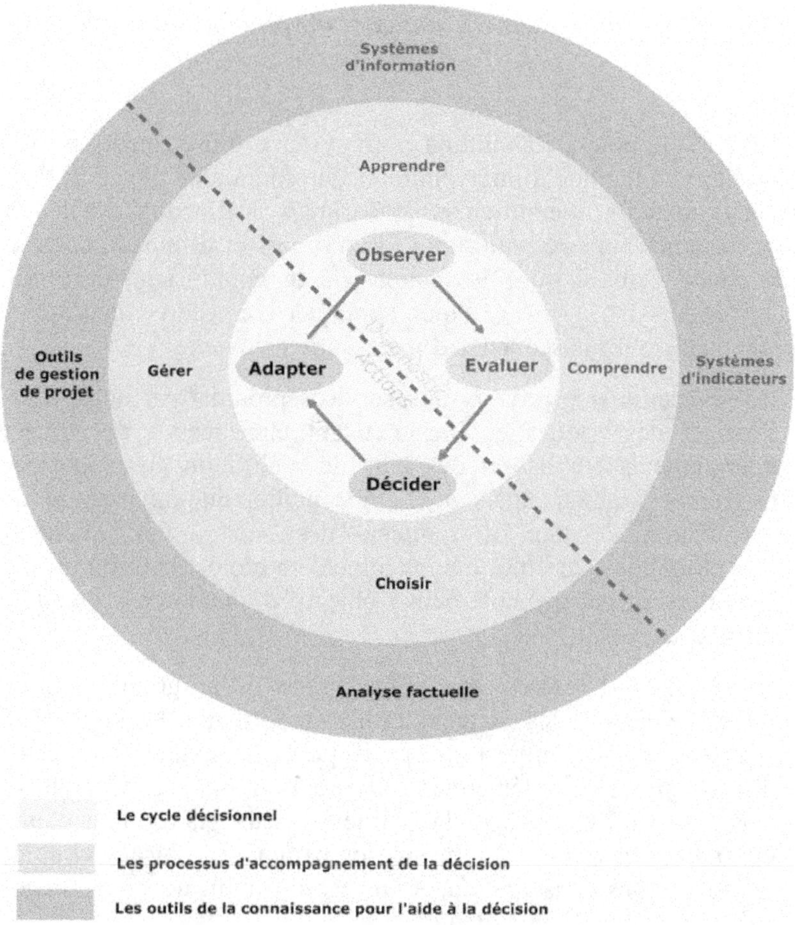

Figure 2.7 - Diagnostiquer pour entreprendre : processus et outils (d'après Chow-Toun, 2009)

Néanmoins, les systèmes d'indicateurs ne recouvrent pas l'ensemble des connaissances techniques mobilisables sur lesquelles reposent le savoir et la prise une décision pour la gestion de l'eau. Les grands objectifs de la gestion de l'eau et des risques (surveillance, contrôle, planification, programmation, conception de projet…) sont réalisés à partir : de campagnes de mesures ponctuelles ou récurrentes ; de réseaux de mesures, d'alerte et d'usages ; de diagnostic et d'études préparatoires aux projets ; d'indicateurs de suivi et d'objectifs de nature variée (technique, financière, socioéconomiques, juridiques) issue de traitements et modélisations divers (statistiques, simulations, modélisations spatiales…). Les indicateurs ne sont qu'une brique des savoirs techniques apportant leur contribution au système décisionnel.

Cadre conceptuel d'un système d'indicateurs pour la gouvernance de l'eau

Le cadre théorique pour l'élaboration d'un système d'indicateurs peut être basé sur la séquence logique d'intervention d'un programme type dans lequel la définition d'objectifs opérationnels, spécifiques et globaux est liée à la construction d'indicateurs de réalisation, de résultats et d'impact, comme le rappelle le guide élaboré pour le compte de la commission européenne (European Commission, 1999). Pour appliquer ce cadre théorique de référence, on peut établir la séquence d'intervention suivante :

- les réalisations se réfèrent aux services produits par la gestion de l'eau et des risques et elles peuvent être liées à des objectifs opérationnels établissant des buts de réalisation en rapport avec différents paramètres, tels que l'augmentation du nombre de stations d'épuration, le taux de collecte des eaux usées, le nombre d'exploitations agricoles qui ont adhéré au protocole fertimieux... si l'on s'inscrit par exemple dans l'objectif d'améliorer la qualité des cours d'eau ;
- les résultats se réfèrent aux effets directs du programme chez ses « bénéficiaires », les usagers et l'hydrosystème, et peuvent être rattachés à des objectifs spécifiques établissant des critères d'intervention complémentaires aux buts de réalisation établis. Si l'on reste sur l'exemple de la qualité des eaux, les résultats pourront être appréciés à travers la mesure de paramètres physico-chimiques et biologiques mais également au regard d'indicateurs synthétiques sur la qualité des cours d'eau.
- les impacts se réfèrent aux effets indirects du programme sur ses « bénéficiaires » et sont reliés aux objectifs globaux du système (pour poursuivre l'exemple sur l'amélioration de la qualité des cours d'eau, il pourrait être ici envisagé d'apprécier la satisfaction des usagers, la création d'emploi dans le domaine de l'eau, l'évolution du nombre de pêcheurs...).

Dans leur ensemble, les indicateurs de la gestion de l'eau se réfèrent aux techniques, à la réglementation tout comme aux démarches de planification et de prévention développées dans le domaine de l'eau et à leurs effets, directs et indirects, sur la ressource en eau superficielle ou souterraine tout comme sur leur usage. Dans ce contexte, le lien entre actions réalisées et objectifs escomptés permet d'aborder la construction du système d'indicateurs d'une double optique d'efficacité et d'efficience au long de toute la séquence d'intervention. Comme nous le savons, efficacité et efficience sont deux concepts clés pour évaluer l'excellence de toute politique publique :

l'efficacité implique la comparaison des actions réalisées avec les actions attendues, alors que l'efficience suppose la comparaison entre les actions réalisées et les moyens utilisés. Vu de cette perspective, les indicateurs du système peuvent se référer à l'efficacité ou à l'efficience des réalisations, des résultats et des impacts (figure 2.8).

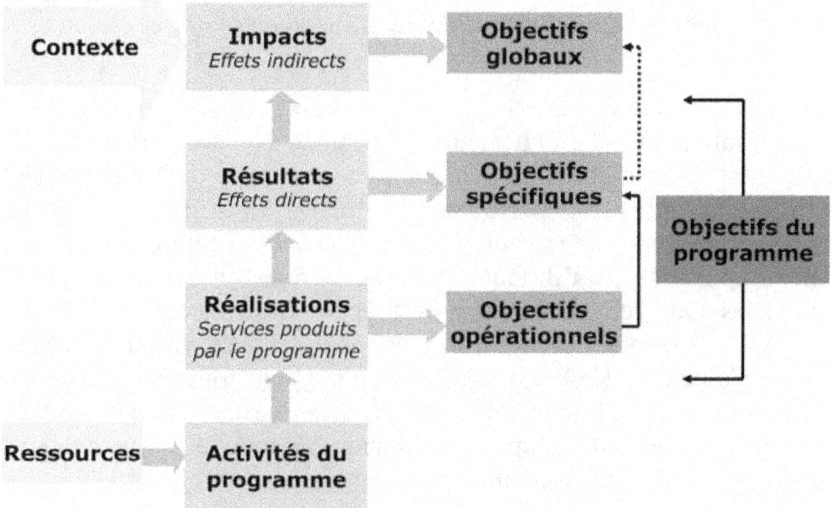

Figure 2.8 - Cadre théorique de référence pour l'élaboration d'un système d'indicateur (d'après European Commission, 1999)

Un préalable essentiel pour établir des indicateurs : bien poser le problème

Or, si l'on devait chercher un terme pour qualifier le débat actuel sur les indicateurs, c'est bien celui de cacophonie qui semble devoir s'imposer : chacun y va de sa batterie d'indicateurs, plus ou moins bricolée, sans aucun souci de cohérence. Cette attitude ne démontre-t-elle pas parfois un manque de réflexion sur les indicateurs qui sont censés justement indiquer quelque chose de préalablement défini. Ne doivent-ils pas être adaptés aux besoins de leurs utilisateurs et répondre simplement à la question : des indicateurs pour quoi faire ? Ceci implique, par voie de conséquence, de bien poser le problème d'entrée de jeu.

Pour ce faire, deux questions de nature différente doivent être posées :

- celle des modalités de sélection des indicateurs : quels(s) types(s) d'indicateur(s) souhaite-t-on établir, comment juger de leur pertinence, par qui seront-ils désignés et pour quelle utilisation finale ?
- celle de leur faisabilité : de quelles bases d'informations dispose-t-on pour établir ces indicateurs et quelles sont les procédures de traitement à suivre pour les obtenir, les représenter et effectuer leur suivi ?

La première question renvoie au choix d'une procédure de désignation/validation d'indicateurs pertinents au regard d'un utilisateur/gestionnaire donné. Alors que le second type de questions est de nature plus technique et porte sur le travail (identification, collecte, traitement, restitution) sur les données. La conception d'un système intégré d'indicateurs implique qu'il faut donner une réponse à quatre questions fondamentales. Que veut-on mesurer, en fonction des buts et des objectifs du système, afin d'élaborer le cadre conceptuel nécessaire visant à définir le système d'indicateurs ? Que peut-on mesurer, en fonction des sources disponibles actuellement et fiables ? Que va-t-on mesurer, proposition de la conception finale des indicateurs ? Que devrait-on pouvoir mesurer, objectifs à considérer pour une future amélioration du système d'information ?

Une fois les besoins en indicateurs des décideurs analysés, il reste à hiérarchiser ces besoins (et les indicateurs pertinents correspondants) de façon à concentrer les moyens disponibles sur les domaines jugés prioritaires, ce qui n'exclut nullement la possibilité d'établir, par ailleurs, un programme visant le développement d'indicateurs à moyen ou long terme. Cette batterie d'indicateurs (il est illusoire, en l'état actuel des connaissances, de prétendre établir un indice synthétique unique) devrait comporter des indicateurs physiques et monétaires et permettre de comparer les flux de financement transitant par les institutions de financement avec les impacts mesurés ou présumés, aussi bien en termes de flux que de stocks, sur le milieu naturel (essentiellement le système « eau »). À cet effet, les indicateurs peuvent être de nature financière (trésorerie, budgets, engagements...), quantitative (prélèvements, rejets) et qualitative (émissions et résultats en termes de qualité ; perception des individus et groupes sociaux). Dans une perspective appliquée, ces indicateurs, pour être correctement appropriés par les commanditaires, doivent répondre aux attentes/besoins des instances dirigeantes de l'institution commanditaire, et doivent être établis sur la base des données mobilisables (Inventaire national de la pollution depuis 1971 puis Réseau national de bassin, banque qualité de l'eau/RNDE, banque de bassin, données redevance pollution ...). Les indicateurs doivent permettre d'anticiper les tendances à venir et de désigner les principales variables clés de ces évolutions.

Au total, la mise en place de systèmes d'indicateurs permet d'analyser les dynamiques à l'œuvre dans le domaine de la gestion de l'eau et des risques. Celle-ci peut être aujourd'hui segmentée en 4 grands types d'objectifs généraux :

- *La conception et la gestion de projets* (station d'épuration, captages, réseaux de distribution de l'eau potable ou de collecte des eaux pluviales et des eaux usées, barrages hydroélectriques, canaux, l'aménagement de rivières…) ;
- *L'application et le suivi de la réglementation* (normes de potabilité, normes de rejets, obligation de mise en place de systèmes collectifs d'épuration dans les agglomérations, zonage d'assainissement collectif et individuel, plan de prévention des risques…) ;
- *La planification et la préparation de programmes d'action* sectoriels ou globaux (programmes pluriannuels des Agences de l'eau, planification stratégique - SDAGE, planification opérationnelle - SAGE, contrat de rivières, ex-contrat d'agglomération devenu depuis contrats globaux pour l'eau, Schéma de Cohérence territoriale, Plan Local d'Urbanisme…) ;
- *Le suivi et le contrôle de la politique de l'eau et de la politique de prévention des risques* (l'enjeu est ici de pouvoir évaluer la politique conduite afin éventuellement de réorienter le projet, le conforter, mettre un arrêt à certaines actions engagées, réaffecter les crédits ou encore pour aller plus loin dans la stratégie adoptée chercher de nouveaux partenaires ou affecter des crédits supplémentaires).

Au regard de ces objectifs, nombreuses sont les décisions à prendre comme le montre le tableau ci-dessous (Chow-Toun, 2009). En matière de conception de projet, le ou les décideurs ont à statuer sur de multiples choix (équipement, localisation du projet, dimensionnement de l'ouvrage, régime d'exploitation, servitudes à prescrire…). La planification et la préparation de programme conduisent à choisir des aménagements à mettre en œuvre, à attribuer des ressources pour satisfaire les besoins, à arbitrer entre plusieurs solutions ou encore à définir des règles de fonctionnement des institutions. L'application et le suivi de la réglementation amènent les acteurs impliqués à se positionner sur l'application de la réglementation, à demander des dérogations, à réorienter le cas échéant leur politique, à pousser à instituer une réglementation mieux adaptée au contexte, à mettre en place les moyens pour appliquer cette réglementation…). Pour prendre ces décisions, les décideurs s'appuient en général sur un jeu d'indicateurs techniques et financiers d'évaluation, de suivi et d'objectif dérivés d'études conduites par des services techniques publiques ou des bureaux d'études privés.

		Objectifs			
		Planification et préparation de programme	**Suivi et contrôle de la politique de l'eau**	**Application et suivi de la règlementation**	**Conception de projet**
Exemples	***Informations nécessaires***	• Evolution de la quantité et la qualité de la ressource • Exploitation des ressources par usage (volumes prélevés, distribués, consommés, rejetés...) et incidences sur le milieu (impacts) • Besoins en eau par type d'usage à court, moyen et long termes • Localisation des potentialités et des risques par rapport aux besoins • Connaissance des ouvrages dédiés à l'utilisation et à la protection de l'eau (inventaire et bilan : type, localisation, capacités, efficience, efficacité...) • Evolution des actions de sensibilisation pour l'économie de l'eau et sur la fragilité de la ressource • Autres informations socio-économiques et financières (mode de gestion, prix, coût,...) • Assistance technique à la gestion de l'eau (structures et moyen mis en place,...)			• Caractéristiques des sites • Caractéristiques du régime des eaux aux sites d'aménagement ou d'exploitation • Sensibilité des sites • Coûts
	Décision à prendre	• Choix des aménagements appropriés à la maitrise des eaux pour les utiliser ou pour en prévenir les risques • Choix d'allocation des ressources pour satisfaire les demandes • Arbitrages d'aménagement du territoire • Institution de règlements	• Poursuite ou arrêt d'actions engagées • Réorientation de projet, confortation de projet • Ajout, suppression d'axe prioritaire d'action • Ajout, suppression, diminution, réaffectation de crédit • Affectation de moyen complémentaire, recherche de partenaire,..	• Mise en application de la règlementation • Demande de dérogation • Choix du non respect de la règlementation • Réorientation de la politique • Institution d'une règlementation mieux adaptée au contexte • Mise en place de moyens pour l'application de la règlementation	• Choix d'équipement • Choix de localisation • Choix de dimensionnement • Choix de régime d'exploitation • Choix de servitudes à prescrire
	Indicateurs techniques et financiers d'évaluation, de suivi et d'objectif	• Volumes prélevés et consommation d'eau par activités (m3/an) • Pressions des activités domestiques, industrielles, agricoles sur le milieu (qualitatives et quantitatives) • Nombre de sites équipés d'une installation AEP fiable • Nombre de périmètres de protection mis en place • Nombre de STEP existantes et EH correspondante • Nombre EH raccordés • Conformité à l'auto-surveillance des STEP de plus de 200 EH (en %) • Nombre de SPANC créés • Nombre de sites pollués réhabilités • Nombre et pourcentage des masses d'eau susceptibles d'atteindre un bon état écologique en 2015 • Nombre de redevables des Agences de l'eau • Nombre d'actions d'éducation, de formation ou de sensibilisations menées • Nombre d'emplois crées • Montants engagés			• Etat d'avancement des travaux • Sécurité d'exploitation • Date de réception des tranches et travaux • Montants dépensés

Tableau 2.1 - Exemples de besoins d'informations et d'indicateur spour la gestion de l'eau (d'après Chow-Toun, 2009)

Quelques thèses récentes viennent illustrer ce type de démarche. Ainsi la recherche conduite par Bartout (2006) sur la définition d'un référentiel pour caractérisation et le suivi des étangs du Limousin (22 792 plans d'eau, dont plus de 16 000 étangs). Grâce au référentiel informatisé, utilisant divers indicateurs (morphométriques, sociologiques, historiques et physiques), des typologies de plans d'eau, et en particulier d'étangs, sont définies. Le croisement effectué fournit une régionalisation des étangs et procure un outil de gestion au plus près de la réalité puisqu'adaptable aux variabilités spatiales des processus limniques. Les travaux de Brunaud (2007) sur les principes de fonctionnement et les modalités de classement des étangs pelliculaires s'inscrivent dans le même type de problématique. Une thèse en cours de Benmalek s'inscrit dans une démarche d'analyse quantitative des ressources et besoins en eau à travers la définition d'indicateurs hydrologiques appliqués au département de la Loire et à des bassins versants types d'une moyenne montagne cristalline et du territoire d'étude. Dans une perspective plus critique, Parage fait porter son analyse sur les informations et indicateurs utilisées dans le cadre des procédures visant à élaborer un Schéma d'Aménagement et de Gestion des Eaux. En effet, en portant à connaissance les phénomènes dans leur distribution dans l'espace, l'information peut constituer un support à la compréhension, à la discussion, à la réflexion collective et à la prise de décision. En partant de l'hypothèse que le développement d'un langage commun, en passant par l'élargissement, à la fois thématique et spatial, du champ de vision des différents acteurs, permettrait d'accompagner le processus de gouvernance des SAGE, Parage questionne le rôle de l'information géographique, pendant l'élaboration du SAGE du bassin versant de la Mayenne, territoire situé dans l'ouest de la France. Sa recherche vise notamment à répondre aux interrogations suivantes : quelles sont les informations géographiques utiles à la prise de décision, dans le domaine de la gestion de l'eau par bassin versant ? Quelles doivent être leur niveau de qualité et leur échelle ? Comment les rendre accessibles pour que les différents acteurs l'intègrent puis la mobilisent au sein des débats et de leurs décisions, et ce faisant, pour qu'elles permettent aux acteurs d'acquérir un langage commun ? Ou encore, comment transmettre de la connaissance, à l'aide de représentations spatiales, sans préformer le point de vue des acteurs, mais uniquement en élargissant leurs champs de vision afin qu'ils intègrent les points de vue des autres catégories d'acteurs ? C'est aussi dans la perspective d'élaborer des connaissances objectives facilement appropriables par tous que des recherches se renouvellent en matière d'analyse des rapports eau-territoire passés.

L'apport de la géographie historique dans l'évaluation de la gestion actuelle de l'eau et des risques

L'évaluation des politiques publiques concernant l'eau amène de plus en plus à se pencher sur le passé des hydrosystèmes et des risques associés à leur fonctionnement et à leur usage. Ce détour historique permet de reconstituer une histoire des relations entre la société et l'eau qui pourra servir de mémoire objective pour positionner les politiques publiques actuelles. Reconstituer l'histoire des relations d'une société à l'eau, c'est en effet « *souligner la responsabilité des rapports sociaux dans les formes de dégradation de l'environnement* » (Godard, 1980), c'est remettre en cause certains modes techniques d'exploitation de la ressource et certains modes d'occupation du sol dans les vallées alluviales ; au-delà, c'est apporter un regard critique sur les conditions socio-institutionnelles du développement des territoires. Ce regard positif sur le passé ne doit cependant pas faire oublier le poids des héritages au niveau des représentations sociales des problèmes environnementaux et des modalités de gestion de l'eau et des risques. Car il s'agit aussi de comprendre quels sont les facteurs historiques et culturels susceptibles d'influencer la mise en œuvre de l'action publique actuelle et de constituer un frein aux mutations que celle-ci connait. Dans cette perspective, que peut apporter la géographie historique dans la gestion actuelle dans la gestion de l'eau ?

La récente introduction des usagers dans les nouvelles procédures de gestion des milieux humides, du risque d'inondation et de gestion de l'eau de façon plus générale[15] à travers différents processus de participation (négociation, concertation et consultation), amène à repenser le type et les actions d'information dans l'objectif d'une appropriation active des stratégies de gestion collective. L'enjeu est d'engager, à partir de données les plus objectives possibles, un processus de « patrimonialisation de l'eau » en associant des images et les problèmes liés à l'eau à des lieux, à des objets, à des pratiques et à une histoire. La place de l'information est, dans cette perspective, déterminante. Au-delà de l'information classique disponible dérivée des études hydrologiques ou écologiques, de nouvelles informations comme de nouveaux moyens de communications restent à créer pour accompagner la concertation entre les différents acteurs de l'eau. L'information dérivée des analyses géo-socio-historiques appartient à ce nouveau référentiel.

La gestion du risque d'inondation, qui s'oriente davantage aujourd'hui vers une gestion de la vulnérabilité, la mise en valeur des milieux humides ou encore la gestion des rives d'une rivière amènent en effet les scientifiques et les gestionnaires du territoire à s'interroger sur le passé de ces milieux, l'identité de ces territoires, voire la mémoire des lieux (Lacoste, 1977 ; Laganier, 2002 ; Laganier et Scarwell, 2004). Autant d'éléments qui caractérisent dans le temps la construction des milieux humides ou des risques, « objets hybrides » à l'interface du naturel par les règles de fonctionnement de l'hydrosystème et de l'artificiel par le poids de l'anthropisation du milieu et des représentations sociales dans les pratiques d'aménagement.

Cette connaissance contribue à définir une « connaissance objective » qui, passé au filtre de la critique scientifique, présente un intérêt multiple pour la valorisation patrimoniale des vallées inondables et des milieux humides ou la gestion des risques :

---

15 Par exemple, les Commissions Locales de l'Eau (CLE) pour l'élaboration des Schémas d'Aménagement et de Gestion des Eaux (SAGE) ou les différentes formes de contractualisation passées entre l'Etat, les collectivités locales et les particuliers (mesures agri-environnementales, contrats territoriaux d'exploitation, contrat d'agriculture durable, contrats de rivière).

- un intérêt historique et culturel à travers l'organisation sélective d'informations décrivant le patrimoine architectural et technique lié à l'eau, potentiellement valorisable dans le cadre de projets de développement local et de gestion de l'eau ;
- un intérêt naturaliste dans la mesure où ces hydrosystèmes et certaines de leurs composantes comme les milieux humides doivent être considérés comme « hérités » des interactions entre une dynamique naturelle de l'hydrosystème et une dynamique de la société et pas seulement issus d'une évolution naturelle ;
- un intérêt hydrologique dans la mesure où l'analyse des crises hydrologiques anciennes permet de relativiser les événements qui font l'actualité.

Plus généralement, l'analyse historique permet de « donner de l'espace au temps » en caractérisant les différences spatiales des milieux humides et des vallées inondables au cours du temps. Une approche spatialisée de l'usage du sol permet ainsi de porter un regard critique sur la mise en place de la réglementation de l'occupation du sol qui cherche à intégrer les crises hydrologiques dans l'aménagement du territoire. Elle permet de souligner également, à *posteriori,* les responsabilités sociales et politiques des acteurs ou des réseaux d'acteurs dans la prise en compte ou la non-intégration de l'eau dans les stratégies d'aménagement collectives ou individuelles. C'est la posture que prend Marion Amalric dans sa thèse sur l'appropriation et les représentations des zones humides du Nord-Pas-de-Calais (Amalric, 2005). Par ailleurs, un regard historique peut donner « du temps aux espaces » en resituant les usages du sol et les crises hydrologiques actuels tout comme les projets à venir, dans un continuum historique et social. En cela, il participe aussi aux débats actuels sur la gestion des espaces à forte contrainte hydrologique.

Le devoir de mémoire présente donc deux aspects : le visage de l'identité ; l'histoire des relations société-eau s'inscrit alors dans un espace affectif où chacun peut à sa manière se retrouver. La mise en scène historique peut aider le lecteur à deviner l'étendue des problèmes, à suggérer les enjeux et contribuer ainsi à l'appropriation des problèmes ; le visage du projet et de l'action ; l'histoire des relations société-eau s'inscrit ici davantage dans un espace critique, celui de l'analyse du passé pour une meilleure construction de l'avenir. Ces investigations sur le passé peuvent être une entrée intéressante pour relier les acteurs des territoires à l'histoire des lieux et des hydrosystèmes, tant dans l'évolution des usages qui en ont été faits que dans leurs excès hydrologiques. Pour illustrer cette façon de considérer l'histoire au présent, présentons rapidement en guise d'exemple, à partir des travaux de recherche récemment menés sur le risque d'inondation, quelles peuvent être les informations qualitatives ou quantitatives issues de l'approche historique sur lesquelles la gestion du risque peut s'appuyer. En matière d'aléa, ces recherches apportent des connaissances sur les crises hydrologiques passées (extension spatiale, hauteur d'eau de référence vulnérabilités passées), leurs représentations par les sociétés locales (fatalité, peur, refus du danger, ignorance…) et leur gestion (évitement, sécurité absolue, responsabilité appropriée, mesures compensatoiores…). En cela, elles peuvent participer par le biais des politiques de sensibilisation, d'information et de concertation à l'ambitieuse reconstruction d'une « culture du risque » qui aurait disparu et à la responsabilisation des individus. Elles produisent aussi des connaissances pour nourrir les débats contradictoires qui s'instaurent après chaque crise hydrologique sur la fréquence des inondations (tendance à la surestimation des événements actuels) ou sur la recherche des responsabilités. Elles permettent enfin de légitimer par l'analyse d'événements passés, les hypothèses des hydrauliciens qui bâtissent des modèles traduisant la caractérisation spatiale de l'aléa. La gestion du risque d'inondation peut être ainsi confortée par la constitution d'une base informative sur l'aléa inondation prenant également en compte des informations qualitatives (dates d'événements historiques majeurs, évolution des représentations sociales de l'inondation ou des milieux humides, évolution de la prise en compte du risque dans les stratégies d'aménagement et de la vulnérabilité), en complément des informations hydrauliques et hydrologiques classiques décrivant la puissance de l'inondation, son extension spatiale ou sa fréquence. Ces informations géohistoriques peuvent aussi servir à engager le débat sur la gestion du risque et à rappeler la permanence du danger en donnant un sens historique aux crises hydrologiques récentes, souvent surestimées d'un point de vue hydrologique et fréquentiel. La mémoire nous joue en effet plus d'un tour ! Collecter des informations historiques sur les inondations, les critiquer, les stocker peut être une démarche importante pour resituer objectivement les événements actuels par rapport à l'histoire des risques hydrologiques qu'ont connus les rivières et éviter ainsi de fausses interprétations, volontaires ou non, quant à la récurrence des phénomènes.

L'approche historique sur la vulnérabilité, peut par ailleurs emprunter plusieurs voies et fournir des connaissances originales sur l'histoire de l'aménagement des zones inondables, l'histoire des représentations sociales du risque d'inondation et l'histoire des crises hydrologiques. L'analyse géohistorique de la vulnérabilité des espaces et de son évolution est alors envisagée comme « *une tentative d'élargissement des horizons actuels vers un présent qui serait plus lointain* » (Cœur *et al.*, 1998), « *une mise au présent des passés* » (Lepetit et Pumain, 1993). L'objectif est en effet d'établir une comparaison des données actuelles avec des informations passées qui remontent généralement à la seconde guerre mondiale voire à des dates antérieures si des informations cartographiques et techniques sont disponibles. Le choix du cadre temporel d'étude dépend de la réalité archivistique (documents cartographiques disponibles et qualité des informations). L'existence ou l'absence de données sur les inondations tient en effet dans la manière dont un territoire est habité, utilisé à un moment donné. De fait, certains événements ou aménagements ne sont pas répertoriés parce qu'ils ne représentent pas d'enjeux pour l'usage que l'on fait des zones inondables. Et quand ils le sont, les témoignages doivent être sujets à la critique (Dessailly, 1990 ; Antoine, 1994 ; Granet-Abisset, 2000). Ainsi les traces relatives aux inondations s'inscrivent systématiquement dans un contexte de conflits locaux ou de pressions de la part de communautés dont il faut prendre la mesure.

La production de connaissances liée à l'évaluation de l'action publique dans les domaines de l'eau et des risques peut donner lieu à des formes de valorisation à différentes échelles spatiales pour des besoins variés. Ainsi, au niveau local, les systèmes d'indicateurs développés, les monographies produites tout comme les développements méthodologiques élaborés pour définir de nouveaux indicateurs ou les mettre en scène dans le cadre de démarches concertées contribuent à définir des réponses mieux appropriées aux contextes locaux, à répondre aux réels besoins de connaissances des acteurs locaux, pour peu d'être attentifs à leurs modes d'appropriation des savoirs scientifiques et à l'intégration de ces derniers dans la prise de décision. De même ces recherches permettent d'élaborer des méthodes adaptées aux nouveaux besoins des organismes en charge de la gestion de l'eau et des risques naturels (nouveaux outils de concertation et de transfert des connaissances disponibles pour construire les solidarités au sein des bassins versants et des territoires ; élargissement de la notion de vulnérabilité ; évaluation de l'action publique engagée par ces organismes…). Au total, ces démarches peuvent accompagner les acteurs territoriaux dans la recherche et le développement de stratégies de gestion de l'eau et de gestion des risques.

Quant aux recherches qui ambitionnent de s'inscrire dans une perspective comparatiste, à l'échelle nationale ou internationale, elles peuvent alors analyser, capitaliser et synthétiser des savoir-faire et des méthodes mis en œuvre sur différents territoires tout comme contribuer à analyser la fiabilité des systèmes de gestion. L'ensemble de ces travaux n'aurait pu voir le jour sans un accompagnement précieux d'un certain nombre d'institutions nationales ou locales qui ont su trouver les ressources nécessaires pour mettre en lien des chercheurs de disciplines diverses tout comme des chercheurs et des praticiens de la gestion de l'eau et des risques à partir d'interrogations concrètes communément partagées.

Les évolutions des programmes de recherche sur l'eau et les risques au cours des vingt dernières années en France

Un grand nombre des programmes liés à l'eau vise un double objectif. Il s'agit d'abord de mettre en relation les connaissances relatives au fonctionnement des hydrosystèmes et des risques et celles qui portent sur les territoires[16]. Globalement, ils ne privilégient aucune échelle en particulier : du local au global. Il s'agit aussi d'éclairer les politiques actuelles ou à venir portées par les acteurs publics responsables de la gestion des territoires et de la gestion de l'eau. Le but est de parvenir à décloisonner et à dépasser les politiques sectorielles et à proposer des approches et des modes de gestion transversaux. Le traitement de ces problématiques suppose, d'une part, une approche systémique du couple eau et territoire et, d'autre part, des approches interdisciplinaires entre sciences de l'univers, sciences de la vie et sciences économiques et sociales. Le plus souvent, les axes de recherche de ces programmes ne sont ni exclusifs ni hiérarchisés. Leur délimitation précise et leur articulation pluridisciplinaire sont volontairement laissées à l'initiative des équipes qui peuvent associer plusieurs des thématiques suggérées dans un même projet. Essayons d'en saisir leur dynamique à travers une présentation des programmes de recherche consacrés au thème des risques.

Les risques : une thématique pluridisciplinaire

Le risque est un concept d'interface qui renvoie autant à la réalité physique par la nature de l'aléa qu'à la société par sa vulnérabilité et ses réponses multiples, évolutives dans le temps. À l'heure de la pluridisciplinarité, les risques apparaissent comme une des thématiques très investies par de nombreuses disciplines mais aussi comme un concept flou. Le domaine de la gestion des risques au sens large est soigneusement quadrillé par un très grand nombre de programmes de recherches dont on pourrait schématiquement distinguer avec Jean-Claude Thouret deux groupes d'approches dans les études récentes consacrées aux risques : (Thouret, 2004). Le premier relève d'une approche qu'il qualifie de classique et qui concerne l'évolution de la cartographie de l'aléa et du risque ; la définition des caractéristiques de l'aléa spatio-temporel ; l'analyse des multi-approches des vulnérabilités à travers l'endommagement, mais aussi des approches plus synthétiques de l'endommagement, des approches assurantielles mesurant l'efficacité des mesures de protection, de la politique de prévention et bien sûr le rôle des assurances. Le second qui, selon lui, est moins traditionnel et qui s'est enrichi

---

[16] La notion de territoire est entendue ici comme «portion d'espace appropriée de manière matérielle et/ou symbolique par des acteurs sociaux (élus, agriculteurs, chasseurs, pêcheurs, promeneurs, chercheurs, urbains, touristes…).»

par des apports interdisciplinaires porte sur les impacts des configurations d'acteurs, l'organisation de la gestion des risques, la prise en compte du caractère multiscalaire dans les stratégies du risque, sur des approches en termes de représentation et de perception, mais aussi de culture et de mémoire.

Nous avons choisi dans les paragraphes qui suivent de souligner l'impression de confusion et la diversité des thématiques proposées à la recherche comme l'expression d'une rupture entre un discours qui traduisait un mode de domination et la volonté aujourd'hui de faire appel à ce que l'on pourrait appeler une « narrative », au sens anglo-saxon du terme, dont les formes sont changeantes, moins arrogantes mais sur lesquelles nous n'avons peut-être pas plus de prise. Dans tous les cas, cette mutation semble prendre en compte la diversité de l'espace social dans lequel elle évolue et offrir une autre voie à la modernisation. Finalement, ces approches traduisent la façon avec laquelle la recherche se saisit des problèmes.

Certaines recherches s'inscrivent dans des démarches pluridisciplinaires comme l'illustrent les programmes suivants dont un grand nombre est à ce jour achevé : le GDR[17] « crise » (1990-1994) dirigé par Claude Gilbert et Pierre Lagadec conduit parallèlement au GDR « SORISTEC » (Société et Risques Scientifiques et Technologiques) dirigé par Denis Duclos et Philipe Roqueplo. Ces deux groupements de recherche créés au CNRS au début des années quatre-vingt-dix sur les questions de risque et de crises font suite à la demande de recherche émanant de la création du Commissariat interministériel à l'étude et à la prévention des risques naturels. Le premier GDR a débouché sur la création d'un programme : Risques Collectifs et Situations de crise (1994-1996) sous la direction de Claude Gilbert et Isabelle Bourdeaux dont l'action sera relayée et élargie dans le cadre d'un programme national (1997-2000) : GIS (partenariat entre le CNRS, l'INRA, l'INSERM, l'IRSN, les ministères de l'Equipement, Transports et Logement, de l'Aménagement du Territoire et Environnement, de l'Emploi et la Solidarité). Les travaux entrepris considèrent les risques comme étant largement liés à des aspects ou des dysfonctionnements de type organisationnel et inter-organisationnel. Ces aspects situent les risques et les situations de crise au cœur même des modes de fonctionnement des collectivités et renouvellent le questionnement sur la nature des vulnérabilités de nos sociétés. Ils conduisent aussi à s'interroger différemment sur la question de l'imputation et des causes, de l'établissement des responsabilités, voire sur celle du contrôle et de la gouvernance des sociétés contemporaines.

De nombreuses publications issues de ces programmes tentent d'apporter de nouvelles positions sur cette thématique. Sociologues, médecins, géographes,

---

17 Groupement de Recherche.

économistes et juristes travaillent ensemble avec leurs positions théoriques propres, qui semblent se confondre pour aborder le risque de manière interdisciplinaire. Globalement, les objectifs de ce GIS s'orientent autour d'une structure d'animation et de débat scientifique et d'une diffusion des travaux de recherches. Son action concerne l'organisation de séminaires, de colloques et d'aides à la production scientifique des chercheurs associés au GIS. Plusieurs actes de séminaires sont aujourd'hui publiés, ainsi que des ouvrages soutenus par le GIS, tel que celui de Perreti-Wattel (*La sociologie du risque*, 2001) ou plus récemment celui de Lagadec (Guilhoux et Lagadec, 2002, *La fin du risque zéro*). Seront également issus de ces recherches l'ouvrage de Dourlens : *Saturnisme infantile et action publique* (2003) ou encore celui de Besançon *et al.* 2003 : *La sécurité alimentaire en crise ; Les crises Coca-Cola et Listeria de 1999-2000* ; enfin, Gilbert dirigera un ouvrage intitulé *Risques collectifs et situations de crise. Apports de la recherche en sciences humaines et sociales* (2003). Gilbert (2003) fait le constat qu'aucune discipline n'apparaît en mesure d'exposer un modèle qui serait global. « *Seul le croisement de perspectives et problématiques diverses et la réalisation d'études de terrain bien documentées et diversifiées peut permettre de rassembler les éléments nécessaires à la compréhension, la réflexion et l'action.* ». Pourtant, le ministère de l'Environnement et du Développement durable (MEDD) met en place un nouveau programme de recherche sur le « risque inondation », le programme RIO, dans le cadre de ses programmes d'aide à la décision publique. Un premier volet du programme (RIO1, 1998-2002), auquel plusieurs géographes ont également participé, a mobilisé dix-sept équipes de chercheurs sur appel d'offres alors que quatorze autres étaient choisis sur un second appel (RIO2, 2001-2004). En outre, un nouveau programme, « Evaluation et prise en compte des risques naturels et technologiques », dit Programme EPR, a été conduit par le ministère de l'Aménagement du Territoire et de l'Environnement (MATE) en deux phases de 1999 à 2004 (EPR1 et 2) en vue de soutenir des travaux relatifs aux inondations et de favoriser une meilleure gestion des risques, tant naturels que technologiques. Notons que le premier appel à proposition de recherche proposait comme axes de travail : la mesure des risques, les conditions et moyens d'appropriation des risques par les différents acteurs concernés, l'organisation de la décision. Dans le second appel à proposition, l'accent était mis sur les thèmes suivants : les mesures de l'impact économique des politiques de prévention des risques, l'analyse des précurseurs et la détermination des échelles ; les conditions et méthodes des retours d'expérience. Parallèlement, des organismes de recherche ont également développé des programmes propres ou en partenariat avec d'autres organismes publics ou privés sur les risques naturels, tels le Programme national de recherche en hydrologie (PNRH) et le Programme national des risques naturels (PNRN). Enfin, terminé en 2000, le programme « Risques collectifs et situation de crise » du CNRS, géré par la Maison des Sciences de l'Homme de Grenoble, a permis de mobiliser de nombreux chercheurs sur la question des risques. Les séminaires liés à ces programmes et les retours d'expérience menés par l'inspection générale de l'environnement (IGE, 2002) ont mis en évidence les difficultés de transfert des résultats obtenus qui portent sur des petits maillons de gestion de risque, lesquels sont étudiés dans des régions et sur des territoires différents, sans que l'on dispose sur un territoire donné de l'ensemble de l'analyse.

On pourrait citer d'autres programmes plus axés sur les risques urbains, comme le programme « L'eau dans la ville » (1983-1994) lancé par le secrétariat permanent au Plan Urbain en 1984 et qui s'est officiellement terminé en décembre 1990. Mais les dernières actions de recherche et de valorisation se sont achevées en 1995. Ce programme visait à faire travailler ensemble des équipes de recherches, d'études, des praticiens et des maîtres d'ouvrage et donc plus globalement, à former des partenariats structurés entre organismes privés et publics au plan national comme local, démultiplier les moyens du Plan Urbain et capitaliser l'information scientifique et technique (Lelong et Deutsch, 1995). Ce programme, comme d'autres, témoigne de l'amorce d'un réseau scientifique interdisciplinaire et contribue à l'amélioration des connaissances sur ce type de risques. Nous ne pouvons être exhaustifs sur ces programmes interdisciplinaires « PIR Ville », tant le nombre d'ouvrages collectifs publiés (Ansidei *et al.* 1998), ou les numéros spéciaux de Revues (*Revue de géographie Alpine* (1998) sur « La représentation des risques naturels en montagne ») sont importants.

Enjeux et objectifs de ces programmes

À la lecture des programmes ci-dessus, on pourrait avoir l'impression que les axes suggérés partent dans des directions différentes. On soulignera plusieurs points qui soulèvent parfois certains questionnements. En l'occurrence, ces programmes ont mis en évidence, d'une part, l'importance des spécificités territoriales dans la prise en compte des risques et, d'autre part, la nécessité de développer des réseaux locaux tant scientifiques que techniques de chercheurs, de techniciens et de politiques pour appuyer les décisions publiques, comme celles envisagées dans les contrats projets État-Région et dans les schémas directeurs régionaux. Par ailleurs, ces événements ont aussi soulevé des questions liées à des enjeux nationaux et la nécessité de disposer d'experts français sur ces thématiques. Cette mobilisation de la recherche visait « sur des questions scientifiques liées aux risques naturels ou industriels, dans le domaine des sciences exactes et/ou des sciences humaines à élaborer des connaissances nécessaires, mieux utiliser la connaissance existante, créer des lieux de capitalisation des connaissances et favoriser la finalisation des recherches ».

Sur un tout autre registre, il faut s'interroger sur la multiplicité de ces programmes qui, sans être concurrents, ne sont pas pour autant complémentaires et qui finalement tendraient à complexifier la question des risques plutôt qu'à la clarifier. On peut tenter d'isoler du tableau d'ensemble de ces programmes :

- La diversité des approches et l'émergence de nouvelles tendances comme l'entrée par les représentations ;
- Ces programmes doivent être resitués dans leur contexte. Ainsi, on remarquera que les risques sanitaires et le risque d'inondation ont une place prépondérante dans les travaux réalisés ;
- Une finalité affichée pour ces programmes est d'être opératoire comme l'illustre le programme « Risque, Décision, Territoire » (RDT) « quel appui scientifique apporter aux acteurs locaux pour gérer les risques naturels et industriels d'un territoire ? » (MEEDAT. - D4E, Service de la recherche et de la prospective, Bureau de l'écologie et des risques environnementaux) ;
- La reconnaissance d'une problématique complexe et la nécessité d'ouvrir à d'autres champs disciplinaires la question du risque en raison de l'interdépendance spatio-temporelle admise et un repositionnement des recherches, notamment sur les liens entre eau et territoire.

On fera ce constat que certaines études redécouvrent que les « risques naturels » sont souvent des « risques hérités », liés à l'organisation de l'espace et aux aménagements du milieu par les sociétés passées (Beck, 1998). Ces études rappellent que notre société a effectué des modifications sur le milieu en réaction contre l'aléa qui finalement a entraîné l'apparition de risques nouveaux et l'émergence de vulnérabilités. Ils attestent aussi que les solutions dégagées ne peuvent être généralisées (Bravard, 2004), ce qui contraste avec les ambitions affichées de travaux anciens, aux approches plus techniques. Au fond, dans certaines analyses, le doute demeure et ce d'autant plus que l'équipe qui s'est penchée sur l'espace étudié est interdisciplinaire. Dans une perspective plus large de réflexion, on peut considérer que ces programmes ont permis véritablement l'élaboration et la diffusion de « *scénarii comme outils opératoires ou l'inventaire des possibles* » (Burnouf *et al.,* 2003, p. 485), mais aussi des échanges entre universitaires, élus et techniciens. Une approche plus systémique et moins technique des espaces doit conduire à terme à sortir les chercheurs de leur discipline classique et à considérer l'anthroposystème[18] comme un « objet hybride » (Latour, 1999). Une autre remarque est à noter : le caractère non généralisable (affirmé comme tel par leurs auteurs) des études récentes menées. La portée plus modeste des travaux témoigne d'une meilleure prise en compte de l'emboîtement des systèmes sociaux et des milieux et finalement du refus des déterminismes « naturels » ou de ceux des sociétés, mais aussi a contrario de la reconnaissance du principe des causalités multiples. Enfin, parce qu'ils s'inscrivent dans des contextes locaux et ne sont justement pas généralisables, ces travaux peuvent déboucher sur une prise de conscience des élus et des populations dans la perspective d'une responsabilité accrue.

Conclusion

Un certain nombre d'évolutions caractérise l'action publique et la recherche dans les domaines de l'eau et des risques des vingt dernières années. Tout d'abord, un profond changement dans l'appréhension de l'action publique s'est opéré. Il est lié à l'importance nouvelle accordée notamment aux notions de territoire et de projet. Par ailleurs, la manière de concevoir la conduite l'action publique modifie en retour la conception classique de son contrôle et de son évaluation (Hubrecht et Mage, 2003). Il en découle une nécessité d'une pratique plus pragmatique de l'action publique, plus proche surtout des préoccupations de l'électeur-citoyen et par-là un plus grand partage des responsabilités. C'est pourquoi les actions publiques territoriales associant des partenaires multiples impliquent d'autres modes de gestion qui peuvent être partenariaux, contractuels ou institutionnels (Vanier, 1995, 1996 ; Laganier et Scarwell, 2000 ; Vitali, 2000). Au final, la légitimité des politiques publiques n'est plus exclusivement basée sur l'élection des décideurs.

De ces évolutions résultent de nouveaux questionnements scientifiques. Ainsi, sur la connaissance de l'hydrosystème, un des objectifs aujourd'hui est de mettre en relation des connaissances relatives au fonctionnement des hydrosystèmes et une approche antinomique aléa/vulnérabilité. La démarche de gestion intégrée (articulation des hydrosystèmes et des enjeux territoriaux par une intégration économique, technique et socioculturelle) vise alors à éclairer les politiques actuelles ou à venir en décloisonnant et en dépassant les politiques sectorielles via des approches et des modes de gestion transversaux en lien avec le territoire. Par conséquent, les pratiques de la recherche devraient évoluer vers une approche davantage systémique et interdisciplinaire au sein de laquelle le traitement de ces problématiques

---

18 Pour reprendre la définition de Levêque (2001, p.59) il s'agit d' « un système complexe, né de relations dialectiques entre société et milieux, dont le fonctionnement et l'évolution ne peuvent être compris que par l'observation et la compréhension des interactions entre processus naturels et dynamiques sociales » .

suppose une approche systémique du couple eau et territoire combinée à des approches interdisciplinaires impliquant particulièrement les sciences humaines et sociales, le domaine des sciences de l'univers, les sciences de la vie et les sciences de l'environnement. C'est là précisément un des enjeux majeurs de la recherche de demain sur les hydrosystèmes et sur les risques hydrologiques.

DEUXIEME PARTIE

EAUX, MILIEUX ET PAYSAGES FLUVIAUX

Chapitre 3

LES PAYSAGES FLUVIAUX ET LEUR ÉVOLUTION : DES OBJETS DE RECHERCHE PORTEURS DE PROJETS

Nathalie Carcaud, Régis Barraud, Céline Clauzel, Issa Dia

Introduction

Porter un regard sur les travaux de jeunes chercheurs choisissant, au sein de notre communauté, des problématiques associées aux paysages fluviaux est très enthousiasmant mais aussi complexe. En effet, l'objet « paysage » attire par sa transversalité allant de la vision sensible (délibérément subjective) à la matérialité (souci de lecture du fonctionnement « réel »). Mais il inquiète aussi, par sa volonté d'embrasser un ensemble dans ses composantes et ses processus, ses représentations, son histoire et son futur. Volonté qui peut néanmoins le poser comme un idéal de l'approche systémique et donc interdisciplinaire. Le fait est que ce concept né à la Renaissance est bel et bien vivant et que sa force est aussi dans sa position à l'interface entre la recherche scientifique, porteuse de questionnements et de doutes, et l'action, en demande de projets territoriaux et de réponses opérationnelles.

Avant de voir comment la communauté des géographes physiciens impliquée dans des recherches sur les systèmes fluviaux se reconnaît dans l'usage de ce concept, reste à situer le « paysage » par rapport à ses vocables frères que sont « l'environnement » et le « milieu géographique » pour mieux en dessiner les contours.

Géographie et approche globale de l'environnement

Apparu en écologie, le concept d'environnement est aujourd'hui devenu un objet de recherche pour de nombreuses disciplines. La géographie en propose une approche globale où sont associées : observation de l'espace et analyse de ses composantes et de leur dynamique dans un cadre spatio-temporel. Nombreux sont les chercheurs qui ont exprimé l'intérêt de l'approche géographique de l'environnement. En 1971, Pierre George, dans son ouvrage « L'environnement » pour la collection « Que sais-je ? » (George, 1971), souligne : *« le problème est un problème fondamentalement géographique, au point que l'on serait tenté de définir la géographie comme la science de l'environnement humain ».* N'a-t-elle pas précisément pour objet l'étude de toutes les formes de rapports réciproques entre les collectivités humaines et leur enveloppe spatiale concrète ? C'est également le point de vue développé par Derruau (1996) en introduction de l'ouvrage collectif *Composantes et concepts de la géographie physique* : « *l'objet traditionnel de la géographie est l'étude de l'interaction de l'homme et de la nature* » ou par Gabriel Rougerie dans ce même volume : « *Comprendre l'environnement, aider à sa gestion, n'est-ce point la raison d'être majeure de la géographie ?* (Gabriel Rougerie, in : Derruau *et al.*, 1996).

Environnement et approche systémique

En France, Cholley (1942) et Baulig (1948) sont considérés comme les précurseurs de l'analyse systémique. Cholley (1942) utilise la notion de « combinaison » faite de composants interdépendants. Les propriétés de la combinaison sont complexes et différentes de celles de ses composantes et même de leur somme. La démarche intégratrice est ensuite largement relancée dans les années 1970 par les géographes sensibilisés aux courants de la « *landscape ecology* » et de la « *landschaftovedenie* » et aboutit à l'adoption du concept de « *géosystème* » proposé par Bertrand (1968).

L'approche systémique de l'environnement a été considérablement enrichie par les travaux initiés dans les programmes « Environnement » du CNRS à partir de 1978. Elle centre aujourd'hui les problématiques sur « *l'environnement de l'Homme* » et la notion « *d'anthroposystème* » caractérisé par « *un ensemble de composantes physiques, chimiques, biologiques, écologiques et humaines, le plus souvent en interaction, qui se manifestent et évoluent à des échelles de temps et d'espace très variées* » (Lévêque *et al.*, 2000). Le concept présente l'intérêt de susciter une démarche plurielle associant : interdisciplinarité, temporalités, spatialisation et prospective. C'est d'ailleurs ce que précise Muxart : « *L'environnement est avant tout une production sociale associant dans la longue durée nature et culture (...). Cette construction sociale est héritée du passé, en perpétuel changement et il faut la gérer « durablement », c'est-à-dire sur le long terme* » (Muxart, in : Berger *et al.*, 2003).

Sur le plan théorique, la géographie bénéficie depuis le début des années 2000, du transfert et de l'adaptation de notions systémiques développées dans d'autres disciplines. Parmi ceux-ci, la résilience semble s'imposer comme un outil de recherche pertinent. Cette notion a été initialement utilisée en physique pour caractériser la résistance d'un matériau à un choc. Aschan-Leygonie (2000) s'appuie sur une définition différente, développée en écologie par le chercheur américain Crawford Holling depuis les années 1970. Dans cette acception, la résilience « *repose sur l'idée qu'après une perturbation le système n'est pas marqué par un retour à l'équilibre, expression d'un comportement de résistance, mais régit souvent au contraire de manière positive, créatrice, grâce à de multiples changements et réajustements. La résilience est la propriété d'un système qui, adaptant sa structure au changement, conserve néanmoins la même trajectoire* » (Aschan-Leygonie, 2000). Cet auteur montre en quoi les critères systémiques d'instabilité, d'adaptabilité et de diversité peuvent déterminer le niveau de résilience d'un système. Ses travaux ont d'abord porté sur un système spatial régional, mais la notion a ensuite été reprise dans de nombreuses recherches interdisciplinaires sur les paysages et l'environnement (Chouquer, 2001 ; Marguerie *et al.*, 2003). Son utilisation a fait l'objet d'une première analyse critique (Burnouf *et al.*, 2003). Malgré les réserves suscitées par la capacité de la notion de résilience à rendre compte de la complexité des interactions nature/société, les perspectives ouvertes par l'introduction de cette notion demeurent particulièrement stimulantes pour étudier la dynamique d'un système géographique (ou d'un anthroposystème), la succession de ses états, son comportement en situation de crise.

Paysage et milieu géographique

La notion de « *paysage* », par sa richesse, semble être le meilleur moyen d'appréhender globalement l'espace géographique. Comme le souligne

Gabriel Rougerie (in : Derruau *et al.*, 1996) « *le paysage paraît avoir sur le géosystème la supériorité d'ouvrir plus largement sur l'Homme, tout en conservant la totalité de l'information physique et biotique, à la condition de l'appréhender lui aussi comme un système* ». En ce sens, la notion de paysage ou de « *système paysager* » (Bertrand *et al.*, 1978) est très proche de celle d'anthroposystème. Bertrand (1989) le rappelle : « *Le mouvement de la Nature dans le mouvement de l'histoire. L'étude d'un rapport, ici entre Nature et Société, ne peut que se développer dans le temps, ici dans l'Histoire.* »

Le concept de « *milieu géographique* » est complémentaire de la notion de « *paysage* » qu'il enrichit d'une dimension spatiale. Dans son traité de géographie humaine (1942), Albert Demangeon établit une équivalence entre « *milieu géographique* » et « *environnement* » : « *L'expression de milieu géographique est plus compréhensive que celle de milieu physique ; elle embrasse non seulement les influences naturelles qui peuvent s'exercer, mais encore une influence qui contribue à former le milieu géographique, l'environnement tout entier, l'influence de l'homme lui-même (...) Ainsi, les œuvres humaines issues de tout le passé de l'humanité contribuent elles-mêmes à constituer le milieu géographique qui conditionne la vie des peuples* ».

Malgré son ambiguïté, soulignée par Tricart (1972) ou Rougerie (1975), le terme « *environnement* » sera adopté dans les années 1980 par les géographes français pour désigner « le milieu géographique ». Pourtant, le milieu géographique garde toute sa valeur notamment au sens proposé par Pinchemel, (1988) « *Humanisation des milieux naturels et spatialisation ne sont pas dissociables. (...) L'humanisation correspond en quelque sorte à une relation verticale des Sociétés à leur environnement naturel (...). La spatialisation correspond au contraire à des relations latérales définies par des distances, des espacements. (...) Comment appeler ce « produit » ? On pourrait employer indifféremment espace géographique ou milieu géographique, à condition de bien sentir la signification précise des termes ; mais la première expression est beaucoup trop utilisée banalement, le terme de milieu est beaucoup plus riche de sens qu'espace* ».

C'est peut-être George Bertrand qui livre actuellement l'analyse la plus aboutie de cet objet aux multiples dénominations. Dans son introduction au colloque international de Besançon « *Equilibres et ruptures dans les écosystèmes depuis 20 000 ans en Europe de l'Ouest* » (2000), il place le temps au cœur des problématiques environnementales. « *Que signifie parler, comme on le fait banalement, de « ressources renouvelables », de « soutenabilité » ou de « durabilité » dans un temps absolu ou défini, c'est-à-dire hors des « pas de temps » de l'histoire des milieux naturels et de celle des Sociétés ? S'agit-il d'une décennie, d'un siècle, d'un millénaire ? Est-il scientifiquement cohérent et constructif de parler, chacun dans son pré carré, « d'équilibre » et de « rupture », de « seuil » et, à plus forte raison, de « mutation », sans s'être donné, au préalable, un système temporel de référence ? (...) A la base de toute recherche sur l'environnement il y a donc le paradoxe du temps »* (Bertrand, 2002). Il démontre qu'une prise en compte des temporalités peut nourrir les recherches interdisciplinaires. En effet, « *l'environnement* », le « *milieu géographique* », « *l'anthroposystème »* ne sont pas constitués d'une seule et unique temporalité mais il y a au contraire une *« diversité des temporalités et des « pas de temps » des différents composants de l'environnement et de leurs interactions ».* Les recherches doivent tenir compte de cette *« temporalité environnementale »* et démêler la *« tresse des temps »* (Bertrand, 2002). C'est dans cette logique qu'il aboutit à une redéfinition du géosystème en proposant le « *système GTP* » (Géosystème, Territoire, Paysage) avec une analyse tridimensionnelle de l'environnement. Dans ce système spatio-temporel à trois entrées le géosystème est le « *temps de la Source* » et donc des composants et des mécanismes biophysiques ; le territoire est le « *temps de la Ressource* », c'est-à-dire de l'invention et de l'exploitation économique des ressources ; le paysage est le « *temps du ressourcement* », il englobe les temporalités *« des vécus et des représentations, des symboles, des mythes et des rêves »* (Bertrand et Bertrand, 2000 et 2002).

Enrichissons l'argumentaire par un clin d'œil littéraire à Julien Gracq, écrivain mais avant tout géographe et merveilleux observateur des paysages fluviaux. Dans « En lisant en écrivant » (1981), il décrit la Loire et ses paysages, dans son village, Saint-Florent-le-Vieil, et accorde une grande importance aux temporalités paysagères : *« L'image unifiée d'un paysage, du paysage natal par exemple, [...], est faite [...] d'une combinaison de cycles périodiques aux rythmes très variés. À Saint-Florent par exemple, dans le paysage que depuis toujours j'ai sous les yeux à travers ma fenêtre, ces cycles sont de trente ans environ pour les peupliers, qu'on abat alors, puis qu'on replante, du double, ou davantage, pour les saules, tandis que le rythme de l'extension et du renouvellement des bâtisses, autrefois plus que séculaire, tend aujourd'hui visiblement à s'accélérer* » (Gracq « En lisant en écrivant », 1981, pp. 91-92).

La Convention européenne du paysage, vers un consensus scientifique et politique ?

Depuis mars 2004, l'Europe dispose d'une convention du paysage, ratifiée par la France en octobre 2005. Elle propose la définition suivante : « *Le paysage désigne une partie de territoire telle que perçue par les populations, dont le caractère résulte de l'action de facteurs naturels et/ou humains et de leurs interrelations* ». L'un de ses principaux atouts tient au fait qu'elle soit commune à tous les pays européens. Dans la politique française des paysages, essentiellement portée par le Ministère de l'Ecologie et de l'Aménagement Durable, il existe un volet « *préserver durablement la diversité des paysages français* » qui constitue un soutien aux collectivités territoriales et un appui à la programmation de recherches.

Qui-quoi-où ?

En partant de la définition du système GTP de Bertrand (2002), nous souhaitons : mesurer l'importance des travaux engagés sur l'évolution des paysages fluviaux par la communauté des géographes physiciens français ; comprendre sur quels espaces et projets les chercheurs sont investis. Nous posons pour hypothèse de départ que les géographes physiciens sont a priori peu nombreux à employer le terme « paysage » et ce en particulier parce qu'ils s'interdisent l'usage du concept (démodé, risqué). La question de l'évolution paysagère étant transversale, il est difficile d'en cerner les contours. Pour ce bilan, afin de ne pas déborder sur les travaux des autres ateliers, nous nous sommes fixés des limites temporelles (les publications 1980), et scientifiques (travaux en géographie physique affichant un ou plusieurs des mots clés suivants : paysage, vallée, eau, géographie, évolution, hydrosystème).

Un travail comparable a été proposé par Bethemont et Piégay (1998) en introduction d'un numéro spécial de la *Revue de Géographie de Lyon* intitulé « *Les paysages des cours d'eau* ». Ces auteurs relevaient déjà la faiblesse du nombre de publications sur cette thématique. Ouvrant de nouvelles pistes de recherche et de collaborations interdisciplinaires, les deux géographes effectuaient le constat suivant : « *[...] il apparaît que les paysages de l'eau courante ne sont traités qu'au titre de composantes intégrées à des ensembles paysagers plus amples ou subordonnés à des dominantes telles que la ville ou l'aménagement des lits fluviaux. C'est en fait dans les champs disciplinaires voisins (écologie et aménagement) que le thème du paysage des cours d'eau est le plus abondamment abordé* ». Dix ans après cet état des lieux, comment caractériser l'évolution de ce champ de recherche ?

Quelles publications au sein des laboratoires et équipes de recherche français ?

Notre essai d'inventaire porte sur la période 1980-2008 à partir des mêmes mots-clés (paysage, vallée, eau, géographie, évolution, hydrosystème) employés sur les moteurs de recherche bibliographiques d'internet ainsi que le dépouillement des revues de géographie françaises suivantes : *BAGF, Géomorphologie: relief, processus, environnement , Hommes et Terres du Nord ; Images de Franche-Comté ; La Revue de Géographie de l'Est ; Méditerranée ; Nature-Sciences-Sociétés ; Norois ; Revue géographique de l'Est ; Revue de géographie de Lyon/Géocarrefour ; Sud-Ouest Européen ; VertigO ;Cybergéo* (figure 4.1). Cette approche bibliographique a été complétée par une consultation du fichier central des thèses et de la base de données du SUDOC. L'activité du CNFG a été appréhendée à partir de la classification thématique des publications de ses membres (géothem) et de l'analyse des travaux récents menés par la commission hydrosystèmes. Quatre revues se détachent nettement : *la Revue de géographie de Lyon/Géocarrefour (RGL) ; Sud-Ouest Européen ; Images de Franche-Comté ; Hommes et Terres du Nord.* Pour la première, le fait peut s'expliquer par son attachement à la pratique de l'interdisciplinarité dans la recherche en environnement. La revue la plus investie dans cette thématique semble être la *RGL*. L'ancrage régional fort de l'étude des hydrosystèmes, les travaux précurseurs et structurant de Jean-Paul Bravard et Jacques Bethemont, ont selon des approches différentes permis d'ouvrir la voie à de nouveaux chercheurs (entre autres : Reyt, 1998 ; Piegay, 2003 ; Jacob, 2005 ; Le Lay, 2007). Le développement d'un pôle d'expertise fort à Lyon en hydroécologie au sein du CEMAGREF contribue également à stimuler la recherche sur les cours d'eau en général[19]. Pour ce pôle Rhône-Alpin c'est l'étude des hydrosystèmes qui conduit à l'intégration des dimensions paysagères. Dans la même région, à Grenoble, une autre unité du Cemagref (EPGR) a piloté de nombreux travaux sur la dimension paysagère de l'aménagement des vallées donnant lieu, notamment, à la publication d'un beau livre de vulgarisation (Dupuis-Tate et Fischesser, 2003) et à l'organisation de séminaires de formation destinés aux services administratifs en charge de la gestion de l'environnement. Dans la même région, à l'Institut de Géographie Alpine de Grenoble, les recherches de Bonin (2008) sur les représentations sociales des paysages de vallées et les aménagements hydrauliques renforcent encore la richesse de ce pôle Rhône-Alpin.

En revanche, pour les trois autres équipes qui marquent la production scientifique sur le domaine étudié, c'est un fort investissement théorique et méthodologique dans le champ conceptuel du paysage qui mène à l'étude des hydrosystèmes et plus spécifiquement à des recherches sur l'objet « vallée ». Bien que la question de l'évolution des paysages fluviaux apparaisse peu dans la revue régionale (*Sud-Ouest Européen*), au sein du laboratoire GEODE, les hydrosystèmes sont étudiés à partir des « entrées » du risque, des dynamiques environnementales et du paysage (Valette et Gazelle, 2001 ; Valette, 2002 ;

---

[19] Plusieurs thèses et recherches appliquées ont été produites au Cemagref par des géographes hydromorphologues (Andraimahefa, 1999 ; Malavoi, 2003, par exemple).

Antoine, à paraître). Ces différents travaux bénéficient notamment des acquis importants du laboratoire GEODE en matière de restitution des temporalités paysagères.

Le laboratoire THEMA dispose également d'un niveau de compétence élevé dans l'analyse des paysages. Les méthodes proposées sont fondées sur un système de définition construit à partir de quatre « boîtes » en interaction : la production du paysage, le paysage visible, la perception du paysage et l'utilisation du paysage (Brossard et Wieber, 1984 ; Griselin *et al.*, 2006). L'une des approches privilégiées par THEMA est l'analyse quantitative des paysages utilisant la télédétection, la photographie ou encore la bibliométrie. Cette manière de penser et d'analyser le paysage a été appliquée à des espaces vastes dans le cadre de la réalisation d'atlas de paysage (Doubs) mais aussi à des vallées (Griselin et Nageleisen, 2004). Enfin, à Lille, au sein des laboratoires « Géographie des milieux anthropisés » et « Géomorphologie et Gestion des Milieux naturels » (réunis depuis 2005 dans l'équipe d'accueil « Territoires, Villes, Environnement et Société » des travaux sur l'évolution des paysages de vallées et de zones humides ont été régulièrement menés. L'étude des hydrosystèmes et des interactions entre l'homme et l'eau ont fait l'objet de deux numéros de la revue *Hommes et Terres du Nord* (1-1996 et 2-2000). Dans le sillage des recherches de Monique Dacharry, l'analyse hydrologique est complétée par des recherches sur les risques, la gouvernance des territoires de l'eau (Laganier et Scarwell, 2000), mais également par des travaux de géohistoire proposant une interprétation environnementale et culturelle des trajectoires paysagères des vallées et zones humides du Nord de la France (Picouet *et al.*, 2000 ; Dubois *et al.*, 2000). De même, la requalification des paysages productifs en paysages d'agrément est un axe de recherche qui a retenu l'attention des chercheurs Lillois (Scol, 2000 ; Michelot, 2000). D'autres laboratoires développent des projets de recherche sur les hydrosystèmes avec une entrée paysagère plus ou moins explicite. Ainsi, le GEOLAB de Clermont-Ferrand et Limoges (UMR 6042 CNRS) mène des travaux sur la reconstitution paléo-environnementale des paysages de l'eau en mobilisant des compétences en morphologie fluviale, en biogéographie et écologie du paysage. En géographie humaine, les travaux de Ardiller-Carras (1998) sur l'intégration territoriale des vallées du limousin complètent ces approches environnementales. Par ailleurs, depuis 2005 les géographes participent, avec des historiens et des archéologues, au programme interdisciplinaire « A*u fil de l'eau : Approche socio-environnementale de l'eau et des zones humides du Néolithique à nos jours : ressources, gestion et risques » (2009)*. La question de l'évolution des paysages fluviaux est aussi sous-tendue dans certains travaux du Laboratoire de Géographie Physique de Meudon (Le Cœur et Gautier, 2005).

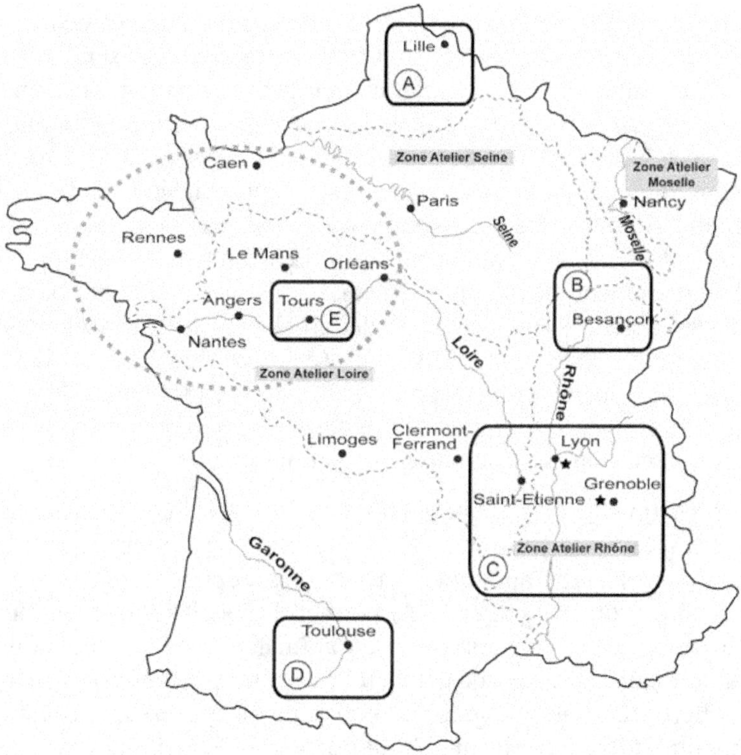

● Laboratoires de géographie intégrant l'étude des paysages fluviaux dans leur projet de recherche

★ Laboratoire du Cemagref travaillant ou ayant travaillé sur les paysages de l'eau et les hydrosystèmes (Laboratoire d'Hydrologie Quantitative de Lyon : hydroécologie, hydromorphologie, études appliquées ; laboratoire Ecosystèmes et Paysages Montagnards, Grenoble : aménagement des paysages de vallée, paysagisme, écologie du paysage).

Pôle de recherche et de publication majeur sur les paysages fluviaux :
A- Equipe d'accueil 4019 CNRS "Villes - Environnement et Sociétés" ; Revue "Hommes et Terres du Nord; hydrologie, gouvernance, géohistoire
B- UMR 6049 CNRS - Thema - Besançon ; Revue "Images de Franche-Comté ; théorie du paysage (, analyse quantitative, photographie, télédétection
C- UMR 5600 CNRS - Environnement , Ville et Société ; Lyon et Saint-Etienne ; revue "Géocarrefour" / CEMAGREF ; biogéographie, écologie du paysage, géomorphologie, perceptions sociales.
D- UMR 5602 - GEODE ; Toulouse ; publications diverses ; géohistoire, dynamiques environnementales, risques / support théorique et méthodologique important (Géosystème - Paysage - Territoire).
E- UMR 6173 - CITERES; Tours, équipe IPAPE; publications diverses; participation à la Zone Atelier Loire; écologie du paysage (corridors), télédétection, SIG, représentations sociales, gouvernance, méthodes d'analyse et d'évaluation des paysages).

------ Zones ateliers du CNRS ancrées sur des hydrosytèmes

Réseau de recherche interdiciplinaire émergent sur la géodiversité des vallées de l'Ouest de la France

Figure 3.1 - Etude de l'évolution des paysages fluviaux. Quelle dynamique scientifique ?

Enfin, les paysages de l'hydrosystème ligérien bénéficient des travaux de recherche de l'UMR CITERES. L'effort de recherche sur les paysages fluviaux de la vallée de la Loire, marqué par la participation à la Zone Atelier Loire, est maintenu et renouvelé dans le nouveau contrat quadriennal (2008-2011) de ce laboratoire (équipe IPAPE, axe 2 : paysage et environnement). L'évolution des paysages fluviaux est appréhendée selon différentes perspectives (biodiversité, changements d'usages des fonds alluviaux, perception culturelle, dynamique fluviale). Les fondements méthodologiques sont particulièrement développés et variés, ils puisent aussi bien dans le champ des géosciences (télédétection, dendrochronologie, modèle numérique) que dans celui de la géographie sociale (enquêtes, entretiens). Les travaux déjà réalisés sur l'axe ligérien (Garnier *et al.*, 2002 ; Di Pietro, 2004 ; Yengue et Génin, 2004 ; Verdelli *et al.*, 2005) seront développés dans les années à venir et complétés par des comparaisons internationales.

Cette brève revue de la bibliographie, malgré les biais qu'elle comporte, permet de relever la montée en puissance de la problématique des dynamiques paysagères appliquée aux vallées depuis le milieu des années 1990. La carte proposée (figure 3.1) permet de localiser en fonction de leur angle d'approche les principaux pôles animateurs de la réflexion sur les paysages de l'eau. A l'instar des recherches sur les paysages de vallée initiées par les chercheurs en géographie humaine (Reyt, *ibid.* ; Bonin, 2002 ; Montembault, 2002 ; Davodeau, 2004 ; Barraud, 2007), il convient de noter la très grande diversité des contributions proposées par les géographes physiciens. Ces derniers abordent les paysages fluviaux à partir de trois grands domaines de compétence : l'hydromorphologie, la biogéographie (intégrant de plus en plus les concepts de l'écologie du paysage) et la géoarchéologie. Les travaux sur les paysages de vallées se prêtent à des collaborations intra et interdisciplinaires mais ils engagent également certains géographes physiciens à ouvrir et diversifier leur profil (géohistoire des systèmes productifs de fond de vallée, évolution des représentations sociales[20]). Le CNFG, à travers l'activité de la commission « hydrosystèmes continentaux » a largement contribué à la dynamique des recherches sur les paysages fluviaux. Le colloque « hydrosystèmes, paysages, territoires » organisé à Lille en 2001, dont l'un des deux axes portait sur « le développement des territoires et les dynamiques hydrologiques et paysagères » (Laganier et Salvador, 2001) en est un exemple marquant.

---

[20] Ces ouvertures apparaissent très clairement dans les travaux de Jacob (2005) pour l'intégration de la géohistoire et de ceux de Le Cœur et Gautier (2005) pour l'importance donnée à la dynamique des représentations sociales.

Quels programmes de recherche ?

L'approche systémique de l'environnement a été considérablement enrichie par les travaux initiés par le CNRS à partir de 1978, dans les programmes « Environnement » et les PIREN (Programmes Interdisciplinaires de Recherche sur l'Environnement). Entre 1994 et 1998, ils sont relayés par les PIREVS (Programmes Interdisciplinaires de Recherche en Environnement, Vie et Sociétés) puis, à partir de 1998 par le PEVS (Programme Environnement Vie et Société). Ce dernier centre ses problématiques sur l'environnement de l'homme et la notion « *d'anthroposystème* », accordant ainsi une large place aux sciences humaines et sociales. Trois ouvrages collectifs en sont les fruits : en 2002 « *Les fleuves ont une histoire – Paléoenvironnement des rivières et des lacs français depuis 15000 ans* » (sous la direction de Bravard et Magny), en 2003 « *Des milieux et des hommes : fragments d'histoires croisées* » (sous la direction de Muxart, Vivien, Villalba et Burnouf) et en 2004 « *Fleuves et marais, une histoire au croisement de la nature et de la culture* » (sous la direction de Burnouf et Leveau).

Aujourd'hui, l'approche interdisciplinaire de l'environnement est conduite notamment au sein des Zones Ateliers. Créées à partir de 2000 par le PEVS et actuellement portées par le département EDD (Environnement et Développement Durable), elles constituent des observatoires de l'environnement sur la longue durée permettant une meilleure compréhension dynamique, l'évaluation des modes d'utilisation et de leur impact, la recherche de perspectives de gestion et de restauration. Début 2008, la France compte 8 Zones Ateliers ; 4 d'entre elles correspondent à des bassins versants : la Loire, la Moselle, le Rhône et la Seine. La politique française du paysage, mise en œuvre selon les principes retenus dans la Convention Européenne du Paysage a été, en majeure partie, alimentée par deux programmes de recherche lancés par le Ministère de l'Écologie et du Développement Durable : « *politiques publiques et paysages* » (1998 - 2001) dont la synthèse a été rédigée par Yves Luginbühl en 2004, « *Paysage et développement durable* » (2005 - 2008). D'une manière générale, la Convention Européenne du Paysage a contribué à relancer l'activité scientifique en matière de paysage ; de nombreux géographes - privilégiant tantôt une dimension physique et naturaliste tantôt une dimension sociale et culturelle - participent à ces projets. Néanmoins, l'effervescence « paysagère » ne profite pas encore suffisamment à l'objet de recherche « vallée ».

De nouveaux objets de recherche ?

Ces dernières années, la question de l'évolution des paysages fluviaux a donné lieu à des travaux qui prennent pour objet des vallées de petite et moyenne dimension. La plupart d'entre elles partagent un héritage commun : leur aménagement en biefs étagés ou dérivés liés à l'implantation des moulins à eau puis des usines hydrauliques. Cette trame de base a pu être plus ou moins remaniée par d'autres modes de valorisation économiques des vallées (agriculture, navigation, *etc.*). Ces vallées de l'Ouest de la France ont fait l'objet d'une thèse de géographie paysagère à l'Université de Nantes (Barraud, 2007) et une seconde thèse est actuellement en cours sur les vallées « ordinaires » normandes couplant caractérisation morphologique, analyse de l'occupation du sol, inventaire des aménagements hydrauliques et étude des représentations sociales (Germaine, 2006 a et b).

Ces deux thèses s'inscrivent elles-mêmes dans des programmes de recherche interdisciplinaires. La question du maintien et de la requalification d'ouvrages hydrauliques hérités de systèmes techniques en déclin ou totalement abandonnés a été travaillée dans le cadre d'un programme CNRS – SHS « *Eau, Environnement et Sociétés : ressources-usages-risques-gestion* » (projet « *Friches hydrauliques* », Le Cœur et Gautier, *op. ci.*). Par ailleurs, la reconstitution des dynamiques paysagères de basses vallées côtières normandes sur le temps long (du Néolithique à nos jours) a constitué le thème d'une Action Concertée Incitative « Jeunes chercheurs » (Lespez *et al.*, 2005 et 2008). Une troisième thèse engagée à l'Université d'Angers (laboratoire CARTA, UMR ESO) portant sur la vallée du Loir ambitionne la reconstitution des dynamiques paysagères et environnementales sur le temps long dans une perspective géoarchéologique (Piana, 2008-2010).

Ces différents travaux ont permis l'émergence d'un réseau de chercheurs à l'échelle de l'Ouest de la France, intégrant des géographes physiciens et humains, des historiens et archéologues ainsi que des sociologues et des géomaticiens. Le réseau se structure afin de présenter des projets de recherches sur l'étude de la géodiversité des vallées en privilégiant l'entrée paysagère (Corbonnois, 2007). Ces recherches récentes ont été valorisées dans plusieurs publications et journées d'étude. On peut citer par exemple le numéro spécial du *BAGF* « *Paysage de l'eau* » (coordonné par Ballouche et Lespez, à paraître), le volume d'*Aestuaria* de restitution du colloque « *La rivière aménagée : entre héritage et modernité* » (Serna et Gallicé, 2007), où l'ouvrage réunissant les contributions au colloque du Réseau Thématique Plurisdisciplinaire du CNRS « *Paysages et environnement : de la reconstitution du passé aux modèles prospectifs* » (dir. Galop).

Contributions de jeunes geographes

Comme nous l'avons déjà souligné en introduction, cet atelier abordant une thématique transversale, il existe bien évidemment des passerelles avec les autres ateliers du colloque, en particulier avec l'atelier 6 « Dynamique fluviale et géoarchéologie ».

Trois jeunes chercheurs ont participé aux travaux de notre groupe : Régis Barraud (Université de Nantes, UMR 6554), Céline Clauzel (Université Paris 4, UMR 8185), Issa Dia (Université Cheikh Anta Diop de Dakar). Si le nombre d'inscrits est modeste, leurs recherches présentent néanmoins une vaste répartition géographique allant des rives du fleuve Gambie (Issa Dia), aux petites vallées armoricaines de l'Anjou (Régis Barraud) en passant par les hortillonnages de Mexico et d'Amiens (Céline Clauzel). Les problématiques sont diverses mais centrées sur l'environnement comme en témoignent les mots-clés employés par les chercheurs : Régis Barraud : « géographie paysagère », « résilience », « paysage », « patrimoine » ; Céline Clauzel : « dynamiques spatio-temporelles », « prospective », « paysage comme vecteur d'analyse du géosystème » ; Issa Dia : « impact », « interface milieu/société », « gestion durable ».

Le moulin à eau : clé d'interprétation des dynamiques paysagères de fond de vallée

D'après Barraud (2007), les paysages de vallées demeurent fortement structurés par des formes héritées d'anciennes géographies de l'énergie, de l'industrie et localement du commerce fluvial. Parmi ces formes héritées, la récurrence et la rémanence du motif du moulin à eau témoignent de l'existence passée d'un paysage dont les conditions sociales, juridiques et politiques de son exploitation sont définies au cours du Moyen âge. En Europe de l'Ouest, l'équipement des cours d'eau est déjà très avancé dès l'époque carolingienne et la densification du réseau atteint son paroxysme entre le Xème et le XIIIème siècle. La diffusion des moulins constitue un fait d'aménagement majeur - souvent sous-estimé - contribuant au calibrage et à la dynamique des milieux de fond de vallée. Son inscription spatiale sur la longue durée et son épaisseur culturelle ont fait de lui un véritable écosymbole et un objet de recherche très prisé par les archéologues, les historiens ou encore les ethnologues (Galetti et Racine, 2003). Il peut aussi être mobilisé comme outil d'analyse des dynamiques paysagères des vallées qui elles-mêmes peuvent renseigner sur la géographie des territoires englobant. Dans cette perspective, le motif « moulin à eau » a été utilisé afin de reconstituer et de comparer les trajectoires paysagères de cinq affluents de rive gauche de la Loire au sud du massif armoricain (Barraud, 2007). Parmi les cours d'eau étudiés figurent deux grandes rivières de plaine très densément équipées en moulins, la Sèvre nantaise et le Thouet.

L'héritage

L'aménagement diffère en fonction du mode d'implantation du moulin qui s'effectue soit en prise directe avec la rivière, soit en dérivation ou bien encore au débouché d'un étang construit en tête de bassin. La mise en place d'un seuil transversal destiné à relever la ligne d'eau et régulariser les écoulements est presque toujours requise. Les incidences morphologique et hydroécologique de la diffusion du moulin sont donc notables : les écoulements sont modifiés dans leurs rythmes, leur typologie et leur répartition. La dynamique fluviale réglée par des ajustements morphologiques permanents dans l'espace et dans le temps est influencée par les successions de seuils. De nouveaux états d'équilibre dynamique se sont donc établis sur la base de profils en long redessinés, prenant la forme d'escaliers plus ou moins réguliers. Précocement saturées, les vallées armoricaines font partie des plus densément équipées à l'échelle européenne. La densité moyenne de sites hydrauliques dans les vallées principales, est souvent proche d'un moulin par km. Dans les sections les plus pentues de la Sèvre nantaise et du Thouet, cette densité atteint trois moulins par km. Par ailleurs, au sud du massif-armoricain, le premier type d'implantation (prise directe, moulin en bout de chaussée) est le plus représenté, il sous-tend un étagement des cours d'eau plus complet que dans le cas des systèmes en dérivation (Lespez *et al.*, 2007).

La symbolique associée au moulin à eau exprimée à travers la tradition orale (contes, chansons, légendes…), la peinture et la littérature, suggère un pouvoir d'attraction et d'organisation. La perception sociale traduite par l'expression populaire ou élitaire (artialisation) consacre le moulin comme un « cœur de vallée ». Rivals (2000) appréhende la centralité du moulin selon trois angles : la topologie, l'écologie, et l'économie. Il intègre le moulin dans la polycentralité des territoires médiévaux, en le comparant à l'église et au château. Les raisons de l'attraction du moulin mettent en exergue sa complexité géographique : « *Chef-lieu économique, le moulin est centre de convergence des grains, de redistribution de la mouture et de fréquentation sociale : ces divers mouvements empruntent le réseau convergent des chemins du moulin* » (Rivals, *ibid.*).

Les représentations cartographiques à petite échelle réduisent le moulin à eau à son implantation ponctuelle (carte de Cassini, cartes topographiques). Pourtant l'exploitation du moulin à eau, à grande échelle, sous-tend l'existence d'une étendue, d'un espace fonctionnel. Il s'agit d'un espace de terre et d'eau dont l'extension à l'amont du moulin est déterminée par l'aménagement hydraulique (portée du remous). Il est, en premier lieu, un espace de mise en valeur agricole attribué au meunier. Ce couplage entre moulin et exploitation agricole est une constante qui contribue à la création du paysage normatif du moulin à eau, dont le modèle semble valable pour la majeure partie de l'Europe de l'Ouest. L'analyse des usages de l'espace fonctionnel fait apparaître deux logiques d'appropriation constitutives de l'ambivalence sociale du moulin à eau en fond de vallée. La première est celle de l'exploitant, meunier ou usinier, qui cherche à maintenir la fonctionnalité technique du système hydraulique et à diversifier ses sources de revenus, palliant ainsi les effets de conjonctures, l'affermissement momentané d'un pouvoir et gagnant progressivement une certaine indépendance. La seconde logique repose sur une appropriation collective : la rivière à biefs étagés « construite » selon une finalité productive, permet l'aménagement d'autres équipements qui constituent des aménités pour la communauté, villageoise ou urbaine (lavoirs, gués, pêcheries *etc*).

Malgré la diversification de l'usage des roues hydraulique (farine, textile, papier, *etc.*), le paysage normatif présenté ci-dessus demeure relativement stable jusqu'à la fin de l'Ancien Régime. Mais au cours du XIXème siècle certaines sections de vallée sont profondément remaniées par l'industrialisation, les tentatives d'extension du réseau navigable et les opérations de valorisation agricole (dessèchement/irrigation). Sur le terrain d'étude, seule la vallée de la sèvre nantaise est réellement marquée par le processus d'industrialisation, plus précisément sa section moyenne disposant du plus important potentiel énergétique (Dufournier, 1984). Souvent présenté comme un âge d'or de la mise en valeur des vallées, le XIXème siècle industriel ne résiste pas à l'émergence de nouveaux systèmes techniques (la grande hydraulique, l'électricité) et à la révolution des transports. Dès la fin du XIXème siècle on assiste à un déclin de l'utilisation des moulins à eau et des usines hydrauliques.

Le devenir des sites hydrauliques anciens et des paysages associés se pose avec acuité sur la plupart des cours d'eau en France et plus largement en Europe de l'Ouest. La permanence relative des structures paysagères ne doit pas masquer les profondes mutations entraînées par le déclin de l'usage hydraulique et la montée en puissance d'autres fonctions. L'organisation spatiale, les modalités de fonctionnement hydraulique, les usages, les représentations culturelles des paysages de l'eau et donc la façon d'habiter les lieux ont changé. Ces changements se sont opérés sous l'effet de processus antagonistes : une patrimonialisation de plus en plus poussée, une dégradation des structures (ouvrages, moulins) et la remise en cause récente du maintien des aménagements anciens pour des raisons écologiques (altération de la qualité de l'eau et des milieux).

Le paysage de rivière à biefs étagés est en crise ; objet de conflits, son devenir et sa gestion sont incertains. La société hésite entre différentes politiques : conservation, suppression, transformation, abandon. Cette tension sous-tend une évolution de l'interprétation du paysage. La disparition de l'usage qui donnait sens aux formes héritées (biefs, moulins, ouvrages hydrauliques) conduit à une évolution globale de l'interprétation du paysage et à un affrontement des différentes représentations. D'une manière générale, on est passé d'un paysage productif à un paysage d'agrément. En effet, alors que la raison initiale du paysage était la production (farine, papier, textile, *etc.*) fondée sur l'utilisation de l'énergie hydraulique, la rivière et ses aménagements sont aujourd'hui perçus comme des éléments d'un cadre de vie, comme le support d'activités sportives, ludiques, contemplatives. Ce mouvement, qui réactive en les transformant les structures héritées, est confronté au coût financier et écologique du maintien de l'aménagement.

Du problème d'environnement à la problématique géographique

Misant sur la valorisation de la polysémie du paysage (Bertrand, 2002), la mise en système sur laquelle prend assise le raisonnement permet une analyse des interactions entre structures paysagères, usages et représentations sociales. Les structures paysagères sont conçues comme les empreintes matérielles des aménagements de l'espace (les biefs, moulins, ouvrages hydrauliques, les réseaux et parcellaires). Le niveau de collecte le plus fin des données est celui du site hydraulique. C'est à partir de cette échelle que l'on peut envisager un embrayage vers des niveaux d'échelle plus petits (tronçon de vallée, vallée, région). L'analyse du paysage doit permettre de mieux saisir les enjeux mêlés du social et de l'écologique, liés aux réorganisations de l'espace de fond de vallée. Il s'agit, à travers l'étude des reprises et déprises paysagères, de mettre au jour les processus qui orientent la géographie des vallées. Sept processus d'adaptation des paysages ont été identifiés et analysés : la proto-industrialisation/l'industrialisation, le *paysagement*[21], la déprise, le réaménagement hydro-agricole, la patrimonialisation et la transformation en paysage d'agrément. Deux autres processus émergents ont été étudiés, le *désaménagement* (renaturation) et la réhabilitation du paysage productif (microcentrales hydrauliques). La démarche de recherche vise à dépasser la vision du paysage palimpseste pour évaluer, d'un état systémique à l'autre, le poids des permanences et des mutations.

La géographie de ces vallées est interrogée par le couplage approches géohistorique et systémique, en articulant deux axes problématiques. Le premier, d'ordre fondamental, questionne la résilience du système paysager. Les adaptations successives des structures paysagères ont été périodisées et spatialisées (cartographie diachronique, modélisation graphique). L'évolution matérielle des formes observées (état, transformation des aménagements hydrauliques) est confrontée à l'évolution des significations et valeurs

---

[21] Intégration des sites hydrauliques dans des parcs et jardins – processus spécifique de diffusion du modèle architectural italianisant dans la vallée de la Sèvre nantaise (Dufournier, 1984).

attribuées aux moulins et au paysage de fond de vallée. Le second axe de la problématique, plus appliqué, ouvre vers une dimension prospective. Ce volet de la recherche est fondé sur l'expérimentation d'une méthode d'évaluation participative du paysage menée sur les vallées de la Sèvre nantaise et du Thouet (Barraud, 2007).

La restitution des temporalités du paysage repose sur l'enchaînement d'une analyse diachronique (reconstitution progressive des états paysagers), d'une lecture synchronique (réalisation d'un état des lieux des paysages actuels), d'une réflexion prospective (on discute des scénarios ou du moins des projets de paysages, on propose une méthode permettant aux acteurs du paysage de mieux appréhender les évolutions à travers des adaptations. La problématique recoupe en partie celle posée par la recherche lancée en 2002 sur « les friches hydrauliques », qui constituent l'un des thèmes traités dans le cadre du programme CNRS SHS « *Eau, Environnement et sociétés. Ressources - usages - risques - gestion* » (Le Cœur et Gautier, 2005). La reconstitution des trajectoires paysagères des vallées est fondée sur trois axes méthodologiques : des observations, enquêtes/entretiens, mesures et inventaires de terrain ; un travail bibliographique ouvert sur différents champs disciplinaires (histoire, écologie, sociologie notamment) et domaines techniques (aménagement, restauration écologique) ; une étude approfondie de la documentation administrative depuis la fin du XVIIIème siècle jusqu'à aujourd'hui (en particulier série S et continue, série M). À l'échelle du terrain d'étude, plus de 600 sites hydrauliques ont été décrits et analysés. L'inventaire a intégré cinq vallées principales, du ruisseau de tête de bassin à la grande rivière de plaine (rang de Strahler 1-7). Les données recueillies ont été exploitées à l'aide d'un Système d'Information Géographique (couplage ACCESS/Mapinfo), comportant un module descriptif permettant de restituer l'évolution matérielle et des usages des aménagements hydrauliques et une interface d'évaluation des paysages destinée à l'aide à la décision. Ce volet du SIG permet également de mieux appréhender les conflits d'usages, les représentations sociales, et les projets dont font l'objet ces fonds de vallée.

Émergence de nouveaux systèmes paysagers en fond de vallée ?

La recherche a permis la mise au jour d'une norme paysagère, celle de la « *rivière pleine* ». Elle traduit une conception culturelle de la « *belle et saine rivière* » sur le terrain d'étude (recherche en cours sur la réplication de cette norme et de variantes à une échelle plus petite). Cette norme est fondée sur une préférence esthétique, une interprétation écologique qui puise son origine dans la culture hydraulique du XIXème siècle (stabilisation des lits, régulation des flux) et dans le développement de la pisciculture en eau douce (fin XIXème), dont les principes ont été adaptés et diffusés par les acteurs associatifs et institutionnels de la pêche de loisir. La conception normative de « la rivière pleine » active une gestion à pleins bords et une restauration systématique des ouvrages hérités. Elle conditionne également les modalités de mise en scène des paysages de rivière dans les traversées urbaines en particulier.

Définitivement, le moulin d'aujourd'hui n'est plus et ne sera plus le moulin d'autrefois. La rémanence des formes du paysage hérité, effective ou amplifiée par le discours patrimonial servant une valorisation économique (tourisme) et territoriale est un trompe l'œil. Les fonds de vallées sont désormais jalonnés par une mosaïque de formes, marques d'héritages techniques successifs. Les liens entre les différents éléments structurants du paysage ont fortement évolué. Ainsi, la gestion hydraulique des longs biefs dérivés de la Sèvre nantaise amont n'est plus commandée, dans la plupart des cas, par le moulin et son propriétaire. Un dispositif de gestion concertée des niveaux d'eau, coordonné par la collectivité publique à l'échelle du territoire syndical et réglé par un arrêté préfectoral départemental, a été mis en place pour optimiser l'usage agricole de l'eau (partage de la ressource, limitation des effets sur les milieux). Ailleurs, le bief est géré au profit exclusif de l'usage halieutique ; plus loin c'est le nouvel usinier qui dispose du contrôle de l'eau pour produire son énergie (verte ?) tentant de rétablir la fonctionnalité de l'ancien système paysager ; ailleurs encore c'est le résident du bord de l'eau ou la collectivité qui impose une gestion esthétique du niveau de l'eau. Enfin, l'éclatement des systèmes paysagers hérités se traduit par une utilisation différenciée et plus ou moins partagée du moulin (s'il subsiste), de la chaussée et du bief. La diversité des combinaisons entre formes et usages peut se rapporter à des types de lieux définis à partir de leur niveau de polarisation, leur mode d'appropriation et leur intégration à des temporalités différentes.

Les sites hydrauliques peuvent être réduits à une seule forme technique (le clapet hydraulique). Ces ouvrages récents ou les chaussées orphelines de leurs moulins peuvent structurer des lieux de pratique, en particulier ceux des pêcheurs. L'ouvrage fixe la pratique et donne lieu à des aménagements connexes (tables, pontons, chemins, passe à canoë, *etc.*) et à une signalisation. Répertoriés, décrits et évalués dans des guides spécialisés, parfois cartographiés, ces lieux de pratique bornent les territoires halieutiques, ou structurent les parcours nautiques. Certains sites hydrauliques sont encore des lieux de production dont la filiation avec le moulin à eau ou l'usine hydraulique est plus ou moins forte (type d'activité, usage de la force hydraulique, réutilisation des bâtiments). On peut aussi identifier le type de l'isolat résidentiel dont la visibilité, l'accessibilité au public sont limitées voire strictement réservées à leur propriétaire. Il s'agit d'îlot sur lequel le résident peut rechercher une mise hors du temps, du quotidien, de la vie locale ou encore de la vie urbaine.

Apparaît ensuite la catégorie des lieux communs ; le plus souvent acquis et mis en valeur par la collectivité publique, ils sont les lieux qui matérialisent la reconnaissance patrimoniale de l'héritage. Ils font l'objet de projet de restauration allant de la cristallisation de ruines à la reconstitution muséale complète du moulin. Lieux de sociabilité, ils sont rythmés par la temporalité des loisirs, du tourisme, et de la vie locale. Certains de ces lieux communs, à travers leur intégration à l'économie du tourisme (vert, sportif, culturel, événementiel) sont érigés au rang de petit haut-lieu qui assure leur médiatisation et leur reconnaissance à une échelle régionale voire nationale (moulin de Poupet ou de Gaumier dans la vallée de la Sèvre nantaise). Enfin, le dernier type est celui des lieux de l'ensauvagement, regroupant les sites les plus dégradés et difficilement accessibles. Ils peuvent être perçus et interprétés diversement : sont-ils devenus des non-lieux où le retour des dynamiques de nature inquiète et repousse (ruines, exubérance de la végétation, bois mort) ou au contraire sont-ils des nouveaux lieux du sauvage attirant et précieux, suscitant l'observation naturaliste ou favorisant la méditation sur des chemins non balisés, ni signalisés ou médiatisés ?

Enfin, beaucoup des sites hydrauliques peuvent apparaître comme des lieux composites ; ils traduisent les couplages entre fonction résidentielle, pratiques récréatives ou encore activité de production. À l'échelle de ces lieux composites, les différentes logiques d'appropriations s'affrontent ou se complètent, rappelant l'ambivalence du moulin à eau, de son espace fonctionnel et plus largement des espaces de fond de vallée des rivières non domaniales (polyfonctionnalité, appropriation différenciée). La recherche d'un nouvel équilibre entre les différentes fonctions des sites hydrauliques hérités affecte la temporalité des différents usages et sectorise l'espace en fonction de niveaux d'accessibilité, de visibilité, *etc.*

La cartographie de ces types de lieux fait apparaître les différenciations paysagères internes aux vallées et entre vallées. Celles-ci peuvent être révélées plus nettement si l'on confronte la typologie des types de lieux avec une analyse de leur mise en réseau et du mode d'aménagement dominant à l'échelle du tronçon de vallée lié à la mise en œuvre d'une politique publique et/ou d'activités économiques (agriculture, tourisme, *etc.*). La géographie des paysages des vallées sud-armoricaines semble plus ou moins nettement sectorisée. Cette sectorisation dynamique évolue sous l'effet de l'interaction entre les types de lieux (état, dynamique) et la nature des intentions de valorisation que les collectivités locales tentent de concrétiser à travers des politiques publiques. De fait, chaque tronçon de vallée est caractérisé par une plus ou moins forte cohérence et une conflictualité plus ou moins exacerbée. Ainsi, la poussée du développement d'un paysage d'agrément par exemple, soutenue par une politique, publique peut se heurter à un paysage d'isolats résidentiels fragmenté. Ses habitants peuvent s'opposer à l'aménagement de chemins de fond de vallée ou de parcours de randonnée nautique qui, en mettant en réseau leurs lieux de vie, risquerait de les transformer en lieux communs. Inversement, la réappropriation d'un lieu de pratique, ou même d'un lieu commun par un particulier (résidence, microcentrale) dans le contexte d'un paysage d'agrément où dominent les usages collectifs peut s'accompagner de tensions sociales. La figure 3.2 reconstitue les trajectoires paysagères des vallées du Thouet et de la Sèvre nantaise et présente les quatre grands types de paysages identifiés et leur dynamique. Les vallées urbaines jardinées réactivent et prolongent les premiers corridors de loisirs qui apparaissent dès la fin du XIXème siècle ; les paysages d'agrément patrimonialisés s'étendent en fonction du dynamisme des politiques publiques et des synergies entretenues avec le tissu associatif. La nature de l'héritage est également décisive comme le suggère le cas de la Sèvre nantaise (filatures, usines à papier, paysage italianisant de la vallée clissonaise). Les paysages agricoles en mutation (évolution des systèmes de production) tendent à s'ouvrir sous l'effet du développement des loisirs. Enfin on peut identifier des paysages incertains marqués par l'alternance d'isolats résidentiels et de lieux de pratique, ponctués de zones d'ensauvagement (pour une analyse détaillée, voir Barraud, 2006). L'analyse paysagère présentée ici n'épuise pas les questions de recherche posées par l'objet « *petite vallée aménagée* ». D'autres approches typologiques complémentaires, intégrant les paramètres physiques et les représentations sociales sont en cours de développement (Germaine, 2006). Les approches géoarchéologique et paléoenvironnementale doivent permettre de restituer les évolutions sur le temps longs. Le couplage temps long / temps court peut inciter à utiliser les vallées comme de véritables laboratoires des interactions nature / société, permettant une meilleure interprétation des crises et processus adaptatifs (Lespez *et al.*, 2008 ; Piana, thèse en cours). L'analyse des doctrines économique, des principes scientifiques et techniques qui alimentent les politiques d'aménagement des cours d'eau, constitue également une autre voie de recherche à explorer. Cette question est cruciale dans le contexte actuel d'émergence de nouveaux principes de restauration et de gestion des cours d'eau (Barraud *et al.*, 2008 ; Stoffeck et Piegay, 2002). Les préconisations de *désaménagement* (arasement, suppression et abandon des ouvrages hérités) appellent également des besoins de recherche et d'expertise en géomorphologie fluviale comme le suggèrent des travaux anglo-saxons récents (Downard et Skinner, 2005 ; Walter et Merrits, 2008). La thématique des effets physiques et sociaux de l'effacement des petits ouvrages très développée aux États-Unis (dans un autre contexte paysager, écologique et culturel) demeure peu étudiée en France au regard des enjeux suscités par la mise en œuvre de la Directive Cadre Européenne sur l'Eau.

Appréhender les dynamiques paysagères des zones humides urbaines : analyse comparée des hortillonnages d'Amiens (France) et des chinampas de Xochimilco (Mexique)

Zones humides urbaines : des hydrosystèmes complexes et évolutifs

La thèse en cours de Céline Clauzel décrit les zones humides urbaines comme des hydrosystèmes originaux situés à proximité d'une ville. Cette dernière est à l'origine d'usages et de dynamiques très spécifiques. La présence d'une population en constante augmentation a ainsi permis de développer puis de maintenir une activité agricole jusqu'au XXème siècle. Aujourd'hui, cette fonction d'approvisionnement ayant disparu, d'autres activités, essentiellement destinées aux loisirs des citadins, ont pris le relai : tourisme, agrément ou encore villégiature. Cette recherche, intégrée au programme « Ecos-Nord France-Mexique », s'inscrit dans une démarche visant à comparer les mutations récentes de deux zones humides urbaines : les hortillonnages d'Amiens (France) et les chinampas de Xochimilco, situées au sud de Mexico (Mexique). Si les deux terrains paraissent très éloignés l'un de l'autre, leur organisation témoigne de relations étroites et similaires entre la ville, le monde rural et l'eau (Musset, 2003). Ainsi, hortillons (agriculteurs dans les hortillonnages) et chinamperos (agriculteurs dans les chinampas) ont développé des techniques identiques d'agriculture sur l'eau basées sur l'aménagement d'un réseau complexe de canaux délimitant des parcelles de petite superficie. Cette réorganisation est à l'origine de paysages originaux, qui sont au cœur des politiques actuelles de valorisation et de préservation. Mais le déclin de l'agriculture au milieu du XXème siècle et la diversification des usages dès les années 1970 se sont traduits sur le terrain par une transformation profonde des modes d'occupation du sol et donc d'importants bouleversements paysagers qui remettent en cause la pertinence de ces politiques. L'objectif de la recherche est donc de caractériser ces changements spatiaux et de s'interroger sur le devenir de ces zones humides urbaines. Celles-ci sont en effet confrontées à une multiplicité d'usage qui engendre souvent des tensions conflictuelles entre les acteurs. Ces rivalités, combinées à une forte pression urbaine et aux problèmes écologiques, fragilisent ces espaces et compromettent, à terme, leur avenir.

Quelle méthodologie pour appréhender ces changements spatiaux ?

Pour rendre les résultats comparables, il est indispensable de définir en préalable une méthodologie d'analyse commune aux deux sites. Or, leurs échelles spatiales sont très inégales : à peine 300 hectares pour les hortillonnages contre plus de 4 000 hectares pour les chinampas. L'identification de leurs dynamiques impose donc l'exploitation conjointe et complémentaire de différentes sources de données. Pour saisir toute la complexité inhérente à ces espaces, notre démarche se base sur l'association de trois approches :

- **Spatiale** : deux outils sont exploités : photographies aériennes pour une analyse fine, à l'échelle de la parcelle ; images satellites pour rendre compte des changements régionaux (pression urbaine, assèchements, *etc.*).
- **Statistique** : issue de l'analyse spatiale, elle permet d'évaluer quantitativement les transferts entre les différents modes d'occupation du sol.
- **Stationnelle** : le travail de terrain se retrouve dans toutes les étapes de la recherche : en amont, pour avoir une première approche des problématiques et des enjeux, au cours de la procédure d'exploitation des images pour déterminer la nomenclature de l'occupation du sol et en aval pour évaluer et vérifier les résultats. La mise en place d'enquêtes auprès des acteurs permet également de saisir le côté subjectif du paysage. L'accent est particulièrement mis sur l'image que le site renvoie aux visiteurs et l'importance (qualitative et quantitative) que ces derniers attribuent aux différents motifs paysagers (agrément, agricole, *etc.*).

Cette complémentarité entre « *vision du dessus* » par les données images et « *vision du dedans* » par l'analyse terrain (Rougerie, 1985) apparaît, de fait, indispensable pour appréhender et comprendre totalement un espace. De plus, analyser les dynamiques spatio-temporelles impose de travailler sur plusieurs dates. Mais l'interprétation des images anciennes et la reconstitution de l'occupation passée du sol posent un problème majeur de légitimité et d'objectivité scientifique, que seule une analyse régressive peut résoudre. Celle-ci fixe le point de départ sur le temps présent pour réaliser un bilan de l'occupation actuelle du sol. Il est ainsi possible de vérifier sur le terrain la signification des composantes de l'image (caractéristique visuelle sur les photographies aériennes et/ou valeur radiométrique sur les données satellitales). Une fois leur signification réelle confirmée, la relation bi-univoque entre les critères-images (ou valeur radiométrique) et le terrain est généralisée à l'ensemble de la surface étudiée puis transposée sur les documents plus anciens (Hotyat, 1990). Ainsi, les occupations passées du sol sont objectivement reconstituées : chaque fois que l'on retrouve la même association de critères-images, il y a une forte probabilité qu'elle renvoie à une même occupation du sol. La comparaison des cartographies statiques aboutit à des cartes dynamiques mettant en évidence les principaux transferts entre les occupations du sol. L'identification et la compréhension de ces mutations permettent, par la suite, d'établir des scénarios prospectifs en adéquation avec les préoccupations et les attentes des acteurs révélées par les enquêtes terrain.

Un changement de fonction à l'origine de profonds bouleversements paysagers

L'exploitation des données images montre des changements importants dans l'occupation du sol des hortillonnages et des chinampas. Malgré des contextes géographiques et culturels différents, les deux sites ont connu des évolutions similaires (Tableau 3.1). Tout d'abord, ceux-ci connaissent un déclin massif des activités de production. D'une situation dominante en 1970, le maraîchage n'occupe aujourd'hui plus que 13 % de la superficie des hortillonnages et 33 % des chinampas. Les facteurs responsables de ce déclin sont multiples et se sont cumulés pendant tout le XXème siècle. Le développement des transports frigorifiques est le premier élément déclencheur. Cette révolution a en effet bouleversé les rapports spatiaux entre espace de production et de commercialisation. Les maraîchers ont ainsi été concurrencés par des exploitations de pleins champs où les coûts de productions étaient moindres (Espagne et Midi méditerranéen pour Amiens, états de Puebla et Morelos pour Xochimilco). Cette situation s'aggrava d'autant plus que l'agriculture en milieu humide est soumise à de nombreuses contraintes. Les parcelles sont de faible superficie (d'un à deux hectares et jusqu'à cinq hectares si plusieurs parcelles sont réunies) et ne peuvent supporter de matériaux lourds. Les terrains sont très fragiles et doivent être régulièrement entretenus, afin de corriger leur tendance naturelle à l'affaissement. Ainsi, les canaux sont curés deux fois par an et le limon extrait répandu sur la parcelle. Cela a le double avantage de les rehausser et de les fertiliser. Les berges sont faucardées afin de faciliter la circulation de l'eau et restaurées pour lutter contre l'érosion des courants. Les parcelles disposent en outre d'une accessibilité limitée. Les plus éloignées des axes routiers ne sont accostables qu'en barque et ont donc été les premières touchées par le déclin du maraîchage.

Ensuite, les deux sites se caractérisent par une spécialisation de la filière agricole. Pour maintenir leur activité, les maraîchers ont dû s'adapter en développant de nouvelles stratégies de production et de commercialisation. On constate ainsi un recours généralisé au comblement des canaux pour augmenter la superficie des parcelles et réduire les coûts de production. Dans les chinampas, une grande partie des exploitants s'est spécialisée dans la floriculture qui génère des bénéfices plus importants malgré la détérioration croissante de l'environnement. Cette reconversion s'est accompagnée d'une modification des techniques agricoles. À partir des années 1980-1990, les producteurs de fleurs, puis de légumes, s'équipent de serres sur leurs exploitations. Grâce à la situation d'abri qu'elles procurent, elles maintiennent une activité constante tout au long de l'année pour des productions relativement fragiles. Elles sont en outre souvent associées à des technologies perfectionnées qui augmentent la productivité (système d'irrigation, sélection des semences, amélioration du substrat, utilisation d'engrais chimiques et de pesticides, *etc.*). À Amiens, les maraîchers ont diversifié leurs débouchés (grandes surfaces, marchés, restaurants, *etc.*) et bénéficient d'une marque leur permettant de valoriser leurs produits et les vendre à un coût suffisant pour rentabiliser leur exploitation.

Enfin, les deux cas analysés enregistrent une extension des activités de loisirs. Parallèlement au déclin de l'agriculture, de nouvelles activités étroitement liées à la proximité d'un centre urbain se sont développées. En fonction des contextes socioéconomiques et culturels, elles prennent différentes formes. À Amiens, les hortillonnages sont aujourd'hui largement dominés par les jardins d'agrément, dont certains sont associés à une fonction de villégiature. À Xochimilco, la propriété privée n'existant pas, les activités de loisirs sont représentées par des installations publiques récréatives ou sportives (parc écologique, terrains de sport, centre nautique, *etc.*). Les deux sites bénéficient également d'une importante valorisation touristique basée sur la découverte de leur paysage caractéristique (étroite parcelle bordée de canaux et d'arbres). Ainsi, les hortillonnages sont devenus le second pôle touristique de la ville d'Amiens (après la cathédrale) avec plus de 100 000 visiteurs en 2006[22]. Les chinampas accueillent quant à eux près d'un million de personnes par an, dont 84 % d'habitants du District Fédéral[23]. D'une vocation strictement agricole, les hortillonnages et les chinampas sont donc devenus des espaces multifonctionnels. Cette diversification des modes d'occupation du sol a entraîné une réorganisation complète de l'espace.

Le développement des activités de loisirs engendre en effet de profondes mutations dans la structure des paysages. Les nouveaux propriétaires dans les hortillonnages multiplient ainsi les plantations d'arbres en bordure de terrain pour limiter l'effet de vis-à-vis avec les parcelles voisines ou les promeneurs. D'un paysage ouvert qui permettait une vue étendue avec des perspectives renommées sur la cathédrale d'Amiens, le site évolue progressivement vers un paysage fermé. La végétation s'est, en outre, considérablement diversifiée avec l'introduction de plantes non spécifiques à la vallée de la Somme et donc peu adaptées à l'humidité constante du site (cerisier, sapin, lilas, thuya, *etc.*).

---

[22] D'après le recensement du Comité Départemental du Tourisme de la Somme.
[23] D'après les données du secrétariat du Tourisme de Xochimilco.

Thématique	Site	Evolution globale	Points communs	Spécificités locales
Agriculture	Hortillonnages	- 72 %	Stratégies d'adaptation pour compenser la baisse des revenus : diversification, double-emploi, etc.	Activité résiduelle (13% de la superficie)
	Chinampas	- 42 %		Activité encore très présente (33% du site)
Loisirs	Hortillonnages	+ 120 %		Espace privé (jardin d'agrément)
	Chinampas	+137 %		Espace collectif (terrain de sport, parc environnemental)
Tourisme	Hortillonnages	+ 27 % depuis 1997	Mode de découverte : visites guidées en barques	Activité encadrée par une association
	Chinampas	recensement inexistant		Activité non encadrée : multiplication des guides et des barques
Urbanisation	Hortillonnages	+ 88 %	- Infiltration du bâti au cœur des sites - Multiplication de l'habitat informel	Villégiature sur parcelle d'agrément
	Chinampas	+ 165 %		Habitat pour des populations à faibles revenus

Tableau 431 - Analyse comparée de l'évolution de l'occupation du sol dans les hortillonnages et les chinampas entre 1970 et 2006

L'urbanisation se transforme également : avec le déclin des activités de production, les cabanes traditionnellement utilisées par les maraîchers n'ont plus de rôle utilitaire (entreposage des outils et du matériel) et sont reconverties par les propriétaires en abris de loisirs ou de villégiature. La décoration est souvent associée à cette nouvelle utilisation : couleurs vives, stores en bambous, jardinières suspendues s'harmonisent parfaitement avec les arbustes, les massifs de fleurs multicolores et la pelouse régulièrement entretenue. Ces initiatives sont d'ailleurs encouragées par les gestionnaires qui organisent chaque année des concours de berges fleuries récompensant le plus « beau » jardin d'agrément des hortillonnages. Certains d'entre eux deviennent même de véritables lieux de représentation (figure 4.3) : les moulins en bois rappellent l'ancienne utilisation de la Somme et de ses affluents, les vieux outils et les cabanons renvoient à la fonction maraîchère du site. Ces nouvelles parcelles, très éloignées du paysage agricole traditionnel sur lequel était basée la valorisation patrimoniale, constituent néanmoins des centres d'intérêts majeurs, plébiscités par les visiteurs.

Figure 3.3 - Organisation paysagère d'un jardin d'agrément dans les hortillonnages

L'extension de l'urbanisation (tableau 3.1) pose en revanche un tout autre problème, notamment à Xochimilco où elle est exacerbée par la proximité de Mexico. En quelques années, des secteurs entiers de chinampas ont été reconvertis en zones bâties et ce, en toute illégalité. La multiplication de cet habitat informel provoque d'importants problèmes écologiques et sanitaires : comblement des canaux, assèchement des terrains, déforestation, pollution et vulnérabilité des populations face au risque d'inondation. Ce changement de fonction entraîne irrémédiablement la disparition du paysage traditionnel de la chinampa, pilier de la valorisation touristique du site mais aussi de son inscription sur la liste du Patrimoine Mondial de l'Unesco[24]. Dans ce contexte, la transformation des paysages apparaît contradictoire avec les politiques de valorisation et de préservation. Les impacts se font d'ailleurs déjà ressentir puisque le secrétariat du tourisme estime que l'image négative de Xochimilco auprès des touristes étrangers (pollution, urbanisation incontrôlée, problème de sécurité, *etc.*) est vraisemblablement responsable de

[24] Les chinampas y sont inscrits depuis 1987 en raison de leur « *utilisation traditionnelle du territoire, [...] représentatif d'une culture (ou de cultures), [...] spécialement quand celle-ci est devenue vulnérable sous l'impact d'une mutation irréversible* » (critère v).

la diminution de 10 % de la fréquentation du site ces dernières années (UNESCO, 2006).

Quel avenir pour ces zones humides urbaines ?

Malgré des contextes différents, les hortillonnages et les chinampas ont donc connu des mutations similaires dans leur occupation du sol : déclin de l'agriculture traditionnelle, développement des activités de loisirs et extension de l'urbanisation. D'une vocation strictement agricole, ils sont ainsi devenus depuis une trentaine d'années, des espaces multifonctionnels où se superposent différents usages sur un même territoire. Parallèlement à ce changement de fonction, les deux sites sont aujourd'hui confrontés à de nombreuses problématiques (artificialisation des sites, manque d'entretien, sur-fréquentation touristique, *etc.*) qui fragilisent leur organisation et leur fonctionnement.

Face à ces dégradations, une prise de conscience récente est apparue sur la nécessité de préserver ces espaces. Leur valorisation ne concerne plus uniquement le domaine écologique mais se diversifie pour prendre en compte les aspects socioculturels et patrimoniaux. Hortillonnages et chinampas sont ainsi considérés comme des « paysages culturels », hérités de l'histoire locale. Dans ce contexte, le maintien d'une agriculture traditionnelle apparaît indispensable pour pérenniser la valorisation des sites. En dépit des contraintes inhérentes au milieu lacustre (petite parcelle, entretien régulier, mécanisation limitée, *etc.*), cette agriculture dispose d'atouts considérables : une localisation stratégique à proximité d'un centre urbain, une valeur historique et culturelle très forte et, grâce au tourisme, une clientèle potentielle de plusieurs centaines de milliers de personnes. En développant de nouvelles stratégies de production et de commercialisation à destination de ces visiteurs, les hortillons et les chinamperos (soutenus par les gestionnaires) pourraient parvenir à maintenir durablement leurs exploitations et garantir ainsi le bon fonctionnement économique et écologique des sites.

Bananeraies et gestion durable d'un hydrosystème à la lisière de la réserve de biosphère du Niokolo-koba (Sénégal) : le cas des périmètres de Koar le long du fleuve Gambie

La thèse en cours d'Issa Dia est financée par le programme UNESCO-MAB (Man And Biosphere), dans le cadre d'un projet sous-régional sur le « *Renforcement des capacités scientifiques et techniques pour une gestion effective et une utilisation durable de la diversité biologique dans les réserves de biosphère des zones arides d'Afrique de l'Ouest* ». L'étude a été menée dans le village de Koar, situé dans la marge nord-ouest de la périphérie de la réserve de biosphère du Niokolo-koba, dans le sud-est du Sénégal. Elle porte sur l'analyse de l'impact des cultures de rente (banane, coton et arachide) sur la dynamique des ressources végétales. Cette présentation qui s'inscrit dans la thématique générale sur « *l'évolution des paysages dans les hydrosystèmes continentaux* », porte spécifiquement sur les bananeraies établies le long des berges de la vallée du fleuve Gambie.

Le contexte et l'enjeu de la gestion du bassin du fleuve Gambie

Au Sénégal, les années 1970 et 1980 ont été marquées par des épisodes de sécheresse (Leroux, 1983 ; Tapsoba, 1997 ; Ndione, 1998 ; Sagna, 2005) et un processus de dépréciation des structures étatiques d'appui au développement avec l'avènement de la Nouvelle Politique Agricole (NPA) imposée par les institutions de Bretton Woods, notamment le FMI et la banque mondiale (Diouf et Diouf, 1990 ; Duruflé, 1994 ; Copans, 1980). Ces effets combinés y ont installé un « malaise paysan » que les contraintes économiques et financières des pouvoirs publics ont contribué à renforcer. Parallèlement, la pression démographique, l'épuisement des ressources naturelles et la montée de la pauvreté ont été des facteurs d'aggravation du déficit alimentaire au Sénégal (Diop, 2004).

L'une des formes de réponse apportée à ces difficultés conjoncturelles et structurelles, a été la mobilité des populations vers des aires agro-écologiques plus prometteuses. Les terres irriguées constituaient à ce titre, les principaux points de ralliement de ces populations presque à bout de souffle (Konaté, 1998 ; Sow, 2007). Les rives de la vallée du fleuve Gambie dans la partie orientale du Sénégal, ont ainsi été le siège de l'aménagement de bandes de terres pour en faire des exploitations agricoles à travers notamment la culture de la banane. Cette initiative est à mettre à l'actif de l'Office Africain pour le Développement et la Coopération (OFADEC) qui avait lancé dès 1976, un vaste programme de valorisation des zones rurales le long des berges du fleuve Gambie. Ce cours d'eau dont la gestion et l'administration relèvent depuis 1978, de l'Organisation pour la Mise en Valeur du fleuve Gambie (OMVG), joue un rôle clé dans le développement socio-économique des pays qui le composent (tableau 3.2).

La vallée du fleuve Gambie accueille 44 % de la population du Sénégal et couvre 30% de sa superficie (OMVG, 1999). Il draine presque toute la région administrative de Tambacounda et une partie de la haute Casamance et du Sine Saloum méridional. Le fleuve passe d'un massif ancien cristallin et métamorphique (Fouta Djallon et ses contreforts en Guinée) à un bassin sédimentaire très homogène et plat (plateaux du continental terminal qui en occupent la majeure partie du territoire sénégalais). Son régime hydrologique de type tropical, fait alterner des périodes de hautes eaux se situant en saison des pluies (avec des mois de pic en juillet, août et septembre) et des périodes de basses eaux en saison sèche (de novembre à avril).

Ce fleuve et ses affluents (Koulountou et Niokolo-koba) jouxtent ou traversent entièrement selon les cas, du Sud- Est au Nord-Ouest, une aire protégée (Michel, 1973), la réserve de biosphère du Niokolo-koba représentant environ 5 % de la superficie du Sénégal. Considérée comme l'un des sanctuaires de la faune et de la flore les plus importants en Afrique de l'Ouest, cette aire protégée fut créée en 1954, puis classée comme site du patrimoine mondial et Réserve de biosphère en 1981 par l'UNESCO qui l'a désignée, « *patrimoine en danger* » depuis 2006 du fait des ravages du braconnage. Devant les limites de l'approche exclusivement conservationniste, l'évolution statutaire de l'aire protégée (de parc national à réserve de biosphère) visait une meilleure implication des populations, avec en toile de fond, l'idée d'expérimenter une approche intégrée de gestion des ressources naturelles suivant une double orientation : écologique (conservation des ressources naturelles) et socio-économique (prise en compte des besoins des populations riveraines et promotion d'une utilisation durable des ressources naturelles).

Pays	Superficie du bassin concerné	Proportion par rapport à la superficie totale du bassin
Guinée	11.850 km²	15.4 %
Sénégal	54.631 km²	70.9 %
Gambie	10.556 km²	13.7 %
Guinée Bissau	17 km²	<1 %

Source : Note de synthèse sur les programmes du schéma hydraulique du fleuve Gambie, Secrétariat Exécutif de l'OMVG, Décembre 2005.

Tableau 3.2 - Superficie et population des pays étudiés

L'hypothèse sous-jacente à cette nouvelle orientation est qu'il est difficilement concevable qu'une communauté puisse s'imposer le respect d'une ressource et se plier aux impératifs de sa conservation si elle ne retire pas de la gestion de cette ressource des avantages. Ainsi, au-delà du concept classique de protection, la réserve de biosphère vise à promouvoir une approche intégrée et spatiale fondée sur un système de zonage spécifique. Trois zones à fonctions complémentaires sont prévues (UNESCO, 1996) : 1) une ou plusieurs aire(s) centrale(s) ou un noyau(x) qui permet(tent) la conservation de la diversité biologique et de mener des activités de recherche et d'éducation ; 2) une zone tampon utilisée pour des pratiques écologiquement viables comme l'éducation relative à l'environnement, l'écotourisme, les loisirs et la recherche fondamentale et appliquée ; 3) une zone de transition flexible (ou aire de coopération ou zone périphérique) surtout concernée par les activités socio-économiques à caractère durable. C'est cette combinaison de conservation, de recherche et de développement qui caractérise théoriquement une réserve de biosphère. Le village de Koar, situé dans la marge nord-ouest de la réserve de biosphère du Niokolo-koba et aux confins de la vallée du fleuve Gambie, est le cadre géographique de ce présent travail. Sa particularité réside dans sa création récente (1980), sa position contiguë d'une aire protégée, son dynamisme agricole (notamment la culture de la banane) mais aussi et surtout sa dépendance vis-à-vis du fleuve pour l'irrigation des bananeraies. Le contexte d'ouverture des marchés, d'augmentation démographique (immigration et croissance naturelle) et la précarité des conditions de vie des populations locales se combinent pour rendre artificielle la préséance à la cause écologique.

Bananeraies et évolution du paysage

Les bananeraies de Koar sont établies dans la zone tampon, le long de la lisière du fleuve Gambie. Pourtant, après l'érection du parc en réserve de biosphère, l'exploitation agricole de la zone devient inadaptée. En effet, depuis cette date, le niveau d'ingérence humaine est désormais simplement réduit à des activités compatibles avec la recherche et la conservation. Or, cette mutation n'a pas été suivie par un arrêt de la production agricole. Cette mesure aurait été lourde de conséquences au regard de l'immense espoir suscité par la culture de la banane, notamment par la création de revenus et d'emplois. Au contraire, au fil des années, les terres continuent à être affectées à cette forme d'exploitation agricole très dévoreuse d'espace. Pour contourner l'inadéquation entre le système classique d'exploitation (régime de parc) et les nouvelles prérogatives de la réserve de biosphère du Niokolo-koba dans la zone tampon, la valorisation de cette partie avait été assujettie à la signature d'un protocole entre les exploitants et la direction des parcs nationaux. Ce protocole qui fixe les conditions[25] de mise en valeur dans la zone tampon, constitue donc un instrument juridique pour l'accès, le contrôle et l'utilisation des ressources naturelles. Parmi ces dispositions, celle qui nous interpelle a trait à la distance qui doit séparer les parcelles et le fleuve. Ainsi,

---

[25] Il s'agit essentiellement de la pratique par les producteurs d'une agriculture biologique, qui intègre les préoccupations de gestion de la biodiversité. Ainsi, l'objet de l'accord est d'établir une obligation respective entre les producteurs de la vallée du fleuve Gambie et la réserve de biosphère de Niokolo-Koba en vue de la conservation et de la gestion durable de l'environnement dans le cadre de la mise en valeur de la zone tampon (Extrait du préambule du protocole d'accord entre la réserve de biosphère du Niokolo-koba, représentée par le Conservateur et le GIE des horticulteurs de Koar, représenté par monsieur Adama NDAO, fait à Tambacounda le 08/05/ 2001).

il est expressément énoncé que l'exploitant, sous peine de perdre sa parcelle, doit « *assurer la défense des cultures en mettant des barrières de protection entre le fleuve Gambie et les champs, en laissant une lisière égale ou supérieure à 200 mètres qui servira de prairie aux animaux sauvages* ».

Toutefois, la non-définition de mécanismes de suivi et d'évaluation du respect du cahier des charges par les exploitants d'une part et la contribution économique majeure de cette culture d'autre part, semblent « endormir » les autorités et chemin faisant, désactiver les processus de veille et les principes de précaution qui s'imposent par rapport à la gestion des écosystèmes. Autrement dit, l'évaluation de la conformité des pratiques culturales par rapport aux engagements pris par les producteurs, fait largement défaut. Du même coup, sous la pression de la boulimie foncière et de l'appât du gain, les producteurs s'avancent progressivement en direction du bourrelet de berge du fleuve avec des effets induits sur l'hydrosystème.

La caractérisation du phénomène d'ensablement n'est pas simple du fait des nombreux paramètres[26] qui interviennent, notamment les formes de pression sur le fleuve. Cependant, à l'échelle du terroir villageois, l'installation des périmètres bananiers sur le bourrelet de berge du fleuve amorce et/ou accentue l'ensablement du fleuve Gambie et les manifestations sont de plus en plus perceptibles dans le paysage[27]. L'érosion hydrique semble en être la cause principale (Sy, 1995). L'énergie cinétique des eaux de pluie déclenche le processus de destruction de l'agrégation du sol et le ruissellement assure le transport des particules arrachées (bancs de sable) et les dépose dans le fleuve. Les bancs de sable sont visibles en période de basses eaux quand l'étiage est prononcé. Dans le village, le ruissellement est rendu plus efficace par plusieurs paramètres notamment l'humidité du sol, la rareté du couvert végétal et la pente. L'humidité du sol est un facteur déterminant car la teneur en eau du sol freine les possibilités d'infiltration. Le village compte cinq périmètres bananiers prélevant directement l'eau du fleuve pour l'irrigation des parcelles pendant la longue saison sèche à partir des stations motopompes flottantes qui y sont installées (tableau 3.3). C'est dire que le fleuve Gambie constitue le réservoir naturel des bananeraies de Koar établies le long de ses berges. Le rapprochement des averses en hivernage trouve déjà un matériel suffisamment mouillé, constitué de sols sablo argileux, pour donner des conditions optimales au ruissellement. À cela, s'ajoute la rareté du couvert végétal qui facilite le ruissellement. Ainsi, à Koar l'extension des parcelles le long du fleuve s'est accompagnée de l'éviction progressive du couvert végétal car le bananier est une plante non seulement exigeante en ensoleillement

---

[26] Il s'agit entre autres de paramètres géométriques (surface, pente), pédologiques (nature et capacité d'infiltration des sols) et biologiques (répartition de la couverture végétale).

[27] En effet, le témoignage des populations interrogées subordonne l'accentuation du phénomène à la proximité des périmètres bananiers des berges du fleuve.

(défrichement systématique) mais très gourmande pour sa consommation en eau (donc élimination des espèces concurrentes pour la consommation en eau). Enfin, l'allure générale du modelé, notamment la pente intervient pour expliquer l'efficacité du ruissellement. À Koar, les plantations sont situées sur des versants à pentes très fortes qui favorisent le ruissellement en raison de la gravité. Les facteurs anthropiques liés à l'extension des périmètres et à son corollaire l'arrachage des ligneux, expliquent pour beaucoup ce phénomène. Ils sont notamment associés à l'accroissement de la population : la population est passée de 31 coopérants à la création du village en 1980, à environ 2000 habitants aujourd'hui, dont plus de 80% tirent directement leurs revenus de la culture bananière.

Périmètres	**Parcelles**	**Pieds**	**Prélèvement estimatif (8mois/m³)**
Koar 1	104	600	279.552 m³
Koar 2	65	600	174.720 m³
Koar 3	34	600	91.392 m³
Galilé	40	400	71.680 m³
Bango	17	400	30.464 m³
Total	**260**	**2600**	**647.808** m³

Source : I.DIA, juin 2007

Tableau 3.3 - Dénombrement des bananeraies de Koar et quantité d'eau prélevée

L'essor spectaculaire des bananeraies dans le village de Koar ainsi que les retombées économiques sur les communautés locales ne doivent pas occulter les nombreux problèmes qui mettent en péril la survie de ce système de production. Cette menace est d'une part, d'ordre environnemental, avec l'ensablement progressif du fleuve Gambie, principal réservoir d'eau pour les périmètres irrigués. Ce phénomène s'exprime à travers une érosion hydrique qui prend de plus en plus d'ampleur, en raison de facteurs pédologiques, phytogéographiques, topographiques mais surtout anthropiques. D'autre part, la forte dépendance des populations locales vis-à-vis de la banane, produit vivant et périssable, soumis à des variations naturelles de goût et de qualité, confrontée à des contraintes à la fois structurelles et conjoncturelles, relativise le devenir de cette production. Ce devenir est d'autant plus incertain que la dépendance du Sénégal vis-à-vis des produits alimentaires importés, ouvre des perspectives de reconversion vers les céréales, devant la sévérité de la crise mais surtout du fait de son caractère tenace. Dans ce cadre, les bananeraies situées le long du fleuve Gambie pourraient voir leurs emblavures sensiblement réduites, d'autant plus que la banane n'est pas la base de l'alimentation au Sénégal. Autrement dit, l'on peut valablement et légitimement s'interroger sur le devenir de cette culture quand on sait que les besoins alimentaires ne sont pas compressibles et que les modèles de consommation extravertis présentent beaucoup de risques surtout à l'heure où la crise alimentaire consacre le renouveau du thème de la souveraineté alimentaire. De plus, l'émergence du concept d'agrocarburant, ou de biocarburant en réponse à la crise énergétique mondiale, renforce cette perspective qui se dessine progressivement. C'est dire que pour un pays sahélien comme le Sénégal (la saison sèche dure 9 mois), les hydrosystèmes vont être au centre de multiples enjeux et donc d'évolution des paysages.

Quelles perspectives ?

Comme tentent de le démontrer les trois exemples développés ci-dessus, étudier l'évolution des paysages fluviaux suppose de choisir une démarche interdisciplinaire pour aborder la complexité dynamique de notre environnement. Les hydrosystèmes étant des espaces complexes associant des dynamiques de stockage et de transfert, les enjeux scientifiques qui s'y rapporteront demain seront ceux de nos sociétés avec une large gamme de préoccupations. Il s'agit notamment : du développement de l'urbanisation et du phénomène de péri-urbanisation, de l'évolution climatique, de la demande en énergies nouvelles ou des nouveaux besoins alimentaires. Plusieurs hypothèses en découleront, comme par exemple : un risque de banalisation des paysages fluviaux ; une mutation de la demande sociale en cadre de vie et donc en paysage (qualité, regard éco-citoyen, loisirs, souhait d'un développement durable) ; une évolution des risques hydrologiques (plus grande fréquence des crues et des étiages ?) ; un changement des pratiques agricoles (déprise agricole ou accélération de l'intensification ?) ; un recours à de nouvelles énergies (hydraulique, nucléaire sur grands bassins fluviaux ?). Pour répondre à ces questions, outre le soutien de programmes scientifiques nationaux et internationaux, la recherche sera de plus en plus faite de partenariats locaux et régionaux, en lien notamment avec les collectivités territoriales, les CPER, les agences de bassin ou les SAGE.

Chapitre 4

LA VÉGÉTATION LIGNEUSE DANS LES SYSTÈMES FLUVIAUX ANTHROPISÉS : QUELQUES AVANCÉES CONCEPTUELLES ET MÉTHODOLOGIQUES RÉCENTES

Laurent Astrade, Dov Corenblit, Simon Dufour, Yves-François Le Lay, Frédéric Liébault, Hervé Piégay, Johannes Steiger

Introduction

La structure et le fonctionnement des corridors forestiers alluviaux ont fait l'objet de nombreux travaux scientifiques au cours des 30 dernières années. Les liens entre les formes fluviales et les communautés végétales riveraines ont été décrits dans différents contextes géographiques (voir à ce titre la première synthèse en langue française publiée par Piégay *et al.*, 2003). Dans ce cadre, les travaux conduits en France sont relativement abondants et portés par une communauté interdisciplinaire qui a émergé dans plusieurs zones géographiques (principalement en Alsace, Rhône-Alpes et Midi-Pyrénées), et qui a développé de nombreux partenariats avec les gestionnaires de cours d'eau, les professionnels chargés de la protection des espaces naturels ou encore les forestiers. La recherche française portant sur les boisements riverains naît ainsi dans les années 1980 dans le cadre des programmes PIREN du CNRS notamment celui du haut Rhône français (Roux, 1982 ; Bravard *et al.*, 1986 ; Amoros *et al.*, 1987; Amoros et Petts, 1993) où une recherche véritablement interdisciplinaire se construit autour de l'écologie et de la géographie. Cette dynamique collective est à l'origine du concept d'hydrosystème (Amoros et Petts, 1993) qui est aujourd'hui véritablement central dans l'étude des interactions végétation riveraine - formes fluviales. D'autres travaux ont alimenté cette base collective de connaissances, que ce soit sur le Rhin (travaux de R. Carbiener, A. Schnitzler et M. Trémolières) ou sur la Garonne (travaux d'H. Décamps ; F. Gazelle *et al.*) enrichissant encore le champ théorique des interactions autour du concept d'écotones (Naiman et Décamps, 1990). La base théorique de ces travaux s'est nourrie des contributions étrangères, essentiellement anglo-saxonnes, concernant la théorie des systèmes (Chorley et Kennedy, 1971 ; Schumm, 1977 ; Bennett et Chorley, 1978) et les dynamiques biogéomorphologiques des corridors alluviaux (Viles 1988 ; Thornes 1990, Hupp *et al.* 1995). Les travaux de G. Nanson et H. Beach au Canada dans les 1970, ainsi que ceux engagés dans le cadre de l'USGS sous l'impulsion de Sigafoos (1964) puis de C.R. Hupp et de W.R. Osterkamp suivi par J. Friedman notamment, tout comme ceux de l'école anglaise de K. Gregory, A. Gurnell, D. Gilvear ou encore F. Hughes (Grande Bretagne) ou suédoise sous l'impulsion de C. Nilsson, ont joué un rôle fondamental dans l'émergence de ces problématiques de recherche dans les années 1980-1990.

Les premiers auteurs français dans ce domaine ont ouvert la voie à une « seconde génération » de chercheurs qui ont soutenu leurs thèses dans les années 1990. Concernant le volet « *écologique des hydrosystèmes* », citons par exemple les travaux d'E. Tabacchi sur l'Adour ou de G. Bornette sur le Rhône (soutenues en 1992) et pour le volet « *biogéomorphologique* », les travaux réalisés sur les rivières du bassin du Rhône (Piégay, 1995 ; Astrade, 1996) ou sur l'Isère (Peiry, 1997 ; Vautier 2000). Ces travaux sont venus compléter les approches pionnières précédentes, appliquant les concepts systémiques afin de renforcer la connaissance des interactions physique-biologique. La quantification des phénomènes devient alors la règle. Ainsi, un effort particulier est engagé pour comprendre comment les paramètres physiques (durée d'inondation, sédimentation dans les marges) contrôlent les communautés riveraines et dans une moindre mesure comment les végétaux agissent sur les formes fluviales dans un contexte où les actions humaines agissent elles-mêmes sur les différents mécanismes naturels à des pas de temps et des échelles spatiales variables. Les années 2000 voient émerger une troisième génération de chercheurs qui poursuit la même logique et qui inscrit ses travaux dans un cadre international renforcé, des liens étroits étant établis avec l'USGS aux Etats-Unis et les chercheurs anglais, principalement les groupes de Londres, de Stirling et de Cambridge. Cette nouvelle génération confirme l'émergence d'un axe de recherche d'interface, plusieurs jeunes chercheurs ayant acquis une double formation en écologie et en géomorphologie et élargissent leur champ d'étude aux plantes riveraines au sens large (Dufour, 2005 ; Corenblit, 2006). Par ailleurs, les problématiques s'ouvrent aussi, tant géographiquement, en replaçant le questionnement scientifique à des échelles régionales (Liébault, 2003), que thématiquement, en replaçant les actions humaines au centre des préoccupations, reconsidérant ce facteur dans la construction de ces espaces naturels et les liens interactifs que tissent les sociétés humaines (Le Lay, 2007).

Les travaux récents s'inscrivent pleinement dans cette continuité liant l'Homme, le végétal et le chenal, associant recherche fondamentale et aide à la gestion. En effet, ce capital de connaissances, qui s'appuie aussi sur l'évolution des techniques d'acquisition et de traitement des données et notamment le développement des techniques d'imagerie, permet de formuler des questions scientifiques plus précises, de quantifier l'importance relative des facteurs de contrôle, de modéliser et prévoir la réponse du système, et de proposer ainsi des actions de gestion et de restauration, répondant dès lors à certaines attentes sociales. Depuis les dix dernières années, un certain nombre de publications et de guides confirme l'émergence d'une demande croissante en matière de connaissances et de références spécifiques aux milieux alluviaux, afin d'aider le gestionnaire dans le choix des modalités de gestion entre coupe rase et non-intervention. Citons à ce titre le guide de l'Agence de l'Eau Rhône-Méditerranée-Corse (Boyer *et al.,* 1998), les recommandations de gestion de l'Office fédéral de l'environnement, des forêts et du paysage Suisse (Roulier *et al.*, 1999), le guide de l'Agence de l'Eau Rhin-Meuse (Jund *et al.*, 2000), le guide pour les forêts alluviales de moyenne vallée du Rhône (Traub *et al.*, 2001), le catalogue des stations, le référentiel des habitats et principes de sylviculture sur le Rhin (Ancel *et al.*, 2001 ; Madesclaire, 2001 ; CSA et ONF, 2004), le catalogue des stations et des mesures de gestion associées sur l'Ain (Dumas, 2004)… Des références anglophones fournissent également des éléments de comparaison et des exemples intéressants (par exemple : MFR, 1995 ; McKee *et al.*, 1996 ; Kuntson et Naef, 1997 ; NRC, 2002 ; Hughes, 2003 ; RipFor-Team, 2003).

L'objet de cette contribution n'est pas de faire la synthèse de ces différents travaux mais de développer plus spécifiquement les avancées les plus récentes dans le domaine. Nous introduirons ainsi certaines avancées méthodologiques avec des démarches scientifiques abordant la réponse des espèces aux changements physiques où le végétal apparaît bien souvent comme un marqueur de ces changements. Ces avancées sont fondées de plus en plus sur des démarches hypothético-déductives, soulignant la maturité de la recherche dans ce domaine qui devient de moins en moins exploratoire et de plus en plus expérimental. Les avancées sont également conceptuelles autour des notions d'interactions physique – biologique et de l'intégration des sociétés humaines dans les problématiques naturalistes, soulignant ainsi le renouveau du champ de l'interface Nature - Sociétés.

La réponse des espèces ligneuses aux changements morphologiques

Dans un écosystème forestier, la croissance des individus régit, avec la mortalité et le recrutement, la structuration du peuplement. Cette croissance des arbres est sous un double contrôle génétique et environnemental opérant à travers les processus physiologiques qui se déroulent dans l'arbre (Kozlowski *et al.*, 1991). Le contrôle environnemental s'exprime par des interactions biologiques (compétition, facilitation…) et un complexe de conditions abiotiques (précipitations, températures, soleil, vent, lumière, nutriments, humidité du sol, structure du sol… Kozlowski, 1962 ; Otto, 1998). L'eau est indispensable à l'activité physiologique ; sa disponibilité constitue donc un élément primordial de la croissance forestière, que ce soit le manque d'eau, la variabilité temporelle de cette disponibilité ou sa surabondance. Si, dans les écosystèmes forestiers « classiques », la variable généralement considérée est la quantité précipitée durant toute ou partie de l'année, en milieu alluvial, les apports en eau de la nappe et du chenal deviennent prépondérants sur les précipitations (Busch *et al.*, 1992 ; Willms *et al.*, 1998). Dans les hydrosystèmes, la répartition spatiale des flux d'eau ne peut pas être considérée comme stable dans le temps, ni à court terme ni à long terme dans la mesure où celle-ci évolue constamment en réponse à des contrôles naturels et anthropiques structurants. L'objectif est ici d'illustrer cette vision dynamique des conditions d'alimentation en eau et des relations avec la végétation riveraine. Quelle est alors la réponse des espèces non seulement à la variabilité géographique des conditions (inter-sites et intra-site), mais aussi à l'évolution temporelle de ces conditions pour un site donné ?

La réponse des espèces

Au plan physiologique, il a été montré chez certaines essences de saules et de peupliers qu'une baisse du niveau de la nappe se traduit par une réduction du potentiel hydrique dans la tige et donc par une baisse de la conductance stomatique et, corrélativement, par une réduction à la fois de l'activité photosynthétique, de la croissance et, à moyen terme, du recrutement (Mahoney et Rood, 1992 ; Horton *et al.*, 2001). Une telle approche permet d'identifier les seuils en termes de réponse des espèces et de changement de la communauté. Ainsi, Lite et Stromberg (2005), dans les ripisylves de la rivière San Pedro, dans l'Arizona aux Etats-Unis, ont identifié un seuil de variation hydrologique (baisse de la nappe) qui favorise le tamaris dans les communautés pionnières normalement dominées par des saules et des peupliers.

Au niveau des réponses spécifiques, les approches quantitatives se sont essentiellement concentrées sur le contrôle hydrologique, notamment suite à la construction d'un barrage régulateur provoquant l'abaissement de la nappe à l'aval et la réduction de l'amplitude des variations hydrologiques (Rood et Mahoney 1990 ; Braatne *et al.*, 1996). Ainsi, l'impact de l'altération du régime hydrologique a été essentiellement étudié dans des situations hydro-climatiques fortement contrastées dans lesquelles l'eau devient rapidement un facteur limitant au cours de la saison de croissance : 1) pour des climats secs, et généralement en tête de bassin, où le manque d'eau, les années de faible pluviosité, affecte fortement la croissance (Stromberg et Patten, 1996 ; Scott *et al.*, 2000) ; 2) à l'inverse, sur les marges de rivières à faible énergie, notamment en climat subtropical, avec de longues périodes d'inondation durant lesquelles l'excès d'eau contrôle la croissance (Teskey et Hinckley, 1977 ; Mitsch et Rust, 1984).

Sur les cours d'eau de zones tempérées, l'impact des modifications des conditions d'alimentation en eau a également été traité, par exemple en termes de croissance, sur le Danube (Smelko et Scheer, 2000 ; Schume *et al.*, 2004), ou de morphologie ligneuse, sur la Saône (Astrade et Bégin, 1997), mais les analyses détaillées des contrôles de la croissance ligneuse sont peu nombreuses (Tardif et Bergeron, 1993 sous climat boréal). Enfin, le contrôle exercé par l'activité morphologique et l'évolution progressive de la géométrie du chenal ne sont quasiment jamais pris en considération. Dans les rares études où la dynamique morphologique est abordée, il s'agit toujours d'observer l'effet de changements brutaux comme par exemple l'incision rapide d'un chenal du fait d'extractions de granulats (Scott *et al.*, 2000 ; Amlin et Rood, 2003) ou la mise à nu des systèmes racinaires par érosion latérale (Lamarche, 1966).

La variabilité dans l'expression des facteurs de contrôle

En termes de fonctionnement, la dynamique des compartiments « chenal » et « nappe » de l'hydrosystème est, à moyen terme, un moteur essentiel de contrôle de l'évolution de la croissance ligneuse par la modification des conditions d'alimentation en eau (Dufour, 2007). Trois éléments sont alors à prendre en considération : l'ampleur de la modification, la brutalité de la modification, la réversibilité du phénomène. L'ampleur de la modification renvoie à la notion de seuil de réaction. Par exemple, dans les forêts riveraines de l'Ain, une baisse de la croissance du frêne est observée lorsque, suite à l'enfoncement du chenal, les boisements se retrouvent à plus de 1,7 m au-dessus du chenal (pour le module) (Dufour, 2007). Ce type de seuil a également été mesuré en rapport avec le taux de mortalité d'une espèce nord-américaine de peuplier (*Populus fremontii*) par Scott *et al.* (2000) : ils enregistrent des mortalités significativement plus fortes lorsque l'incision dépasse 1,5 m (58 à 93 % contre 7 à 13 % là où l'incision est inférieure à 1 m). L'effet de l'abaissement de la nappe et de l'incision sur la mortalité a également été mesuré par Steiger *et al.* (1998) sur la Garonne et par Chalamont (1989) sur le Rhône en Chautagne. Les travaux de ce dernier et de Pautou *et al.* (1992) montrent que la forte mortalité du saule blanc, suite à une baisse de 1,6 à 1,8 m de la nappe, s'accompagne d'une explosion démographique du peuplier noir et donc d'une profonde modification de la trajectoire évolutive du peuplement. Ainsi, dans certains cas, l'ampleur du changement est-elle aussi importante que la profondeur absolue atteinte par la nappe ou le chenal (Shafroth *et al.*, 2000).

Des études ont également montré la capacité d'un événement brusque (par exemple une extraction ou une crue) à modifier le niveau de nappe et donc la dynamique des peuplements riverains (Scott *et al.*, 2000 ; Amlin et Rood, 2003). Cependant, la réponse des espèces à ces événements brusques est variable. Elle est par exemple plus atténuée, ou plus lentes à se manifester en milieu tempéré chez une espèce post-pionnière comme le frêne que chez des essences pionnières en milieu plus sec et en bord immédiat de cours d'eau pour lesquelles les liens avec le débit et/ou les précipitations sont plus marquées (Stromberg et Patten, 1996). Les fortes épaisseurs de sédiment dans les unités post-pionnières et les étiages relativement abondants jouent également un rôle de tampon en matière d'alimentation en eau modérant ainsi la réponse aux événements soudains.

La réversibilité de l'impact d'une modification des conditions de milieu se pose avec force, notamment dans le cadre des actions de gestion et de restauration des corridors riverains. Par exemple, après une baisse brutale du niveau d'eau du fait d'extractions de sédiments et de pompages dans une gravière, Amlin et Rood (2003) enregistrent une incision de près de 5 m et une baisse du niveau d'eau de 2,5 m sur une période de 2 ans. Dans ce contexte climatique semi-aride, les arbres réagissent évidemment à cette baisse, mais un retour rapide à une activité physiologique normale est observé dès que les conditions comparables à celles ayant cours avant l'intervention ont été retrouvées. Cette restauration rapide des fonctions physiologiques est probablement liée au fait que le retour aux conditions hydrologiques s'est produit en une année : de fait, la modification est ici intense mais de courte durée. La nature du facteur de contrôle à l'origine de la modification est essentielle pour la réversibilité : s'il est possible d'envisager le déplacement d'un pompage, l'exhaussement d'un chenal fortement incisé et déconnecté de son bassin de fourniture sédimentaire est plus improbable à l'échelle du temps de la gestion. De même, la destruction des grands ouvrages hydroélectriques ainsi que des digues semble, dans la plupart des cas, économiquement et socialement difficilement concevable. De cette irréversibilité des effets de nombreux contrôles anthropiques découlent deux éléments de gestion : (1) la nécessité de conserver les sites les plus fonctionnels et (2) le caractère parfois illusoire de vouloir conserver des peuplements dans un état qui ne correspond plus au fonctionnement actuel du tronçon.

Evolution de la croissance radiale et aménagement hydroélectrique : exemple des forêts riveraines du Rhône

Afin d'analyser l'effet des modifications hydrologiques liées aux aménagements hydro-électriques construit par la Compagnie Nationale du Rhône (CNR) sur le Rhône, une étude de la croissance radiale du frêne a été menée sur trois sites différents. Sur chacun d'eux, ces aménagements se sont traduits par la dérivation d'une très grande partie des débits (débit réservé de 2 à 20 % du débit initial selon le site). La croissance entre la période précédant et la période suivant la dérivation du débit (comparaison sur le même nombre d'années, selon la date de l'aménagement, ici 15 ans avant et après) a été suivie sur 20 individus (figure 4.1).

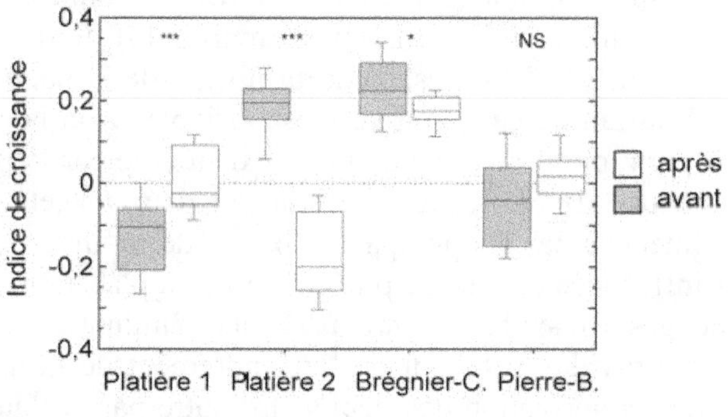

Figure 4.1 - Comparaison de la croissance du frêne sur les sites du Rhône avant et après la dérivation des débits. Sur tous les sites n= 15 ans excepté pour Pierre-Bénite où n= 9 ans (d'après Dufour, 2005)

La diversité des réponses illustre que la dynamique des milieux forestiers à grande échelle est le plus souvent le résultat de la conjonction de plusieurs processus, plus ou moins irréversibles.

Ainsi, sur le site de Brégnier-Cordon, la croissance est significativement plus faible sur la période qui suit la dérivation du débit que sur la période précédente ; cependant, la différence en valeurs brutes reste faible (médiane de 0,20 contre 0,15). Sur le site de Pierre-Bénite, si les valeurs semblent plus fortes après la dérivation, la différence n'est cependant pas statistiquement significative. Ceci est probablement à mettre en relation avec une position altitudinale très haute de la placette étudiée, celle-ci se situant à plus de 5 m au-dessus du Rhône et de la nappe.

Sur le site de l'Ile de la Platière, localisé dans la vallée du Rhône entre Lyon et Valence, les deux placettes montrent des comportements opposés. La placette 2 enregistre une baisse très significative de la croissance (médiane de 0,2 à -0,2), alors que sur l'autre placette, les frênes voient leur croissance augmenter également de façon significative (de -0,10 à -0,03). Pour ce site, la diversité de la réponse biologique exprime une évolution complexe des conditions hydrologiques depuis 50 ans. En effet, celles-ci résultent de plusieurs phénomènes : incision du lit due aux effets de l'équipement hydroélectrique, réalisé en 1977 par la Compagnie Nationale du Rhône (CNR) et pompages industriels dans la nappe phréatique. La dérivation du débit est à l'origine d'une baisse du niveau d'eau dans le chenal de l'ordre de 1,5 à 1,75 m, auquel il faut ajouter entre 0 et 0,5 m de baisse supplémentaire liée à l'incision. De plus, le fonctionnement hydrologique de ce site est conditionné, depuis les années 1950, par les pompages industriels liés à l'activité de l'usine Rhodia (anciennement Rhône-Poulenc et Rhodiaceta). Aujourd'hui, 23 puits servent à prélever environ 170 000 m^3 par jour, soit l'équivalent de 2 $m^3.s^{-1}$. L'abaissement du niveau de la nappe enregistré par les boisements du fait de ces pompages est variable selon la position spatiale du boisement par rapport au cône de rabattement créé par le pompage. Ainsi, nous avons comparé la croissance du frêne sur deux placettes, une première faiblement influencée par les pompages (baisse de moins d'un mètre) et une seconde plus influencée (baisse de plus de 2 m). La placette la plus influencée par les pompages (placette 2) enregistre une diminution très nette de la croissance des individus résultant de l'effondrement de la nappe phréatique liée d'une part à la dérivation des débits et d'autre part à l'augmentation des volumes d'eau pompés. Sur la placette 1, au contraire, la baisse du niveau d'eau suite à la dérivation a en fait créé des conditions moins hydromorphes. En abaissant le niveau moyen de la nappe, le frêne, qui affectionne les conditions drainantes, s'est retrouvé favorisé dans sa croissance. Avant la dérivation des débits, les frênes croissaient dans des conditions où l'hydromorphie du sol constituait un facteur limitant. Ainsi, sur l'Ile de la Platière plusieurs facteurs plus ou moins brusques et réversibles interviennent et engendrent des réponses différentes en fonction de la situation initiale des peuplements.

Fluctuations de la croissance ligneuse liées à la dynamique sédimentaire

Si l'évolution des conditions hydro-morphologiques et des activités humaines à l'échelle d'un tronçon fluvial se répercute sur l'organisation spatiale du corridor, son effet peut également être mesuré localement, sur la structure et le fonctionnement des peuplements forestiers. Pour un peuplement donné, l'agencement des formes fluviales est fondamental, car il régit dans l'espace les niveaux topographiques et le degré de connexion au chenal et à la nappe (Pautou, 1984). Mais de nombreuses études sur les forêts alluviales font implicitement l'hypothèse que ce patron est relativement stable dans le temps. Or, la géométrie d'un chenal est rarement stable et les déplacements du lit mineur au sein de la plaine sont susceptibles de modifier significativement ce patron topographique et donc hydrologique. Ainsi, l'incision d'un cours d'eau est-elle à l'origine d'une réduction de la fréquence des inondations et donc d'un assèchement progressif des stations adjacentes au cours d'eau avec une évolution de la composition floristique au profit des espèces les moins hygrophiles (Bravard *et al.*, 1997).

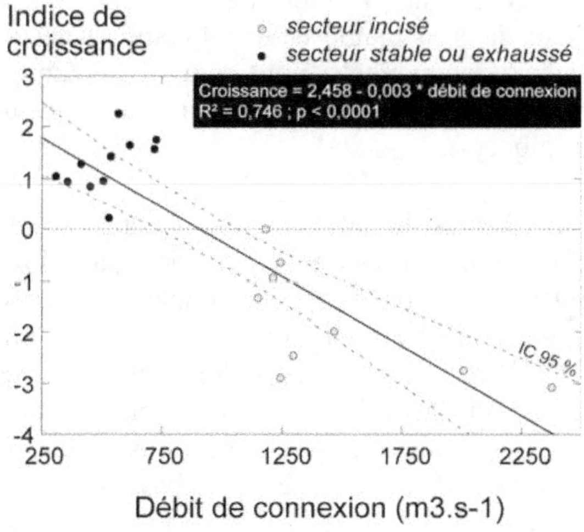

Figure 4.2 - Croissance au cours de la dernière décennie selon le niveau de connexion de la placette (somme des indices de croissance entre 1992 et 2002) (d'après Dufour, 2005)

Mais si les effets qualitatifs sont bien connus, l'impact quantitatif sur les individus et les communautés a encore été bien peu étudié (Scott *et al.*, 2000 ; Amlin et Rood, 2003). Or, les implications en termes de gestion sont importantes notamment pour le choix des essences à favoriser que ce soit pour des aménagements sylvicoles ou des projets de réhabilitation (Dufour et

Piégay, 2006). Ainsi, dans les forêts riveraines de l'Ain, des mesures de croissance ligneuse par dendrochronologie ont pu mettre en évidence que sur les sites possédant un niveau de connexion hydrologique plus élevé, les frênes enregistrent une croissance plus forte (figure 4.2). La différence de connexion que nous observons est liée à la différence d'altitude entre les placettes, elle-même engendrée par la mobilité verticale du chenal. Pour des peuplements apparemment similaires en termes de composition floristique, nous avons identifié le seuil topographique de déconnexion verticale au-delà duquel une baisse de la croissance est enregistrée. Il se situe entre 1,7 et 2,0 m, ce qui correspond à des débits de connexion de 750 $m^3.s^{-1}$ et de 1000 $m^3.s^{-1}$ soit, en termes de fréquence de connexion, un débit dépassé respectivement 7 et 0,02 jours par an (calculé à partir de la courbe des débits classés sur la période 1963/2002).

Conclusion, intégrer la complexité dans les pratiques de gestion

La dynamique des peuplements forestiers résulte certes d'une dynamique écologique interne complexe (interactions biologiques, traits biologiques spécifiques…) mais aussi d'une conjonction complexe de facteurs de contrôle (exemple pour le frêne, figure 4.3), ces deniers étant ceux qui gouvernent la répartition de l'eau dans la plaine et leur évolution au cours du temps. À l'échelle des secteurs fonctionnels, nous pouvons notamment distinguer un contrôle lié à l'organisation spatiale de la plaine et un (ou plusieurs) contrôle(s) anthropique(s).

L'agencement des formes fluviales est fondamental car il régit dans l'espace les niveaux hydrologiques. En effet, la position altitudinale d'une placette contrôle en grande partie son degré de connexion, même si la géométrie locale est à l'origine d'une forte variabilité des débits de connexion pour une altitude donnée. De fait, les frênes colonisant des placettes faiblement connectées subissent un stress créé par la faible disponibilité en eau. Ils enregistrent donc des croissances inférieures à celles des placettes plus proches du chenal ou topographiquement plus basses.

Si le contrôle hydrologique est fort, la structuration spatiale du substrat est également un facteur important susceptible de le modérer ou de l'exacerber. En effet, le développement du système racinaire est fondamental pour assurer une bonne alimentation en eau, et donc une bonne croissance des individus. Des mesures réalisées sur la prospection racinaire du frêne en milieu alluvial (Dufour, 2005) ou en dehors des plaines alluviales (Lévy *et al.*, 1992) mettent en évidence un double contrôle potentiel au niveau du substrat d'une station : un contrôle édaphique (présence d'horizon compact ou impénétrable) et un contrôle hydrologique (présence d'une nappe permanente ou semipermanente). Dans le cas d'une baisse générale du niveau d'eau au sein d'un tronçon (incision, pompage, dérivation), cela peut avoir deux conséquences opposées : (1) une libération d'un volume disponible pour le développement des racines, dans le cas d'une nappe située proche de la surface du sol en période de croissance ou, au contraire, (2) un blocage de l'allongement des racines dans le cas d'une nappe déjà située sous le galet, mais qui s'enfonce encore plus. Cette contrainte peut limiter la constitution d'un volume prospectable suffisamment important pour la nutrition de l'arbre. Ainsi, sur les formes fluviales enregistrant une très faible sédimentation, le volume colonisable par les racines sera trop faible pour assurer à la fois une bonne stabilité mécanique et une bonne alimentation en eau (*i.e.* réserve utile moins importante).

Evidemment, structure et fonctionnement sont intimement liés : l'agencement de forme est directement hérité de l'évolution du chenal au sein du tronçon. De fait, toute chose étant égale par ailleurs, l'incision du chenal provoque une augmentation de l'altitude relative d'une forme donnée. De même, les épaisseurs de sédiment disponible sont directement liées à la dynamique sédimentaire sous forêt, donc à la connexion des placettes et au fonctionnement de l'ensemble du tronçon.

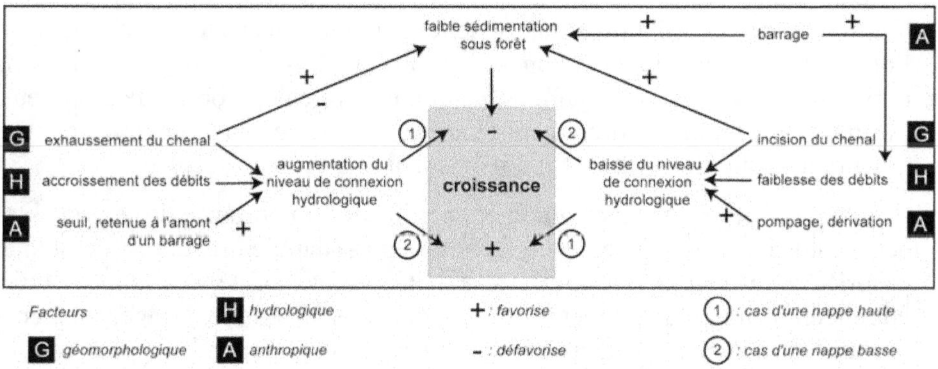

Figure 4.3 - Exemple d'interactions complexes entre facteurs de contrôle : modèle conceptuel simplifié des facteurs de contrôle de la croissance ligneuse en milieu alluvial (note : les interactions biologiques ne sont pas figurées ; d'après Dufour, 2005)

Dans les corridors riverains soumis à une pression anthropique importante, la mise en œuvre d'activités se traduit par un usage de l'eau, donc par une modification de sa répartition spatiale et temporelle au sein de l'hydrosystème. Par exemple, la dérivation du débit dans des usines hydroélectriques modifie fortement l'hydrologie dans le chenal et le niveau de la nappe de la partie court-circuitée. Celui-ci est également sensible aux pompages qui sont opérés, à des fins agricoles, domestiques ou industrielles. Lorsque les volumes pompés sont importants, le rabattement de nappe peut être significatif (plusieurs mètres). Ces activités exercent donc un contrôle non négligeable sur la végétation riveraine, qui, en retour, enregistre les modifications de fonctionnement de l'hydrosystème, soit de manière simple soit de façon complexe (superposition de plusieurs influences) ou décalée dans le temps (effet de seuil).

La mise en évidence de conditions stationnelles variables dans le temps est un élément fondamental à intégrer en termes de gestion des corridors riverains. Classiquement, le forestier, lorsqu'il est amené à choisir une essence à favoriser sur une parcelle, fonde son choix sur un diagnostic des conditions stationnelles. Un catalogue de stations lui permet d'identifier des stations type et des essences adaptées aux caractéristiques de ces stations. Il fait implicitement l'hypothèse que ces caractéristiques seront relativement stables dans le temps. Cependant, dans le cadre des boisements riverains, cette hypothèse n'est quasiment jamais validée. Que ce soit du fait d'actions anthropiques ou de processus naturels, ou les deux, les changements qui affectent l'hydrosystème, et en particulier le chenal et la nappe, vont modifier les conditions locales. Le choix d'une essence à favoriser doit donc intégrer, non seulement les conditions stationnelles actuelles ; mais aussi celles à venir. Pour cela, il faut intégrer un diagnostic hydro-morphologique dans la définition des stations écologiques, ce qui, concrètement, oblige le praticien à évaluer l'évolution hydro-morphologique probable du tronçon pour en déduire les conditions futures et ainsi choisir une essence adaptée.

L'exemple du frêne illustre de façon pertinente l'importance de ce processus de diagnostic. C'est une essence forestière possédant, entre autres, de bonnes propriétés mécaniques (dureté, élasticité, rétractabilité) et un potentiel commercial important (ébénisterie, menuiserie massif, placage, manches d'outils, articles de sport, instrument de musique). Cependant, pour que ce potentiel puisse s'exprimer, le frêne exige des conditions de croissance optimales. Ainsi, des cernes d'une largeur de 0,4 à 0,7 cm donnent un bois d'une excellente qualité pour l'usinage et le tranchage, alors qu'une taille plus réduite se traduit par une moindre résistance. De plus, l'irrégularité des accroissements, normalement signe d'une sylviculture par à-coups, entraîne une perte de la qualité et de la valeur.

Pour prévenir une réduction de la taille des cernes à moyen terme, il faut donc éviter de miser sur le frêne dans les secteurs où il est possible de prévoir une incision dans les années à venir, et donc une évolution des conditions d'alimentation en eau, même si aujourd'hui les conditions semblent adaptées.

L'arbre comme marqueur des changements morphologiques

L'arbre est un organisme qui réagit aux changements des conditions qui l'entourent et qui enregistre, dans les caractéristiques de ses enveloppes annuelles de bois ou dans des anomalies morphologiques visibles, la chronologie des événements qui l'affectent. L'observation de la très grande capacité des végétaux ligneux à réagir à des stress exogènes liés aux perturbations affectant leur milieu de croissance a montré l'intérêt de l'analyse de ces réactions pour évaluer les événements (Alestalo, 1971). Utilisée au départ comme outils de datation en archéologie, la dendrochronologie a permis le développement d'approches et de méthodologies fructueuses dans les sciences de l'environnement (climatologie, écologie, géomorphologie, hydrologie ; Schweingruber, 1988, 1996).

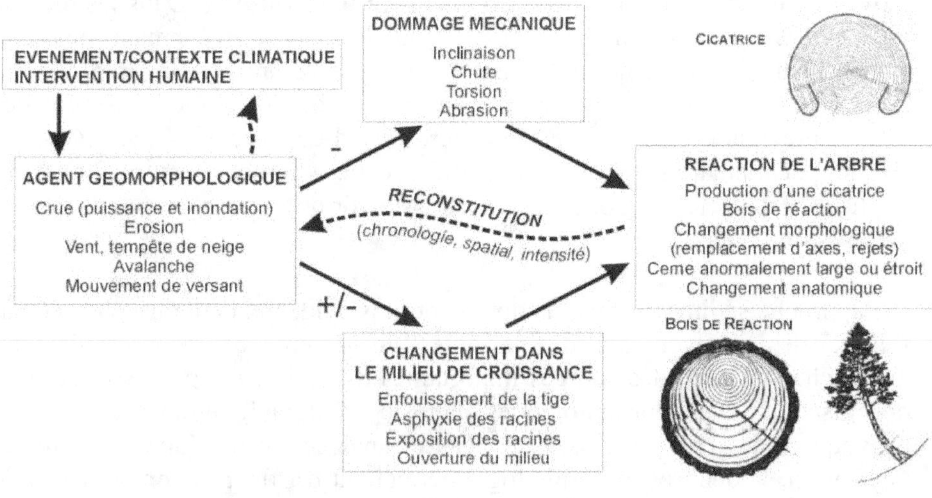

Figure 4.4 - L'approche dendrogéomorphologique (d'après Astrade et Begin, 2002)

L'application à l'étude des hydrosystèmes de la dendrochronologie et de la dendrogéomorphologie (figure 4.4), des versants jusqu'aux arbres riverains, permet l'étude à haute résolution des événements extrêmes et des évolutions hydromorphologiques à long terme (Astrade et Bégin, 2002 ; Dufour et Piégay, 2007). Cette approche repose sur le fait qu'un événement, d'origine climatique ou anthropique, agissant dans le bassin versant ou directement dans le chenal, peut entraîner des modifications, brutales ou non, réversibles ou pas, des conditions hydrogéomorphologiques (érosion, migration latérale, sédimentation, *etc.*). Le stress subi par l'arbre, lié à des dommages mécaniques directs et/ou à la perturbation physique de l'habitat, entraîne, à partir d'un certain seuil, soit la mort de l'individu, soit, sur les arbres qui survivent, des réponses visibles extérieurement dans leur morphologie (cicatrice, changement d'axe, rejet) et/ou des anomalies de leurs cernes (bois de réaction, largeur, anatomie). La reconnaissance de ces dommages et leur datation à partir des cernes permettent de reconstituer la chronologie, l'intensité et la répartition spatiale des événements voire de changements passés.

À l'échelle du bassin versant : le couplage versant/lit

L'approche hydrologique consiste à établir la relation quantitative entre la croissance des arbres sur un bassin versant et les précipitations (Stockton et Boggess, 1980). Sous réserve d'une corrélation significative, le prolongement de l'enregistrement du régime des précipitations vers le passé est possible au moyen de fonctions de transfert (Cook et Kairiukstis, 1990). Dans les régions où l'eau est un facteur limitant la croissance, tout événement pluvieux augmentant l'écoulement peut, parallèlement, avoir un effet favorable sur la croissance. C'est le cas des régions semi-arides, où la trilogie croissance des arbres, précipitations et débits de rivières est d'un synchronisme révélateur (Helley et Lamarche, 1973). Toutefois, cette approche est difficilement applicable dans les régions où les stress hydriques ne sont pas les seuls facteurs limitants.

L'approche sédimentaire, plus directe et plus évidente, peut être réalisée par l'étude des mouvements de versants (glissement, coulée, écroulement, avalanche) qui sont des sources importantes de sédiments, pouvant entraîner des discontinuités morphologiques dans le lit fluvial, bloquer le courant, provoquer des inondations, *etc.* Cette analyse peut s'appuyer sur la végétation, la dendrogéomorphologie permettant d'affiner la connaissance de la cinématique de ces mouvements, dans l'espace et dans le temps (Shroder, 1978). Un travail de ce type a été réalisé dans les Alpes du Sud sur deux sources sédimentaires majeures du torrent du Bez (Astrade *et al.*, 1998). Les réponses de 41 pins sylvestres (*Pinus sylvestris* L.) aux micro-mouvements du versant de Ravel-et-Ferriers montrent que le glissement de terrain de janvier 1994 est le résultat d'une forte instabilité existant depuis la fin des années 1980, mais surtout la conséquence d'une évolution à long terme du versant (huit périodes d'instabilité depuis le début du siècle). D'autre part, l'étude de la mortalité de 35 pins sylvestres et de 47 sapins pectinés (*Abies alba* Mill.) partiellement enfouis retrace la chronologie de la formation d'un lac de barrage sous l'influence des différentes coulées boueuses de Bonneval-en-Diois. L'analyse a permis de connaître les épisodes actifs de rechargement sédimentaire des cours d'eau associés aux sites.

À l'échelle des berges : crues et évolutions hydromorphologiques

Reconstitutions hydrologiques : crues et changement de régimes

Il s'agit de mettre à profit les liens directs entre la nappe d'eau et la croissance des arbres, vus précédemment, dans la perspective d'évaluer les effets des crues des cours d'eau, de dater des débordements antérieurs à la période couverte par les registres instrumentaux et de comprendre les modalités historiques du développement des ripisylves (Sigafoos, 1964 ; Hupp, 1988). La saturation en eau du sol riverain peut retarder la levée de dormance au printemps ou ralentir la croissance une fois qu'elle a démarré. Le synchronisme des réactions des arbres, qui s'expriment par des cernes étroits ou des anomalies de porosité ou de densité du bois, avec la chronologie des niveaux d'eau enregistrés permet la calibration dendrochronologique. Toutefois, l'inondation est par nature épisodique et l'arbre qui en est le témoin ne risque de livrer que les événements ayant produit des stress durant la saison de croissance et de façon suffisamment intense. Le régime des perturbations alors susceptibles d'influencer les arbres riverains peut être décrit par quatre paramètres : 1) L'amplitude des crues : dans le cas des crues entraînant des débris (bois, glace ou autres), la hauteur maximale des marques d'abrasion sur les arbres et des laisses persistantes marquent l'amplitude atteinte par les hautes eaux (Bégin et Payette, 1988). Toutefois, les laisses de crue successives ne peuvent être distinguées. La datation des hautes eaux n'est possible que par l'étude des dommages mécaniques infligés aux arbres. L'abrasion du cambium secondaire des tiges produit une cicatrisation par l'ajout de cernes annuels dans la zone épargnée du tronc en marge de la blessure (figure 2.4). Le dénombrement des cernes dans ce bois ajouté après la perturbation permet la datation des événements ; 2) La durée de l'immersion : c'est plus la durée de l'immersion que l'amplitude des crues qui contrôle le niveau de stress chez les arbres. En effet, une fois inondée, la rhizosphère est privée des échanges gazeux nécessaires à l'assimilation de plusieurs éléments essentiels, ce qui entraîne donc des conditions de stress (Kozlowski, 1984). La réaction est habituellement l'augmentation de la porosité chez les espèces au bois à zones poreuses (*Quercus*, *Fraxinus*, *Ulmus*), une forte densité du bois chez les gymnospermes (*Picea*, *Larix*, *Abies*, *Pinus*) et la fabrication de cernes étroits chez la majorité des espèces ; 3) La fréquence des crues : c'est un paramètre primordial dans la compréhension des stress que les communautés ripariennes peuvent subir. Ainsi, une haute fréquence d'inondation peut limiter l'activité assimilatrice de l'arbre, en le privant fréquemment des échanges gazeux essentiels, ou peut paradoxalement stimuler la croissance en assurant l'alimentation épisodique de la rhizosphère en nutriments. Une fois les marqueurs dendrochronologiques des crues bien identifiés selon les espèces (cernes étroits, poreux, denses ou cicatrices), leur datation permet l'analyse de la fréquence des événements perturbateurs survenus depuis l'établissement des arbres ; 4) Le moment de l'année où survient la crue : il peut expliquer en grande partie la réaction des arbres. Ainsi, l'immersion en période de dormance n'a généralement pas d'influence sur l'arbre.

L'étude des effets des inondations sur la croissance radiale de *Populus tremula* L. et de *Quercus robur* L. sur une île forestière de la Saône (Astrade et Bégin, 1997) montre l'importance du moment où intervient l'immersion ainsi que celle de sa durée. Le régime de la Saône se caractérise par des crues lentes dans leur évolution et leur propagation et par des inondations particulièrement durables (jusqu'à plus d'un mois). De plus, en raison à la fois de la modification des conditions d'écoulement lié à l'urbanisation du bassin et d'un glissement des précipitations de l'automne vers le printemps depuis deux décennies, la période de crue, qui s'étend tout l'hiver jusqu'au printemps (mars-avril) est décalée jusqu'en mai-juin (crues de 1983, 1986 et 1989). Les peupliers les plus exposés montrent un enregistrement net des crues tardives dans la largeur de leurs cernes de croissance. La taille et la répartition des vaisseaux dans les cernes des chênes montrent des contrastes à la fois entre les sites échantillonnés (selon l'exposition des arbres aux inondations), et entre les cernes des séries chronologiques, selon les années présentant des inondations tardives. Il s'agit de larges zones poreuses avec des vaisseaux de faible diamètre et de taille peu variée. Le cerne de l'inondation record de 1983 (10 semaines de hautes eaux exceptionnelles en avril, mai et juin) est bien marqué par une forte porosité. En raison de leur durée, les crues de la Saône semblent ainsi avoir un impact sur la végétation de la plaine inondable. Et l'observation des effets des inondations sur la croissance des arbres n'est possible que depuis l'apparition des crues tardives.

Reconstitutions morphologiques : érosion et modelage riverain

Cette approche exploite les réactions des arbres à des processus géomorphologiques riverains liés à l'écoulement et aux fluctuations. Le courant, les vagues, les élévations ou les abaissements durables des lignes d'eau entraînent l'érosion ou l'enfouissement du substrat forestier, le recul de talus d'érosion ou, à l'extrême, le décapage complet des surfaces. Les effets des perturbations sont alors bien visibles : arbres morts, arbres inclinés par suite du déchaussement de leurs racines, troncs enfouis sous les alluvions, branches brisées, amas de débris ligneux. Le stress subit par l'arbre suscite une réponse, matérialisée habituellement par le développement de structures adaptatives qui lui confèrent une forme irrégulière. La figure 3.5 schématise la diversité des marqueurs dendrochronologiques utiles à la reconstitution du dynamisme complexe d'un site. L'évolution de la rive est le résultat observable du cumul d'événements dont l'influence peut être retracée aux plans spatial et temporel à l'aide des arbres affectés, selon leur âge et leur position.

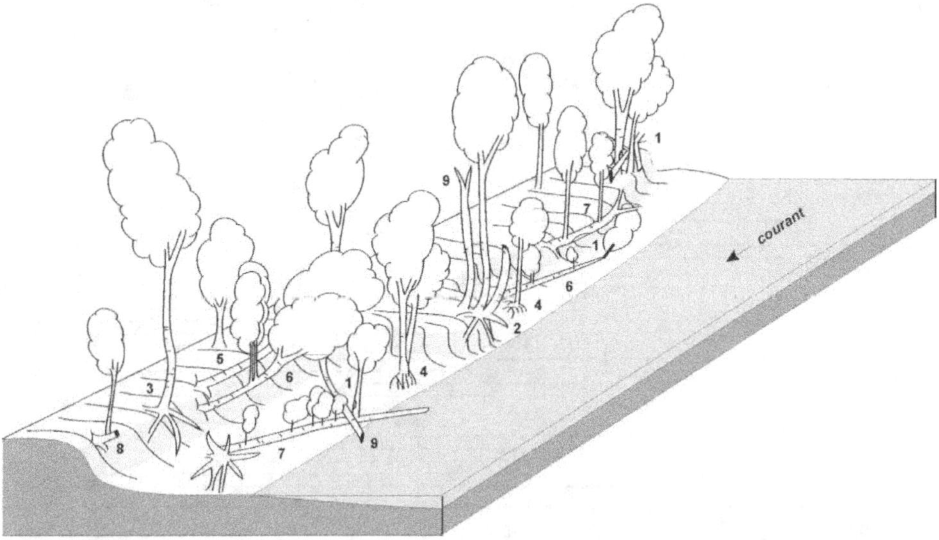

Figure 4.5 - Typologie des formes de croissance des arbres en réponse à l'érosion riveraine. Cicatrice provoquée par les embâcles ou la chute d'arbres (1). Arbre au réseau racinaire partiellement (2) ou presque complètement (3) dégagé par l'érosion dont les racines assurent le soutien sur le talus d'érosion (3) ou sur la plage issue de l'érosion (4). Arbre fortement incliné sans modification apparente (événement récent) (5). Le transfert de l'activité métabolique du côté inférieur du tronc au côté supérieur par suite de l'inclinaison de la tige ou de la chute de l'arbre (6 à 9) amène les branches sommitales et les rejets à prendre le relais des parties inférieures de l'arbre (6). Les rejets seuls peuvent assurer ce relais quand la partie sommitale est morte (7) ou cassée (8). Arbre mort (9). (d'après Astrade, 1996)

Les arbres peuvent aussi être affectés sans que des bris mécaniques ne surviennent (déchaussement des racines, enfouissement de la tige, érosion du substrat). Dans ce cas, si l'événement a produit un stress, l'arbre présentera une réaction par une variation de productivité qui peut se lire dans la largeur de ses cernes annuels. Sans affecter la production ligneuse, le stress peut aussi susciter simplement un changement dans l'anatomie du bois. L'étude des changements dans la densité, la taille et la proportion relative des types cellulaires du xylème est un indicateur supplémentaire pour la reconstitution des variations des conditions édaphiques.

Un travail de ce type a été réalisé sur le Lac artificiel de St-Pardoux (Limousin), dans le but d'évaluer l'intensité et le rythme du modelage des rives après sa mise en eau en 1976 (Maleval et Astrade, 2003). Des mesures classiques de terrain ont montré que le littoral présente, 25 ans après, des formes d'érosion en micro-falaises à surplomb et que rivage a reculé de 0,2 à 17 cm/an selon les sites.

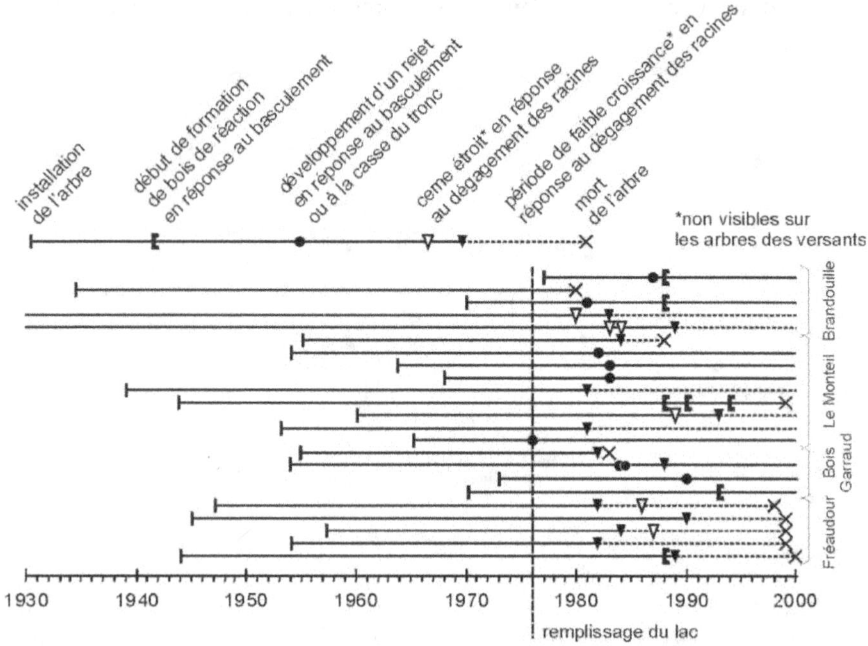

Figure 4.6 - Exemples de réponses des arbres riverains du Lac artificiel de Saint-Pardoux aux perturbations liées à l'érosion après la mise en eau en 1976 (d'après Maleval et Astrade, 2003)

L'étude dendrogéomorphologique des arbres riverains a affiné la chronologie du modelage des rives en distinguant trois périodes (figure 4.6) :

- 1976-1980 : l'absence de résultats témoigne de l'intensité de l'érosion qui a creusé la berge et a fait reculer la ligne de rivage ; les arbres (qui n'ont pas été préalablement coupés sur la future zone marnage) ont été déchaussés, ont basculé dans le lac et se sont accumulés devant la digue ;
- 1980-90 : le modelage est plus modéré, l'érosion a perturbé la croissance d'arbres plus hauts sur les pentes mais ces arbres inclinés, déchaussés ou immergés sont restés en place ;
- depuis 1990 : les arbres ne subissent plus de perturbation (sauf sur les caps) ; les rives du lac semblent avoir atteint un état d'équilibre durable, tant que la cote du plan d'eau reste inchangée.

L'approche chronologique réalisée dans ce travail montre que le modelage n'est pas continu dans le temps, que les marges des cuvettes lacustres artificielles sont façonnées par étapes bien dissociées. Ainsi les trois à quatre premières années d'existence du lac ont été les plus déterminantes dans le tracé actuel du rivage ; les valeurs obtenues pour le recul total et le volume érodé après 25 années sont donc majoritairement liées à l'érosion subie pendant ces premières années ; elles ont été ramenées à 1,2 cm à 1 m/an et à 0,3 à 17 m^3/m de berge.

À l'échelle des plaines : datations paléoenvironnementales et réponses fluviales

L'utilisation de la végétation comme outil de datation est maintenant relativement classique en géomorphologie fluviale, que ce soit par les datations des arbres subfossiles (Miramont, 1998), par la détermination de l'âge des arbres sur pied (Fagot *et al.*, 1989), aussi bien que par les lichens (Jacob *et al.*, 2002). Ainsi les vallées à affleurements marneux des Alpes du Sud ont fourni l'occasion de nombreuses découvertes de troncs enfouis. Les sites de fossilisation sont l'objet d'études paléogéomorphologiques destinées à reconstituer l'histoire et la dynamique de l'érosion au cours de l'Holocène et du Tardiglaciaire à partir de l'analyse des stratigraphies alluviales et des bois subfossiles de pins sylvestres principalement (Miramont et Sivan, 2006). Les travaux en cours visent à travailler sur les anomalies de croissance de ces arbres subfossiles, comme le bois de réaction ou les cicatrices, pour croiser les informations sur l'âge et sur la dynamique riveraine aux époques considérées.

La végétation en place permet de donner un âge aux paléoformes fluviales par la datation des arbres qui les colonisent (Heikkinen, 1994), et donc de reconstituer les étapes de la morphogenèse fluviale le long d'un profil, et ce avec une bonne précision. Cette méthode peut, par exemple, être mise en œuvre dans le cadre suivant : les chenaux reçoivent des versants une fourniture sédimentaire de manière continue ou récurrente (pendant le Petit Age glaciaire par exemple) ou exceptionnelle (glissement de terrain, coulée de débris...). Cette fourniture entraîne l'aggradation du chenal et la progression des matériaux vers l'aval. À partir du moment où la fourniture cesse, la masse sédimentaire tend à s'épuiser progressivement ; l'évacuation commence à l'amont et se propage peu à peu vers l'aval en se manifestant par une incision et la formation de terrasses. Ces terrasses sont colonisées par la végétation, lorsque la nappe phréatique est suffisamment rabattue ; la datation des végétaux colonisateurs permet de dater de proche en proche le moment où ces formes ont été stabilisées par l'incision (bancs perchés, basses terrasses, cônes de déjection). Dans ces conditions, on peut envisager une étude rétrospective sur un laps de temps de plusieurs décennies et sur une distance de plusieurs dizaines de kilomètres. Cependant il faut noter que les âges donnés sont des âges minimums et qu'il faut tenir compte de l'écèse (et si possible l'évaluer), c'est-à-dire le laps de temps entre la fixation de la forme et sa colonisation par la végétation.

L'exemple des torrents du Diois (Préalpes du Sud)

La datation dendrochronologique des terrasses qui se sont formées au cours XIXème et du XXème siècle dans les plaines alluviales torrentielles des montagnes drômoises a permis de mieux comprendre la dynamique spatio-temporelle des changements fluviaux qui se sont produits depuis la fin du Petit Age Glaciaire. La disparition du tressage torrentiel sous l'effet du tarissement des apports sédimentaires de versants caractérise l'évolution récente du paysage alluvial des têtes de bassin (Bravard, 2001). Le déficit d'apport en matériaux grossiers induit par la reconquête forestière des pentes se traduit par l'incision des lits torrentiels et des anabranches dans les bandes de tressage, et par la formation de terrasses alluviales. Une végétation forestière constituée d'espèces pionnières de type mésoxérophile va s'installer rapidement sur ces terrasses, lorsque les nappes sont suffisamment profondes, ce qui permet de donner un âge minimum aux terrasses. En l'absence de données d'archive suffisamment nombreuses et précises pour permettre la reconstitution de l'évolution morphologique des lits, cette végétation forestière s'est révélée être d'un grand secours pour la compréhension des réponses morphologiques et la caractérisation de la vitesse de propagation de l'incision.

L'analyse diachronique des photographies aériennes de la seconde moitié du XXème siècle conduite sur 51 torrents affluents de la Drôme, de l'Eygues et du Roubion (Liébault, 2003, 2002 ; Liébault *et al.*, 2005), a permis de mettre en évidence une tendance généralisée à la rétraction des bandes actives. Elle se manifeste principalement dans les années 1950 et 1960, puis l'ajustement se stabilise à partir des années 1970 (figure 4.7a). Les anciens plans du XIXème siècle, exploités sur quelques torrents, montrent que les bandes actives des photographies aériennes de 1948 sont sensiblement plus étroites que celles du XIXème siècle (figure 4.7b). Ceci implique une phase de rétraction ancienne, de faible ampleur comparée à celle qui lui succède, car le changement de style fluvial qui conduit à la disparition du tressage torrentiel ne va véritablement se produire qu'à l'occasion de cette deuxième phase. Les archives cartographiques et photographiques permettent ainsi de mettre en évidence les tendances d'évolution morphologique, mais leur distribution dans le temps conditionne la restitution des tendances et elle ne permet pas de dater à quelques années près le déclenchement de l'incision ainsi que sa propagation au sein du réseau hydrographique. D'où l'intérêt de coupler l'utilisation des photographies aériennes avec la datation dendrochronologique des terrasses, qui autorise une meilleure caractérisation chronologique et spatiale des réponses fluviales.

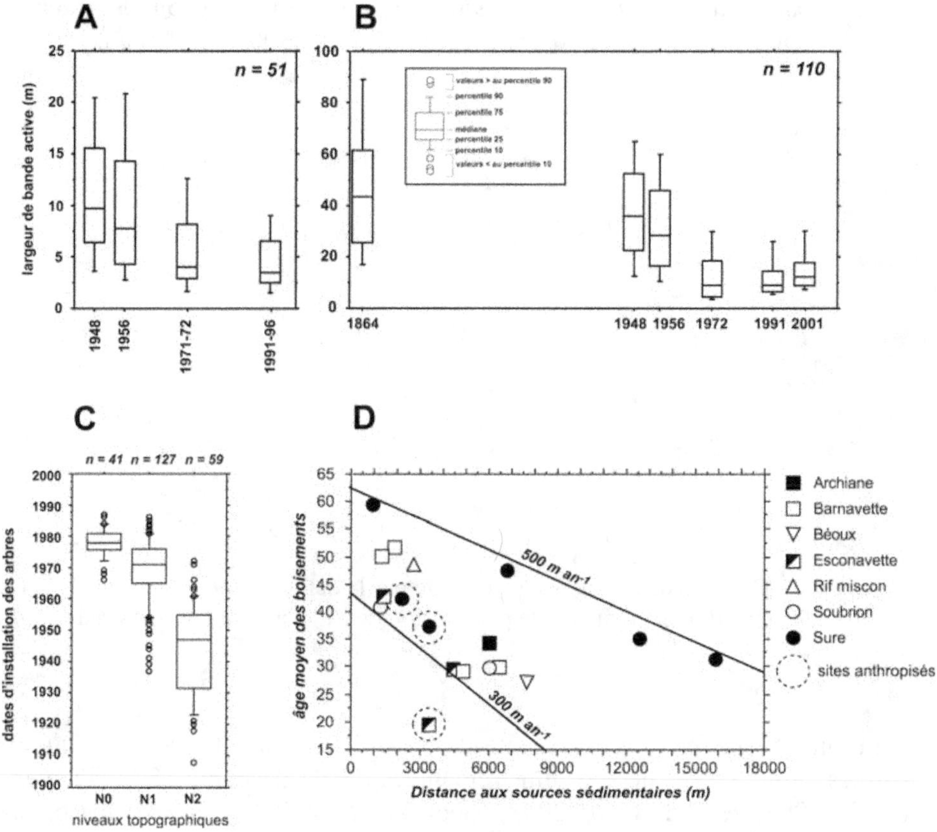

Figure 4.7 - Chronologie des réponses fluviales. a- évolution moyenne des bandes actives de 51 torrents drômois d'après les photographies aériennes de 1948, 1956, 1971-72 et 1991-96 ; b- évolution de la bande active de la Sure, affluent de la Drôme, entre 1864 et 2001 ; c- distribution des datations dendrochronologiques effectuées sur les différents niveaux de terrasses récentes observées sur les tronçons rétractés ; N0 : plaine alluviale, N1 : basse terrasse, N2 : haute terrasse ; d- structure longitudinale des datations dendrochronologiques obtenues pour différents torrents drômois.

La datation dendrochronologique des plus vieux pins présents sur les terrasses a permis d'affiner l'amorce chronologique des phases de rétraction. Les relevés ont montré la présence de deux jeunes terrasses emboîtées, perchées généralement de 1 à 2 m par rapport au niveau sous-jacent. Les boisements de ces deux terrasses se sont installés respectivement dans les années 1920 et 1940, d'après les dates d'installation des plus vieux pins (figure 4.7c). Lorsque nous traçons l'âge moyen des individus échantillonnés en fonction de la distance aux sources sédimentaires principales, on observe un vieillissement très net des boisements vers l'amont (figure 4.7d). Ce résultat est interprété comme la manifestation d'une incision progradante, dont la propagation vers l'aval serait comprise entre 300 et 500 m/an.

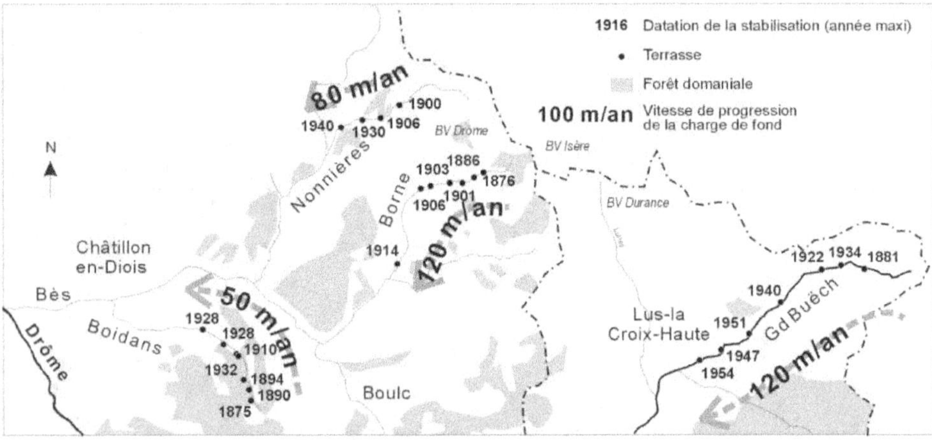

Figure 4.8 - Datation des terrasses torrentielle par la dendrochronologie dans le Haut-Diois et le Haut-Buëch et vitesse de progression de l'incision (d'après Astrade *et al.*, 2007).

En amont, sur les torrents de tête de bassin, les résultats montrent que les formes caillouteuses ne sont plus remaniées dès la décennie 1870 (Thévenet *et al.*, 2003, Astrade *et al.* 2008, Jacob *et al.*, 2006). Les 86 sites et 666 échantillons étudiés sur les hauts-bassins du torrent du Bès et du Haut-Grand-Buëch, compris entre 1300 et 600 m d'altitude, donnent pour les terrasses des dates minimales qui s'échelonnent entre 1876 à 1954 (figure 4.8). Ces observations s'accordent avec la datation dendrochronologique de la couverture forestière des versants et de la stabilisation de quelques formes actives (loupes de glissement, badlands). La date d'installation des pins est aussi de plus en plus récente lorsqu'on progresse de l'amont vers l'aval. Par exemple, dans le bassin de la Borne, les pins s'installent à l'aval presque 40 ans après ceux de l'amont. Les rapports entre les dates et les distances entre les sites contigus donnent des vitesses globales de progression de l'incision de 70 à 120 m/an. Néanmoins les tronçons complexes qui composent les vallées réagissent différemment à leur entrée dans une période d'accalmie. Localement, la forme d'un tronçon a son importance dans sa capacité à faire transiter les matériaux : des tronçons particulièrement étroits et raides accentuent l'effet du déstockage ; sur certains la vitesse peut atteindre 300 m/an (Astrade *et al.*, 2007).

Ces ajustements morphologiques impliquent une modification du régime sédimentaire des torrents sous contrôle amont et permettent de réfuter l'hypothèse d'une incision régressive par encaissement du niveau de base. Ils laissent donc penser que, à la charnière des XIXème et XXème siècles, lorsque l'exode rural et la politique de reboisement volontaire de la montagne ont transformé les conditions du peuplement, de l'économie rurale et des paysages des Alpes, le climat a été un facteur déterminant, intervenant avant les reboisements entamés à la fin du XIXème siècle : d'une part l'enfoncement des lits fluviaux n'attend pas les interventions en raison d'une dominante climatique, d'autre part la stabilisation n'est pas définitivement acquise en 1950. Mais ils conduisent également à nuancer l'influence du forçage hydrologique (diminution en fréquence des crues), dans la mesure où il existe une différenciation chronologique très nette de l'installation forestière sur le gradient amont-aval. Une synchronicité longitudinale des boisements alluviaux aurait dû se produire si nous étions en présence d'une rétraction induite par le tarissement des crues. Il faut alors considérer que la progression forestière sur les versants a conduit au tarissement des sources sédimentaires et à la propagation amont-aval d'un phénomène d'incision des lits torrentiels. La réduction des apports en matériaux grossiers, considérée comme supérieure par rapport à la diminution des flux liquides, est à l'origine d'un processus de formation de basses terrasses.

Le concept de succession biogéomorphologique fluviale

La connaissance de la dynamique du système fluvial ne se limite pas à l'étude du contrôle du compartiment abiotique sur le compartiment biotique ou vice-versa. C'est le bouclage intégral entre processus hydrogéomorphologiques et dynamique de la végétation qui détermine l'évolution du système (figure 4.9). Au sein de la boucle de rétroaction abiotique-biotique, les processus hydrogéomorphologiques, les formes fluviales et les communautés végétales associées sont continuellement modifiés. Les ajustements réciproques entre la dynamique hydrogéomorphologique et la dynamique de la végétation restent encore mal élucidés à l'heure actuelle. Les études hydroécologiques ont démontré que les formes fluviales et le régime de perturbation hydrogéomorphologique contrôlent la structuration des communautés végétales dans le contexte fluvial (Gregory *et al.*, 1991 ; Ward *et al.*, 2002 ; Steiger *et al.*, 2005). Le contrôle du régime de perturbation hydrogéomorphologique sur la structuration des communautés végétale est particulièrement intense lors de la dispersion des diaspores et au cours du stade de recrutement végétal. La succession végétale est également affectée par les facteurs hydrogéomorphologiques.

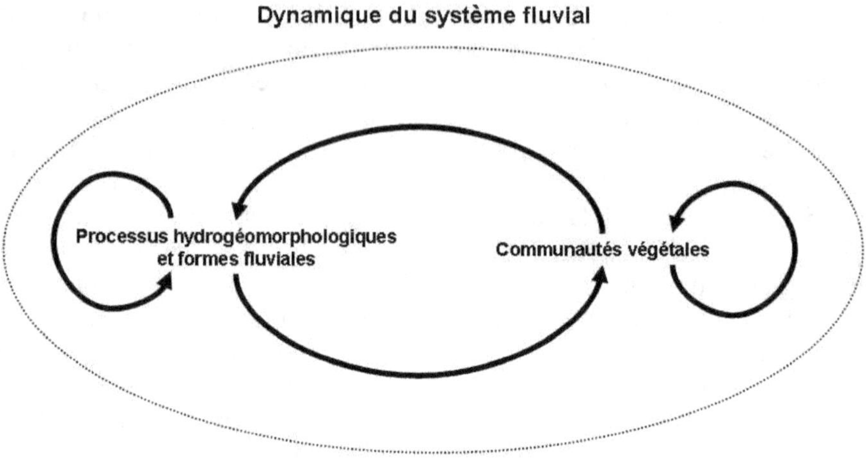

Figure 4.9 - Rétroactions entre processus hydrogéomorphologiques et communautés végétales (d'après Corenblit, 2006).

Les facteurs hydrogéomorphologiques regroupent les caractéristiques concernant le régime hydrologique (magnitude, durée, fréquence, calendrier, variabilité interannuelle ; Poff *et al.*, 1997), la dynamique sédimentaire (érosion, transport, dépôt) et la géométrie des lits fluviaux. La variabilité spatio-temporelle de ces facteurs de contrôle est susceptible de provoquer des bifurcations taxonomiques significatives de la végétation riveraine en cours de succession.

De leur côté, les études hydrogéomorphologiques (Hupp et Osterkamp, 1996 ; Steiger *et al.*, 2001, 2007 ; Steiger et Gurnell, 2003) et hydrauliques (Tsujimoto, 1999) ont démontré que les structures végétales exercent un contrôle complexe mais très significatif sur la dynamique sédimentaire et la dynamique des formes fluviales dans les chenaux et les zones riveraines. La végétation pionnière a été identifiée par les géomorphologues comme l'un des facteurs principaux de morphogenèse dans les systèmes fluviaux de piedmont et de plaine en France et dans des contextes hydrogéomorphologiques et bioclimatiques variés tels que les systèmes semi-arides, tempérés et tropicaux (Corenblit, 2006). Depuis peu, certaines espèces végétales pionnières (par ex. *Populus nigra*, *Salix* spp.) sont considérées de manière explicite comme des

« ingénieurs d'écosystème » sensu Jones *et al.* (1994) du fait de leur effet de construction des habitats fluviaux (Gurnell et Petts, 2006 ; Corenblit *et al.*, 2007a). Le contrôle des processus hydrogéomorphologiques par la végétation s'opère via la modification de la cohésion des sédiments et de la rugosité de surface. Ces modifications modulent les processus d'érosion, de transport et de dépôt des sédiments et de matière organique qui contrôlent en retour la dynamique des communautés d'organismes. En modulant à travers la stabilité du substrat et la rugosité de surface la dynamique sédimentaire, la végétation pionnière oriente le fonctionnement écologique et biogéomorphologique des systèmes fluviaux.

Le développement dans les corridors fluviaux d'associations caractéristiques de formes fluviales et de communautés végétales, matérialisées sous la forme de berges, d'îles et de plaines alluviales végétalisées (Bravard *et al.*, 1986 ; Gregory *et al.*, 1991 ; Malanson, 1993 ; Pautou *et al.*, 1997 ; Piégay et Salvador 1997 ; Steiger *et al.*, 2005), traduit l'ajustement réciproque entre la dynamique physique (flux de matière et d'énergie, construction des formes) et la dynamique biologique (dispersion, recrutement et successions végétales). La dynamique spatiale et temporelle de ces assemblages biogéomorphologiques caractéristiques dépend de la balance entre les forces de morphogenèse, en l'occurrence le régime de perturbation hydrogéomorphologique, et les forces de cohésion interne (stabilité du substrat et rugosité de surface).

Le développement séquentiel de ces assemblages caractéristiques de formes et de communautés végétales indique que des structures biogéomorphologiques bien définies émergent du couplage entre la dynamique de la végétation et la dynamique hydrosédimentaire. Ce phénomène d'émergence prend toute sa dimension spatiale et temporelle dans les contextes tempérés et tropicaux où le développement de la végétation est optimum et où le régime hydrologique est relativement régulier avec de nombreuses crues de faibles et moyennes amplitudes. Dans le contexte fluvial ce phénomène se présente sous la forme d'une succession cyclique de phases. Chaque phase s'articule selon une logique structurelle et fonctionnelle particulière. Cette succession « biogéomorphologique fluviale » (*sensu* Corenblit *et al.*, 2007a) correspond à un changement temporel depuis la domination des processus hydrogéomorphologiques (stades pionniers) vers la domination des processus écologiques (stades post-pionniers et matures) au sein d'unités géomorphologiques constituant les corridors fluviaux. L'évolution temporelle de cette succession n'est toutefois pas linéaire et continue. Elle peut être plus ou moins progressive et complète en fonction du contexte bioclimatique et des caractéristiques du régime hydrogéomorphologique propre à chaque rivière, voire à chaque secteur fonctionnel de cours d'eau. Les structures et les processus hydrogéomorphologiques jouent un rôle prédominant en début de succession végétale, lorsque la végétation n'a pas encore atteint le stade adulte. La végétation pionnière adulte joue un rôle de régulateur des flux liquides et solides et de constructeur d'habitat. En fin de succession biogéomorphologique la dynamique intrinsèque de la végétation établie représente un facteur de contrôle prédominant pour l'évolution des formes fluviales et des communautés végétales associées.

Les quatre phases de succession biogéomorphologique fluviale

L'évolution synergique des formes fluviales et de leurs communautés végétales associées comporte quatre phases au cours desquelles les processus purement écologiques prennent le relais des processus hydrogéomorphologiques au cours d'une séquence biogéomorphologique caractéristique (figure 4.10).

Les quatre phases de succession s'organisent selon la balance entre les forces de réinitialisation ou de destruction de la végétation riveraine et des formes fluviales, déterminées par (1) l'intensité et la fréquence des crues et (2) les processus de construction des formes, des habitats et des assemblages d'espèces entretenus par le développement végétal et par les flux de sédiments et de diaspores.

Phase géomorphologique

La phase géomorphologique représente la phase initiale de succession biogéomorphologique. Elle correspond à une réinitialisation complète, dans un espace donné, impliquant la destruction totale de la végétation et des formes fluviales préexistantes. À ce stade, le système est gouverné exclusivement par des interactions purement physiques entre les écoulements et les sédiments. L'extension spatiale de cette phase au sein des corridors fluviaux varie en fonction de l'amplitude et de la fréquence des crues et de la résistance mécanique des plantes. La durée de la phase géomorphologique dépend de la capacité de résilience de la végétation riveraine à partir de graines et de fragments végétaux. La phase géomorphologique joue un rôle écologique fondamental car elle libère des espaces pour la colonisation par les plantes pionnières natives ou exotiques. Elle contribue à orienter, en fonction du type d'agencement des structures topographiques et sédimentaires, la structuration spatiale des futures associations floristiques.

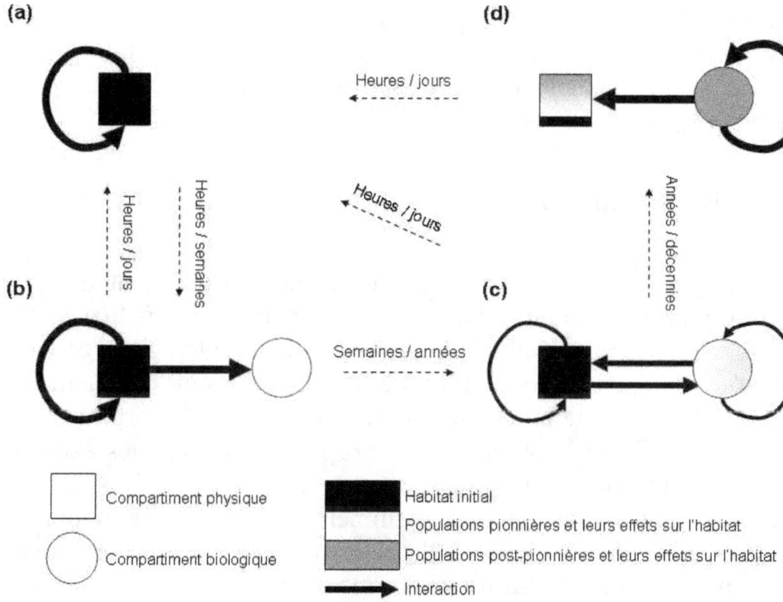

Figure 4.10 - Modèle simplifié de succession géomorphologique fluviale : (a) phase géomorphologique ; (b) phase pionnière ; (c) phase biogéomorphologique ; (d) phase écologique. L'habitat (formes fluviales incluses) est représenté par les carrées et les populations de plantes par les cercles. Les flèches indiquent une interaction. L'intensité de l'interaction est schématisée par l'épaisseur du trait. Les populations de plantes ingénieurs et leurs effets sur l'habitat sont représentés par les couleurs blanche (populations pionnières) et grise (populations post-pionnière). L'habitat initial est représenté par la couleur noir.

Phase pionnière

La phase pionnière dans son sens biogéomorphologique correspond au recrutement de la végétation sur les sédiments nus. Elle implique un contrôle fort et quasi-unidirectionnel des facteurs hydrogéomorphologiques (par ex. la texture et l'humidité des sédiments, le niveau topographique et les flux liquides et solides) sur la dynamique de la végétation. La phase pionnière est une étape critique de la succession biogéomorphologique car elle détermine la distribution effective des futures plantes, ou associations de plantes, susceptibles d'altérer les flux liquides et solides. Durant la phase de recrutement, de subtiles variations d'origines naturelles (par ex. bioclimatiques) ou anthropiques (par ex. la régulation du débit par des barrages ou la modification de la géométrie des lits fluviaux) peuvent suffire à modifier de manière radicale la structure taxonomique et donc le fonctionnement au niveau des communautés. Ce fonctionnement est altéré en termes d'effets (stabilisation des sédiments et modification de la rugosité) et de réponses (stratégies adaptatives, résistance mécanique et résilience) des communautés végétales.

Phase biogéomorphologique

La phase biogéomorphologique et la plus complexe du point de vue du couplage physique-biologique. Elle s'amorce au moment où la végétation adulte s'établit sur les bancs alluviaux et commence à interagir avec les flux liquides et solides. C'est au cours des crues en deçà du seuil destructif que la végétation pionnière adulte joue son rôle de constructeur de formes fluviales et d'habitats. Elle oriente le processus de morphogénèse dans les chenaux et sur la plaine d'inondation en provocant par endroits des érosions et en favorisant les dépôts sédimentaires, notamment au sein des assemblages de végétaux sous la forme de dépôts relativement homogènes et en aval des structures semi-rigides et rigides sous la forme de traînées.

Ainsi, le développement des espèces végétales pionnières, dont les traits biologiques leur confèrent un certain degré de résistance aux crues ou aux submersions de longue durée, contribue à moduler et orienter l'agencement des sédiments au sein des corridors fluviaux. Cette modulation se traduit le plus souvent dans le contexte tempéré actuel par la construction et la stabilisation, généralement en quelques dizaines d'années, d'îles et de plaine alluviales recouvertes par des forêts post-pionnières (Dufour, 2005 ; Corenblit, 2006).

Au cours de la phase biogéomorphologique la végétation joue donc un rôle moteur dans cette dynamique de construction en générant une rétroaction positive liée au processus cumulatif d'accrétion sédimentaire et de matière organique. Si cette rétroaction positive n'est pas neutralisée par une crue destructrice, elle contribue à la concentration des écoulements dans un chenal rétrécis et incisé ou à l'exhaussement du niveau topographique des iles et de la plaine d'inondation. Sur le moyen terme, elle renforce ainsi la stabilité géomorphologique des formes fluviales et contribue à la déconnexion des communautés végétales des perturbations hydrogéomorphologiques. La déconnexion partielle ou totale des perturbations hydrogéomorphologiques représente un événement fondamental de structuration et de fonctionnement des écosystèmes fluviaux car elle oriente la succession végétale vers des stades où les espèces végétales compétitives remplacent les espèces rudérales opportunistes. Cette dynamique de remplacement s'accompagne par des changements considérables aux niveaux de la biodiversité et du fonctionnement trophique des écosystèmes riverains. Du point de vue géomorphologique, elle matérialise l'attraction du système vers un état de cohésion « optimum » reflétant le compromis entre les forces de cohésion et de destruction.

Phase écologique

La phase écologique correspond à la stabilisation des berges, des iles et de la plaine alluviale. Les communautés végétales sont alors partiellement ou totalement déconnectées de l'influence fréquente et directe des perturbations hydrogéomorphologiques. Les processus écologiques autogènes tels que la compétition et la facilitation deviennent dominants en termes de structuration et de fonctionnement écosystémiques à ce stade de la succession biogéomorphologique.

Dynamique cyclique de la succession biogéomorphologique

Les mécanismes fondamentaux supportant la succession biogéomorphologique sont les mêmes dans les différentes écorégions (Gurnell *et al.*, 2005 ; Corenblit *et al.*, 2007a). Néanmoins, les schémas spatiaux et temporels spécifiques de successions biogéomorphologiques varient entre les différents types d'environnements en fonction du régime de perturbation hydrogéomorphologique, de la composition taxonomique locale et des traits biologiques des espèces en présence. Le processus de succession biogéomorphologique n'est pas un phénomène déterministe linéaire aboutissant systématiquement à la phase écologique. Au contraire, ce processus doit être perçu comme un cycle adaptatif dans le sens proposé par Holling (1986) au cours duquel l'organisation de la matière minérale et vivante alterne entre (1) des périodes relativement longues d'agglomération, d'exploitation et de conservation des ressources et (2) des périodes relativement courtes de réinitialisation au cours et à la suite de crues destructrices ou de fortes sécheresses.

La relation entre les facteurs de cohésion modulés par la dynamique des plantes pionnière et les facteurs de destruction (par ex. écoulement, érosion, sédimentation) ou de régénération (par ex. sédimentation d'alluvions fins et de diaspores, disponibilité de surface de recrutement) est déterminante. Le processus de succession biogéomorphologique n'est possible que dans une certaine gamme de fréquence et d'amplitude de crues. Lorsque les perturbations hydrogéomorphologiques sont trop importantes ou trop rapprochées, le processus de succession ne dispose pas du temps nécessaire pour atteindre la phase écologique. La durée et le calendrier des crues sont également cruciaux, particulièrement au cours des phases géomorphologique et pionnière, car l'efficacité du recrutement des plantes pionnières dépend de ces paramètres (Mahoney et Rood, 1998). Entre deux fortes crues destructrices, la succession biogéomorphologique requiert également des crues modérées pour stimuler et faciliter le processus de succession par les apports de matières minérale et organique. Le processus de succession biogéomorphologique dans les systèmes fluviaux dépend aussi des adaptations spécifiques, c'est-à-dire des stratégies des espèces pionnières qui se définissent à l'échelle évolutive. Les traits de réponses biologiques (adaptations morphologiques, biomécaniques et sexuelles au régime de perturbation) et les traits d'effets (rugosité, cohésion des sédiments) sont des paramètres fondamentaux contrôlant la résistance des plantes aux destructions mécaniques et leur résilience à la suite des crues. De plus, l'intensité des effets sur la modulation des flux liquides et solides par les plantes influence de manière significative le processus de succession biogéomorphologique.

Perspectives biogéomorphologiques évolutionnaires

Les systèmes fluviaux sous contrôle de la dynamique végétale peuvent être considérés dans le cadre du modèle de succession biogéomorphologique présenté ici comme des systèmes émergents (à l'échelle des successions écologiques) et évolutifs (à l'échelle de l'évolution des espèces) (Corenblit *et al.* 2007b, 2008). En effet, les formes fluviales et les habitats sous contrôle de la dynamique végétale sont, dans une certaine mesure, des produits dérivés des adaptations (stratégies) des plantes aux niveaux des traits de vies et des traits morphologiques et biomécaniques. En retour, les espèces végétales contribuant à la construction des formes fluviales continuent à s'adapter aux modifications de l'environnement (Corenblit *et al.*, 2007a).

Les organismes végétaux présents dans les systèmes fluviaux ont la capacité d'évoluer sur le long terme selon le principe de sélection naturelle. Dans le contexte du couplage étroit entre la dynamique de la végétation et la dynamique des formes fluviales, l'évolution des traits biologiques selon les pressions de sélection induit des déviations de la trajectoire théorique de l'environnement physique associée simplement aux contraintes géologiques, au régime hydrologique et à la cohésion des sédiments. Ces déviations affectent en retour la dynamique des communautés à l'échelle des successions écologiques mais également le processus de sélection naturel sur le long terme (Corenblit *et al.*, 2007a, b). Dans un tel contexte de dépendance réciproque entre les éléments physiques et biologiques des systèmes fluviaux, les successions biogéomorphologiques doivent être envisagées dans leur signification profonde, comme l'expression des gènes « ingénieurs » à l'origine des adaptations biologiques spécifiques supportant la construction des formes (Corenblit *et al.*, 2007a). Jones *et al.* (1994) et Odling-Smee *et al.*

(2003) ont souligné avec les deux concepts d'« ingénieur d'écosystème » et de « construction de niche » que certains aspects de l'environnement physique doivent être considérés comme l'extension de l'expression de l'activité génétique qui spécifie les adaptations des organismes lorsque l'environnement physique est transformé par des organismes ingénieurs. Les traits biologiques reflètent également l'histoire de la répartition des ressources et des contraintes hydrogéomorphologiques qui déterminent les pressions de sélection dans ces environnements biologiquement modifiés (Lytle et Poff, 2004).

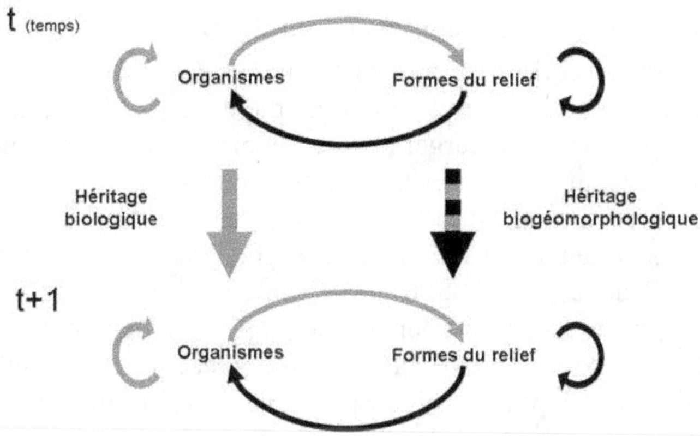

Figure 4.11 - La nouvelle perspective de biogéomorphologie évolutionnaire : d'un côté les processus et formes à la surface terrestre sélectionnent les organismes vivants et forment les communautés biologiques ; de l'autre côté, les organismes peuvent induire, de manière active ou passive, des changements géomorphologiques significatifs. Chaque génération d'assemblages biogéomorphologiques hérite la biologie et les formes de terrain modifiées par les générations antérieures d'organismes ingénieurs. Ce processus est décrit par la flèche verticale à droite comme « héritage biogéomorphologique ». L'héritage biogéomorphologique signifie que les effets des gènes sur l'environnement sont transmis d'une génération à une autre (Corenblit *et al.*, 2007a, modifié de Odling-Smee *et al.*, 2003).

Le développement de modèles conceptuels considérant explicitement les processus de co-ajustements le long d'un continuum entre les gènes, les individus, les populations, les communautés végétales, les écosystèmes et les formes du relief (Corenblit *et al.*, 2007a, 2008) représente une perspective nouvelle et nécessaire pour l'amélioration de notre connaissance des systèmes riverains (figure 4.11). Un tel développement, notamment soutenu par les études de biogéomorphologie fluviale, contribuera à promouvoir l'émergence d'une biogéomorphologie évolutionnaire ou « géomorphologie darwinienne » nouvellement proposée par Corenblit *et al.* (2007a,b, 2008).

Sociétés humaines et interactions végétation - chenal : exemple de la thématique du bois mort

Des écologues (Thévenet, 1998) ont analysé le bois en rivière en termes d'habitat faunistique et de potentialités piscicoles. Leurs résultats ont souligné que la présence de bois accroît non seulement la biomasse, mais aussi la biodiversité spécifique. Plus largement se développent les travaux traitant du rôle du bois mort dans la biodiversité, les habitats, le fonctionnement et la dynamique des écosystèmes forestiers (Dodelin, 2006). Leur réflexion est relayée par des organisations non gouvernementales, notamment le *World Wildlife Fund* (Vallauri *et al.*, 2002). Suite à ces travaux, l'étude du bois en rivière a été étendue à des problématiques géographiques d'autant plus que les bois en Europe sont de petite taille et se déplacent facilement vers l'aval. Par ailleurs ils sont de plus en plus présents en rivière du fait du boisement continu des bassins versants et des marges alluviales (Piégay, 1995 ; Moulin, 2005 ; Le Lay, 2007).

Dans un contexte où la pression humaine sur les cours d'eau et sur leurs marges existent depuis des millénaires, que la structure des milieux riverains est régie par la pression ou au contraire la déprise agro-pastorales au gré de la dynamique des territoires, la compréhension de la géographie du bois mort, ses mécanismes d'entrée, de transfert et de dépôt, les risques associés et surtout la généralisation des observations et la définition de tendances futures, qui sont essentiels en terme d'aide à la gestion, ne peuvent vraiment se concevoir que dans un cadre systémique prenant en compte non seulement les mécanismes naturels mais aussi les logiques sociétales qui se tissent autour d'eux.

Ainsi, la recherche concernant le bois en rivière et le regard que les hommes portent sur cet objet, est abordée dans un cadre systémique (figure 4.12), à l'interface de l'hydrosystème (Amoros et Petts, 1993) et du sylvo-système (Houzard, 1985). Les connexions longitudinale et latérale se manifestent non seulement par les sapements de berge et l'inondation des forêts alluviales, mais aussi par les entrées de bois dans le chenal. Cependant, cette approche qui identifie les facteurs régissant ces phénomènes gagne à reconnaître toute l'importance des représentations et pratiques humaines telles qu'elles sont considérées dans le cadre des sociosystèmes (Lapierre, 1992). Plus globalement, travailler sur les interactions entre les communautés riveraines et les milieux d'eau courante pousse à donner tout son sens au concept englobant d'anthroposystème (Lévêque *et al.*, 2003) et ouvrir plus largement la discussion sur la gestion du bois en rivière (Piégay, 2000). Cette dernière doit intégrer l'évolution des communautés rurales et des paysages riverains au sein desquels les bois flottants se sont substitués aux bois flottés à la faveur des mutations de l'économie agricole et de la généralisation des combustibles fossiles comme source d'énergie domestique.

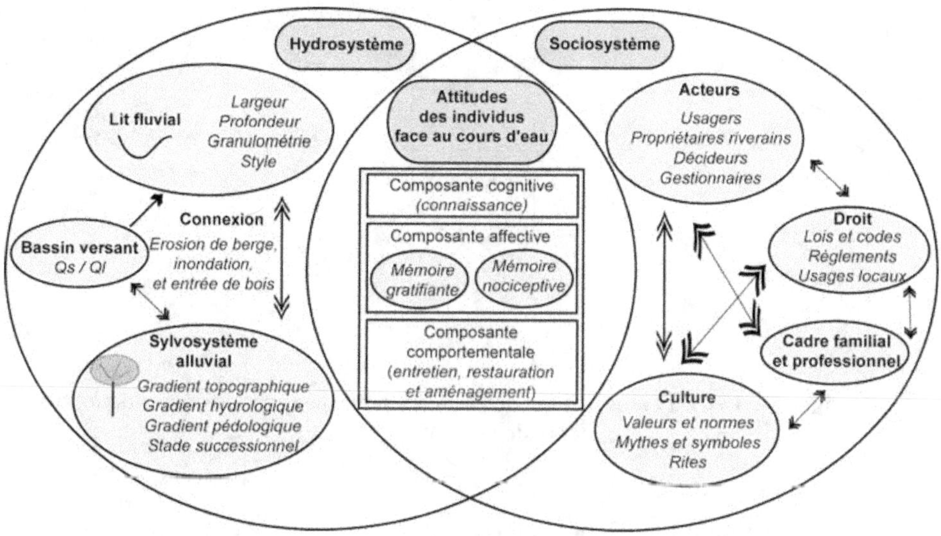

Figure 4.12 - Approche anthroposystémique de la relation hommes/bois en rivière. Q_s désigne le débit solide et Q_l le débit liquide.

Du corridor aux lits : la rivière pourvoyeuse de bois

La collecte du bois de feu avait pour conséquence de réduire les entrées de bois dans l'hydrosystème. Elle reposait principalement sur les propriétés combustibles qui variaient selon quatre facteurs contraignants : l'espèce, la morphologie de l'élément ligneux, le taux d'humidité et l'état sanitaire (physiologique et phénologique) du bois. L'intérêt porté au bois est rendu sensible par l'examen des termes usités. Bien qu'une première approche puisse se satisfaire d'une distinction entre bois de chauffe, bois de construction et bois de charpente, le « *bois à brusler* » lui-même s'avérait de natures diverses. Au XVIIème siècle, sa désignation dépendait notamment de son état physique, de son hygrométrie et de sa valeur (figure 4.13).

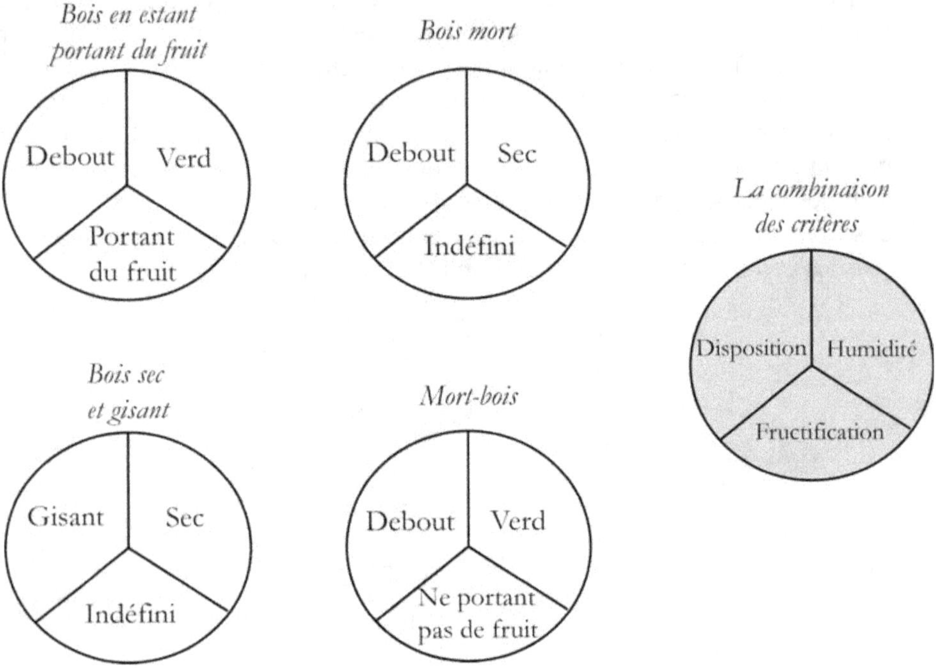

Figure 4.13 - La combinaison des critères pour désigner des types de « bois à brusler » (XVIIème siècle)

L'exploitation des bois de rivière

Les bois de rivière désignaient fréquemment les arbres de la berge dont les alignements structuraient des espaces physiques et sociaux. Leur exploitation favorisa localement le développement d'un vocabulaire spécifique pour désigner les bûcherons de rivière (Rossiaud, 2002). En Arles, les boscadiers formaient un petit groupe, à peu près cohérent, d'hommes se consacrant presque exclusivement à l'exploitation des bois insulaires. À l'occasion, affaneurs (travailleur ou entrepreneur non qualifié), *laboureurs* et *ribayriers* (terme ancien et polysémique désignant les hommes qui hantent les rivières) se faisaient également *boscadiers*. À Avignon, Pont-Saint-Esprit et Bourg-Saint-Andéol, ces « *laboureurs du Rhône* » se bornaient à « un finage aquatique », dont le rayon d'action restait local. Lorsque le bûcheronnage occupait l'essentiel de leur temps, ils possédaient des barques (ou *carretons*) de dimensions modestes et suffisamment de liquidités pour arrenter des coupes et recruter des hommes de peine. Rossiaud (2002) a même retrouvé l'inscription d'un fagotier sur un rôle de taille en 1524, qualification fugitive des dizaines de manœuvres ou affaneurs de rivière qui coupaient et liaient les fagots dans les *brotteaux* du Dauphiné et du Haut-Rhône.

Les boisements riverains constituaient des espaces tout à la fois productif, nourricier, protecteur et récréatif : ils faisaient partie intégrante d'une « civilisation du bois ». Ils appartenaient à l'espace quotidien de tout habitant des communautés rurales et des sociétés urbaines, qu'il fût bourgeois, jardinier, chasseur ou pêcheur. Les bois de rivière étaient l'objet d'une identification personnelle et se trouvaient au cœur des représentations de la nature et des paysages par les communautés rurales (Le Floch et Terrasson, 1999). Véritables pays de cocagne, les boisements riverains furent influencés par l'activité humaine, modelés par les communautés locales et leur culture (Garnier, 2004). Les pratiques traditionnelles contribuèrent à modifier leur composition en favorisant l'installation de certaines espèces utiles. La mise en exploitation du potentiel naturel de ces haies par les hommes a rendu possible de multiples activités économiques et sociales. En Auvergne, les prairies humides et les ripisylves supportaient une utilisation spéculative, non seulement grâce au bois de chauffage, mais encore grâce au chaume utilisé pour la couverture des maisons et au chanvre qui servait pour les cordages (Grélois, 2004).

Le ramassage du bois mort

Les cours d'eau entraînent les arbres et les débris ligneux. Le bois de chauffe étant pénible à transporter, ces bois flottants étaient une aubaine pour les riverains. La question de leur propriété fut donc rapidement posée. Gex (1920) reconnut la valeur que les épaves avaient aux yeux des communautés rurales riveraines. La débâcle de l'Arc, le 24 septembre 1920, se délesta de la plus grande partie de ses bois dans le bassin de Termignon : « provision affouagère aussi bienvenue qu'inattendue pour les gens et ample compensation pour la perte de leurs choux ». De même, Bramans reçut de l'Ambins une lave qui étala « *un chaos de graviers, de blocs, d'arbres déracinés et de bois de service* », recouvrant notamment « *50 hectares de prairies et de bonnes terres en culture, très morcelées, un potager très recherché, jalousement entretenu (...).* » Le dépôt des bois, enlisés ou entravés par les blocs, était suffisamment considérable pour que le Conseil municipal décidât de désigner un garde-épaves et en prévenir ainsi le pillage. Il s'agissait de les réserver aux riverains sinistrés, à titre de dédommagement. « *Cela prouve leur importance autant que le prix qu'ils attachent à un bois, rare et cher, en dehors des maigres buissons d'épines-vinettes et autres formations xérophiles de ce bassin sec et gypseux* » (Gex, 1920).

Les recueils d'usages locaux des Chambres d'Agriculture révèlent la pratique traditionnelle d'une collecte opportuniste de bois sur des sites spécialisés : « *A Pampelonne, il est d'usage d'établir sur les bords des rivières des postes appelés ribaillers, construits au moyen de murs, chaînes et traverses de bois, qui sont destinés à arrêter et retenir les épaves, bois, planches, brindilles, charriés par la rivière aux époques de grandes crues* » (Coste et Lacombe, 1924). Ces postes fournissaient d'assez grandes quantités de bois de chauffage. Il est même précisé que leurs possesseurs n'étaient jamais troublés dans leur jouissance, « *à moins qu'il ne s'agisse d'un objet de valeur bien identifié* ». D'ailleurs, cet usage était annoncé comme appliqué dans d'autres cantons...

Dans un très bel article du Dauphiné Libéré, en date du 15 novembre 1950, Liénard décrivit avec force détails l'utilisation du harpon par les « *pêcheurs de bois* » à Valence. S'appuyant sur une tradition fluviale, « *tout le petit peuple des quartiers de la basse-ville* » était équipé d'« *un harpon, fait de quatre solides crochets fixés à une pièce de bois et attaché à une corde longue de douze à quinze mètres* ». Lors des crues du « Monsieur », c'est-à-dire le Rhône pour les riverains de Saint-Vallier jusqu'à La Voulte, ces derniers occupaient les bons postes des berges.

Le flottage du bois

Jusque dans les années 1920, certains cours d'eau servaient au transport des bois. Comme la navigation et l'installation de moulins, le flottage du bois impliquait des travaux d'entretien et d'aménagement sur le lit et les berges des cours d'eau. Il ne se pratiquait, en général, qu'à la descente. L'usage était de ne permettre le flottage que du mois de novembre au mois de mars (Fabreguettes, 1911). Le flottage du bois s'effectuait en trains, en radeaux ou à bûches perdues. Le flottage par trains concernait le bois à brûler, le bois de charpente et le bois de sciage. Les trains de bois à brûler étaient ordinairement composés de dix-huit coupons de 4 m de longueur. L'étendue de ces trains était de 72 m. On proportionnait leur largeur à celle des rivières par où ils devaient passer. Les trains composés de grands bois de charpente ou de mâture étaient considérés comme des radeaux.

Le détournement de troncs à l'occasion leur flottage était un délit. Le fait que les riverains acceptaient d'encourir une sanction souligne de nouveau le caractère noble du bois. Son intérêt grandit durant une période où la demande était forte et la ressource rare. L'exploitation des bois de marine de Bourgogne et leur expédition par la Saône et le Rhône au XVIIIème siècle faisaient l'objet de nombreux conflits ; en particulier, des procès naissaient des actes commis par les voleurs d'épaves après les inondations. Le détournement de bois flottés était irrésistible aux yeux de quelques riverains. Dans leur « adresse et réclamations à la Convention nationale », en 1794, les marchands de bois dénoncèrent cet abus préjudiciable à l'approvisionnement de Paris : « le vol journalier qui se commet dans le cours du flottage des bois, depuis leur départ à bois perdu, jusqu'à leur arrivage aux ports navigables » (Marancourt, 1794). Les bois voyageaient sur la foi publique et, selon les marchands, le moindre morceau détourné était un véritable vol de grand chemin, une violation formelle de la propriété. Or, ce délit était commis fréquemment par les meuniers et les riverains, surtout quand les denrées étaient plus chères ou rares. Alors qu'il avait existé des commis assermentés qui identifiaient les particuliers soupçonnés d'avoir volé des bois, il fallait désormais une ordonnance des municipalités où le délit avait été commis, et l'assistance d'un officier municipal. Dénonçant l'impunité des coupables « *dans un village où tout le monde est à peu-près parent ou* ami » (Marancourt, 1794), les marchands demandèrent alors une loi répressive contre les abus d'un tel pillage. Ils proposèrent même d'assujettir les riverains des rivières et ruisseaux servant au flottage, jusqu'aux ports d'où étaient expédiés les trains, à ne posséder chez eux que du bois de deux ou quatre pieds de longueur, afin qu'ils ne pussent dénaturer les bois volés en coupant le bout qui portait la marque du marchand. À défaut, ils conseillaient de prononcer contre les coupables convaincus de dilapidations journalières une peine de vingt années de chaîne…

Des lits au corridor : l'abandon des pratiques d'entretien

Aujourd'hui, la négligence ou l'abandon des pratiques d'entretien se traduisent par la maturation des formations végétales et le vieillissement sur pied du peuplement. La mortalité des arbres et les entrées de bois dans les cours d'eau s'accroissent, ce qui favorise la formation des embâcles dans le lit mineur, en berge ou dans le chenal

Les entrées de bois flottants dans l'hydrosystème

Quelques travaux ont quantifié les stocks de débris ligneux. Par exemple, sur la Drôme, les entrées de bois sont faibles : entre 1971 et 1991, 169,4 ha furent érodés dans la plaine d'inondation et la masse de bois mort entrant dans le système a été estimée à 569,3 mg/an (Piégay *et al.*, 1999). En revanche, sur l'Ain, les masses de bois déposées sont considérables et relativement stables (de 15,6 à 19t/ha), « *le plus gros embâcle atteignant 1,3 à 3 tonnes* » (Piégay *et al.*, 1998). Dans les petits comme dans les grands cours d'eau, le chenal possède davantage de bois mort que la plaine d'inondation. Mais le bois n'est généralement pas mobilisé sur de longues distances avant d'entrer dans le chen*al.* Cette entrée se fait à la faveur de sapements de berge, de coups de vent et de chutes de branches. Le matériel constitutif des embâcles provient surtout de l'érosion des berges (Moulin et Piégay, 2004 ; Dufour *et al.*, 2005). Des phénomènes paroxystiques, tels que des laves torrentielles, des inondations et des feux de forêt sont susceptibles d'introduire de grandes quantités de bois dans le chenal pendant de courtes périodes. Toutefois, le bois provient non seulement de sources situées de part et d'autre du cours d'eau et immédiatement adjacentes au chenal, mais aussi de sources situées plus haut sur les pentes d'où il est entraîné par des glissements de terrain ou des coulées de débris. Aussi l'importance des phénomènes de versant gagnerait-elle à être précisée.

L'embâcle de bois et les menaces hydrauliques

Les embâcles suscitent l'inquiétude des riverains et des gestionnaires dans la mesure où ils sont susceptibles d'aggraver les dommages liés aux crues (Piégay *et al.*, 2005). Lorsque la largeur du chenal dépasse la longueur des troncs, les bois flottants sont facilement mobilisés, notamment dans les grands cours d'eau de piémont ou de plaine alluviale, et leur dépôt s'effectue sur quelques sites de prédilection : la partie amont des bancs de convexité ou des chenaux secondaires, les concavités des méandres, les bancs de sables, de graviers ou de galets, les îlots végétalisés, et les piles de pont (Photographie 1). Plus généralement, comme Ishikawa (1989), il est possible de dégager six types de dommages que les bois flottants sont susceptibles de causer : (a) la déstabilisation des constructions frappées par les bois flottants, (b) l'endommagement de maisons et d'équipements par une inondation consécutive à l'encombrement d'un pont ou d'un chenal, (c) la destruction des ponts, balayés par la force hydraulique ou la pression de l'eau qui augmentent à la faveur de la formation d'un embâcle à l'amont, (d) l'atteinte à la production des barrages hydrauliques, (e) l'imperméabilisation des barrages destinés à contrôler le débit sédimentaire, et (f) la détérioration du paysage et de la qualité de l'eau lorsque le bois pourrit dans une eau stagnante.

Les bénéfices écologiques du bois en rivière

Dans les écosystèmes aquatiques, les débris ligneux sont de plus en plus reconnus comme une ressource indispensable à leur bon fonctionnement. Au cours des trois dernières décennies, le bois en rivière a reçu l'intérêt sans cesse croissant des chercheurs qui ont identifié ses atouts écologiques (Gregory *et al.*, 2003), particulièrement dans les hydrosystèmes tempérés.

S'accumulant à la faveur d'un obstacle, l'embâcle renforce celui-ci et détermine le champ de vitesses au niveau de la section. Il provoque un ralentissement des écoulements et une élévation de la ligne d'eau à l'amont (Maridet *et al.*, 1996). L'embâcle fonctionne comme une structure de rétention face aux sédiments, aux matériaux organiques tels que les feuilles ou les brindilles, ou tout autre corps flottant. L'embâcle modifie localement la géométrie, diversifie ainsi les processus de transport solide et augmente l'hétérogénéité de la granulométrie du lit. À l'amont, il piège et stocke non seulement la charge de fond, mais encore les particules fines, les limons et les sables : la granulométrie est donc généralement de plus petite taille. Au droit de l'embâcle, les forces tractrices augmentent et les fines sont prises en charge : la granulométrie y est alors plus grossière. De même, les particules grossières sont plus apparentes à l'aval immédiat de l'obstacle (Le Lay et Piégay, 2007).

Le bois en rivière a une influence sur l'abondance et la composition de nombreuses communautés faunistiques, en retenant de la nourriture telle que la litière de feuilles et de brindilles, et en formant des habitats (refuges et sites de frai). Dans les hydrosystèmes tempérés et forestiers, il influe sur la biomasse de macro-invertébrés benthiques et sur la composition spécifique de leur communauté, parce que les fûts stables sont pour eux un habitat important, dans les cours d'eau tant à charge fine qu'à charge grossière. En outre, le bois fournit de la nourriture, des refuges en période de hautes eaux, une couverture protectrice contre les prédateurs, et plus généralement il augmente la disponibilité et la diversité des structures d'habitat aquatique aux différents stades de la vie des poissons. Les mouilles formées par des structures ligneuses fournissent dans les cours d'eau un habitat-clé pour de nombreuses espèces de poissons, mais le bois mort peut aussi être utilisé comme abri.

Vers la revalorisation des bois flottants ?

Le bois restant une matière et une source d'énergie, sa valorisation (compostage et bois de chauffe) se développe aux dépens de son élimination (enfouissement et incinération). Malgré des initiatives innovantes, il trouve cependant inégalement sa place dans les filières locales de traitement (Le Lay et Moulin, 2007). En Isère, les responsables publics et privés ont tôt pris conscience de la nécessité du recyclage (figure 4.14).

Sous l'impulsion de la DRIRE, un Comité pour l'Elimination Rationnelle des Déchets en Isère (COPERDI) a été créé en 1992, en réunissant des représentants de l'Etat et du département, de l'Association des maires, des industriels producteurs et éliminateurs, des associations de protection de l'environnement et de consommateurs, et des organismes publics (ADEME et Agence de l'eau). Dans le cadre du schéma de traitement et d'élimination des déchets industriels banals, une filière de récupération du bois a été développée grâce au partenariat d'un producteur (EDF), d'un recycleur (LELY Evac'ordures) et d'un consommateur (la Compagnie de Chauffage de l'agglomération grenobloise).

Trois structures de sens collectif liées au bois en rivière ont ainsi successivement été présentées : (a) le bois comme risque pour les riverains, les usagers et les infrastructures riveraines, (b) le bois comme contrainte pour les activités productives, et (c) le bois comme atout écologique. Il s'agit d'un objet d'attitude controversé (Maridet *et al.*, 1996), ce qui permet d'organiser les cognitions qui lui sont liées selon une structure bipolaire. Au pôle pro-bois, un ensemble d'idées et de croyances met en évidence les avantages qu'implique la conservation ou l'addition de débris ligneux. À l'autre extrémité, l'information est organisée de façon à inciter à l'enlèvement du bois en rivière.

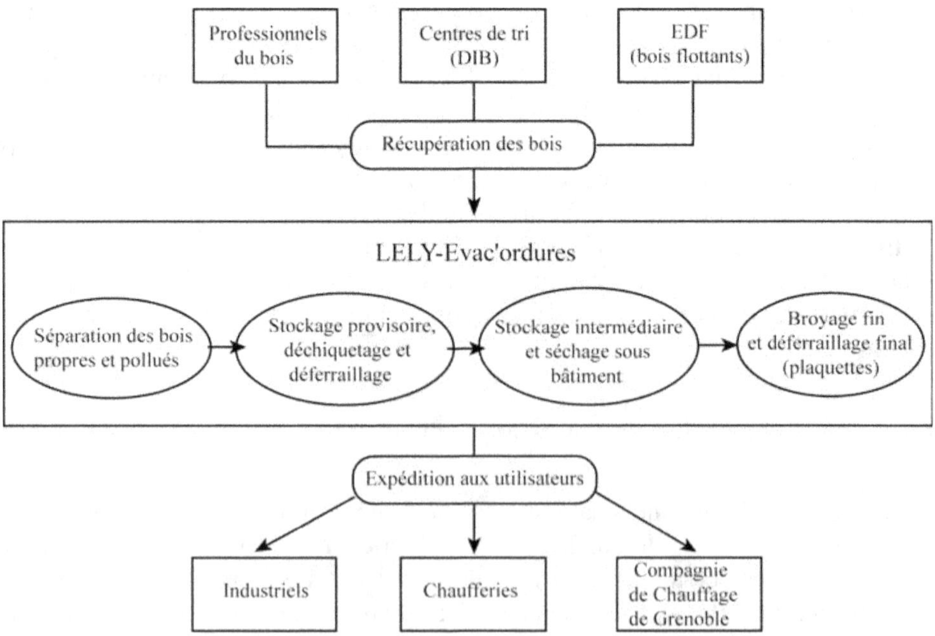

Figure 4.14 - La filière de recyclage du bois en Isère

Aujourd'hui, étant donné l'évolution du contexte socio-économique, l'affirmation des considérations écologiques et le développement des activités récréatives, les législateurs doivent intégrer la négligence des travaux d'entretien et l'intérêt écologique du bois en rivière (Le Lay, 2007). Les contradictions des articles contenus dans la loi Barnier de 1995, la loi Bachelot de 2003 et la loi sur l'eau et les milieux aquatiques de 2006 procèdent du dilemme entre besoin de sécurité et préservation de l'environnement (Le Lay *et al.*, 2008). Les interactions d'échelles et les formes de coopération doivent améliorer l'anticipation et la prise en charge collective des travaux d'entretien au sein d'un cadre territorial d'intervention pertinent. La sectorisation des pratiques d'entretien est propice à la mise en œuvre d'une approche multifonctionnelle des cours d'eau. Laisser le bois en rivière, surtout dans les têtes de bassin, permet de complexifier leur morphologie, diversifier les habitats faunistiques et favoriser le ralentissement dynamique des crues. Les éléments ligneux peuvent être fixés lorsque leur déplacement risque d'accroître les embâcles qui s'accumulent contre les infrastructures de franchissement. L'installation de pièges à flottants contribue à sécuriser les zones urbanisées. L'entretien traditionnel des tronçons aménagés et fréquentés réduit les entrées de bois dans l'hydrosystème et favorise l'accès des berges, la promenade des usagers ou encore l'embellissement des paysages riverains.

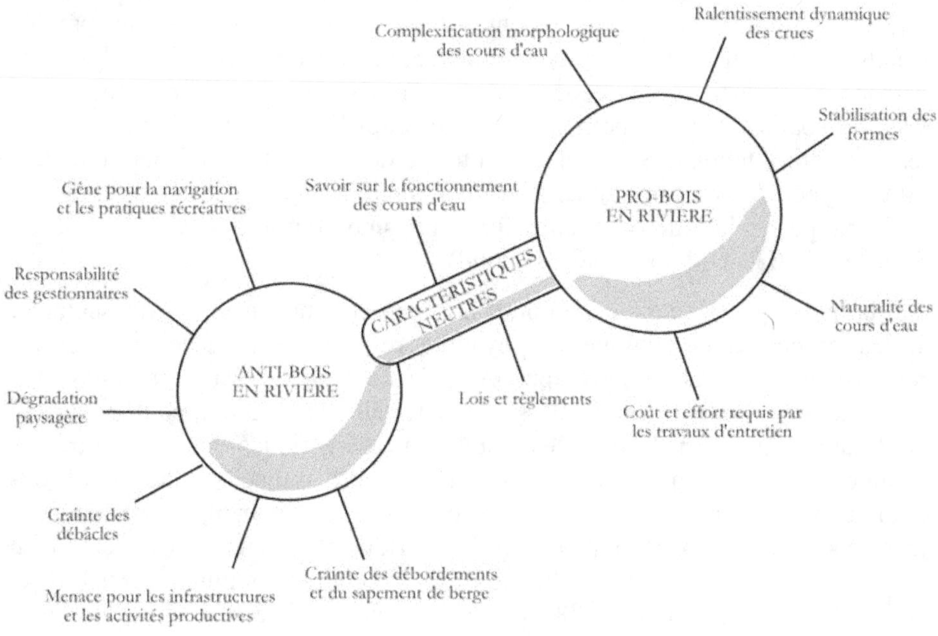

Figure 4.15 - Structure bipolaire du schéma informatif sous-jacent à l'attitude à l'égard du bois en rivière

Conclusions

La végétation ligneuse présente sur les marges des systèmes fluviaux anthropisés offre des perspectives de recherche encore nombreuses. Elle peut ainsi souligner les processus physiques régissant ces milieux, permettant d'apprécier le recul des berges, de dater l'âge des surfaces alluviales ou encore de quantifier la sédimentation fine. L'analyse des interactions entre la forêt alluviale et les écoulements peut amener à mieux comprendre les effets des différents régimes hydrologiques sur la croissance des végétaux et la régénération des espèces ou encore l'influence de la végétation riveraine sur le ralentissement des écoulements et de laminage des crues. Les végétaux riverains sont ainsi des indicateurs de l'état des conditions locales et de leur dynamique passée. La compréhension des interactions forêt-chenal peut de fait permettre de répondre à certains enjeux de société qu'il s'agisse de la production forestière, de la préservation des ressources en eau et du patrimoine naturel, de la gestion des bassins versants et des risques naturels associés, ou encore de la restauration des plaines alluviales et des hydrosystèmes dégradés.

L'utilisation de la végétation ligneuse en tant que marqueur des changements fluviaux est aujourd'hui en plein essor et devrait permettre des avancées futures. Il est évident que les analyses dendrochronologiques sur ces marges où les conditions de croissance sont plus influencées par les processus physiques, eux-mêmes sous le contrôle des actions humaines que par les fluctuations climatiques, ont encore été bien peu abordées. L'analyse des patrons de croissance des espèces dominantes (frêne, peuplier) à toutes les échelles spatiales devrait permettre de mieux apprécier les conditions-seuils et les différentes tendances à attendre en terme de croissance en fonction de tels ou tels types de pression humaine sur la dérégulation des débits ou du niveau de la nappe phréatique ou encore sur la physico-chimie des eaux (Harner et Stanford, 2003 ; Dufour et Piégay, 2008).

Si la mosaïque végétale est aujourd'hui bien connue sur différents secteurs, si les processus écologique et physique régissant les successions et les régressions sont aussi mieux appréciés, de nouveaux enjeux apparaissent à l'échelle régionale. Comment se structurent ces communautés sur le continuum, quel est l'effet des conditions climatiques locales, voire du changement climatique sur les patrons de croissance et la nature des communautés sont autant de questions qui s'ouvrent pour mieux comprendre le rôle des végétaux riverains dans le corridor fluvial et leur potentiel en matière de bio-indication. Les travaux expérimentaux les plus récents (Hicks *et al.*, 2007 ; Tal et Paola, 2007) ont bien démontré le rôle physique de la végétation riveraine. Les enjeux sont aujourd'hui de mieux comprendre la variabilité du rapport entre le déplacement d'un lit et la vitesse de croissance des ligneux riverains qui conditionne le rôle effectif des végétaux dans la structuration du style fluvial. Or, ce rapport n'est pas invariant ; il change sans doute sur le continuum au fur à mesure du changement du patron de croissance des espèces et de leur substitution longitudinale.

La compréhension de la géographie des communautés riveraines et des processus physiques qui les régissent est ainsi aujourd'hui un enjeu en termes de bio-indications car ces milieux peuvent être utilisés pour caractériser l'état autant physique qu'écologique des corridors, comme c'est déjà le cas en Catalogne par exemple dans le cadre de l'évaluation des mesures de restauration prises pour atteindre les objectifs de la Directive Cadre sur l'Eau (Munne *et al.* 2003). Cela devient également un enjeu pour mieux évaluer les patrons de recrutement des différentes espèces et les facteurs physiques qui les régissent. La compréhension de ces mécanismes est importante en matière de conservation de la biodiversité et de sécurité des biens et des personnes car ces connaissances peuvent être mises à profit à l'aval d'ouvrages hydro-électriques pour gérer les débits de manière à préserver, voire à favoriser, l'établissement de telle ou telle espèce ou au contraire limiter son développement pour ne pas accélérer la végétalisation de la section d'écoulement et donc rehausser la ligne d'eau pour un débit donné.

Il est évident que pour répondre à ses enjeux de société, l'analyse des seuls processus naturels n'est plus suffisante car ceux-ci sont affectés de prêt ou de loin par des pressions humaines qu'il faut comprendre pour établir un bon diagnostic et proposer des solutions durables. Cette compréhension passe nécessairement par une analyse rétrospective fine à la fois des pratiques agricoles et pastorales, des droits et coutumes locales, ou encore de l'évolution des usages et de l'exploitation des ressources. Ces analyses géo-historiques, qui permettent la compréhension des causes régissant l'évolution des hydrosystèmes anthropisés, doivent également s'accompagner d'une meilleure appréciation des logiques d'acteurs, de leurs perceptions et de leurs représentations. Les décisions publiques sont en effet conditionnées par différents facteurs que l'on ne peut toujours ignorer lorsque l'on fait des propositions de gestion. L'exemple du bois mort est tout à fait explicite dans ce cadre (Le Lay *et al.* 2008). Il est évident que proposer de réintroduire du bois dans les cours d'eau comme cela se fait ailleurs, aux Etats-Unis ou en Allemagne par exemple, afin de restaurer les écosystèmes aquatiques n'est pas encore une mesure à laquelle adhèrent les décideurs car dans le contexte socio-culturel français cet objet n'est apprécié ni par les riverains ni par les acteurs publiques. Les communautés végétales riveraines qui structurent le paysage ont également des qualités esthétiques qui ne sont pas perçues positivement par les acteurs. Le caractère sauvage, inorganisé, complexe de ces milieux, le fait qu'ils soient peu accessibles et surtout mal entretenus expliquent qu'ils ont peu de valeurs aux yeux de beaucoup d'acteurs. Leur préservation, voire leur restauration écologique, ne peuvent se concevoir sans qu'il y ait une meilleure communication entre le monde scientifique et la société. L'éducation à l'environnement devient ainsi aujourd'hui un enjeu de société si l'on veut que les résultats des travaux scientifiques puissent véritablement servir à la mise en œuvre d'un développement durable.

TROISIEME PARTIE

DYNAMIQUES FLUVIALES

Chapitre 5

DYNAMIQUE FLUVIALE HOLOCÈNE ET GÉOARCHEOLOGIE EN MILIEU FLUVIAL

Pierre-Gil Salvador, Gilles Arnaud-Fassetta, Nathalie Carcaud, Cyril Castanet, Laurie Ferdinand

Quand on aime la vie, on aime le passé parce que c'est le présent tel qu'il a survécu dans la mémoire humaine. Ce qui ne veut pas dire que le passé soit un âge d'or : tout comme le présent, il est à la fois atroce, superbe, ou brutal, ou seulement quelconque. M. Yourcenar, « Les yeux ouverts »

Ce chapitre s'intéresse au temps long des hydrosystèmes continentaux, envisagé par l'entrée de la dynamique fluviale. Il s'agit en premier lieu d'une approche disciplinaire relevant de la géomorphologie fluviale. Par l'intégration des temporalités longues, elle permet aussi une réflexion portant sur l'évolution des interactions Hommes-milieux, l'impact croissant des sociétés sur la dynamique des fonds de vallée à l'Holocène récent trouvant ainsi son expression à travers le concept d'anthroposystème. La géoarchéologie intègre aujourd'hui cette approche pluridisciplinaire qui engendre une forte activité scientifique depuis le début des années 1980 et que l'on limitera dans le cadre de cette présentation aux milieux alluviaux. Ces questions ont fait l'objet de synthèses récentes auxquelles nous renvoyons le lecteur pour une étude plus complète (Bravard, 1996 ; Bravard et Prestreau, 1997 ; Berger *et al.*, 1999, 2000 ; Bravard, 2002a ; Bravard et Magny, 2002).

Cette présentation s'organise en quatre parties abordant tout d'abord différents aspects épistémologiques et théoriques de l'approche géoarchéologique ; la seconde partie propose un panorama rapide de l'activité menée ces vingt dernières années, à travers le prisme étroit des thèses universitaires françaises de géographie ; la troisième partie traite d'aspects méthodologiques, là encore limités à des approches parmi les plus couramment utilisées ; enfin, la quatrième partie détaille plusieurs exemples pour illustrer le traitement des thématiques engendrées par cette recherche géoarchéologique. Cet exposé ne vise pas l'exhaustivité, il n'a pas vocation à apparaître comme un manuel, et s'intéresse plus particulièrement à la communauté des géographes, en réponse à la thématique développée dans le cadre de la Commission des « Hydrosystèmes continentaux » du Comité National Français de Géographie (CNFG). L'objectif est de montrer les différentes facettes des activités de recherche en géoarchéologie fluviale, du point de vue de quelques géographes français impliqués dans cette démarche.

Questions de définitions et d'épistémologie

Sans chercher à figer les mots par des définitions trop étroites, il nous paraît utile de repréciser le sens des principaux termes-clés utilisés de manière récurrente dans le domaine d'étude qui nous intéresse. Certains relèvent du concept et décrivent des formes d'investigation, comme la géoarchéologie, d'autres relèvent de champs disciplinaires, comme la géomorphologie fluviale, qui contribue à identifier les dynamiques fluviales holocènes construisant et régissant les plaines alluviales des fonds de vallée.

Géomorphologie fluviale ? Géoarchéologie ? Quelques précisions terminologiques

La géomorphologie fluviale constitue l'une des branches de la géographie physique. C'est une discipline de terrain, appliquée à l'étude de la morphogenèse des lits fluviaux et des processus naturels qui la commandent (débits liquides et solides, processus d'érosion et de sédimentation, forme des chenaux, rôle du climat, de la géologie du bassin versant, *etc.*). En France, son principal initiateur a été Jean Tricart, qui a développé à partir des années 1950 (Tricart, 1958) une recherche fondamentale ayant rapidement évolué vers les applications, au service des pays émergents (Bravard, 2002a). Les recherches engagées au début des années 1980 dans le cadre du PIREN-Rhône (Roux, 1982) ont renouvelé les approches conceptuelles et méthodologiques de la discipline en les intégrant dans une perspective environnementale, élargie à la dynamique de la plaine alluviale. C'est ainsi qu'apparaît le concept d'hydrosystème fluvial, qui considère la plaine alluviale d'un grand cours d'eau comme un « *complexe écologique formé d'unités spatiales emboitées et reliées entre elles par des flux* » (Bravard, 1996). L'étude de son fonctionnement prend en compte, à différentes échelles, les dimensions spatiales (longitudinale, transversale, verticale) et temporelle (Amoros et Petts, 1993). Dans cette approche interdisciplinaire, la morphodynamique fluviale permet d'établir les modalités de la genèse des formes structurant la plaine en une mosaïque complexe d'unités fonctionnelles.

En intégrant la dimension temporelle, la plaine alluviale devient un espace composite qui juxtapose les formes engendrées par la variabilité géomorphologique du cours d'eau : c'est « *l'espace d'enregistrement des changements de la dynamique fluviale à l'échelle des millénaires* » (Bravard et Petit, 1997). Les dépôts sédimentaires, qu'ils soient minéraux ou organiques, constituent de ce fait de véritables archives du paysage. Par ailleurs et pour de multiples raisons, axes de communication privilégiés, zones refuge, richesse de la ressource, les plaines alluviales ont souvent été le support d'une intense activité humaine et constituent des milieux particulièrement riches sur le plan archéologique. Les conditions de la mise en place des sédiments alluviaux par les cours d'eau sont propices à l'archivage sur la longue durée des témoignages de périodes culturelles multiples (Brown, 1997 ; Bravard et Salvador, 1999). C'est donc par l'entrée de la paléodynamique fluviale que l'intérêt du géomorphologue rejoint celui de l'archéologue, dans le cadre d'une approche interdisciplinaire à vocation géoarchéologique.

Ce terme de « géoarchéologie », relativement récent, trouve son origine dans la collaboration engagée entre les préhistoriens, les géologues et les géographes quaternaristes pour la constitution du cadre chronostratigraphique et climatique du Quaternaire (Berger *et al.*, 1999). Les années 1960 et 1970 virent ainsi l'apogée d'une école quaternariste française pratiquant la pluridisciplinarité à travers l'étude paléoenvironnementale (Bravard, 2002b). Cette réflexion s'est ouverte dans les années 1970 à la relation Homme/milieu et à l'archéologie du paysage sous l'impulsion de la *New Geography* et de la

New Archaeology, qui privilégient l'analyse des processus et des modèles spatiaux (Bailly et Ferras, 1997). Cité par Berger *et al.* (1997), Waters (1992) résume la diversité des approches prises en compte par la géoarchéologie de la manière suivante : « *La géoarchéologie utilise les techniques et les approches de la géomorphologie (étude des origines et des formes du paysage), de la sédimentologie (étude des caractéristiques et de la formation des dépôts), de la pédologie (étude de la formation du sol et de sa morphologie), de la stratigraphie (étude des séquences, de la corrélation des sédiments et des sols) et de la géochronologie (étude du temps dans les séquences stratigraphiques)* ». Pour Bravard (2002b), il ne s'agit donc pas d'une discipline mais plutôt d'« *un mode d'approche interdisciplinaire des relations entre la nature et les sociétés du passé* », qui regroupe des paléoenvironnementalistes et des archéologues autour d'un projet scientifique commun. C'est donc cette vision intégrée des relations sociétés/milieu qui permet de distinguer la géoarchéologie de la géologie du Quaternaire (Berger *et al.*, 2000), car elle inclut *de facto* les sociétés comme acteurs de l'évolution des milieux (Leveau, 1995 ; Burnouf et Leveau, 2004). Notons que cette distinction formelle ne paraît pas toujours indispensable, Jean-Pierre Daugas - alors Conservateur régional de l'archéologie en Rhône-Alpes - soulignant par exemple dans la préface d'un ouvrage récent (Bravard et Prestreau, 1997) qu'il n'est « *pas certain que le néologisme de géoarchéologie soit bien utile pour rebaptiser la géologie du Quaternaire, avec un effet de mode...* ». Dans la pratique, en raison de sa nature polysémique et de son caractère transdisciplinaire, la géoarchéologie regroupe sous son même nom des chercheurs aux formations et aux sensibilités très différentes. Un géoarchéologue peut être aussi bien un généraliste assurant le lien entre archéologie et sciences de l'environnement qu'un spécialiste s'intéressant à la restitution des environnements physiques ou encore privilégiant l'étude des sédimentations anthropiques.

La réflexion interdisciplinaire s'accompagne d'une autre évolution conceptuelle, notamment pour les archéologues. L'approche géoarchéologique suppose de ne plus focaliser les travaux sur un micro-espace (le site archéologique, la séquence alluviale) et une courte période mais de se placer dans une démarche dynamique et donc de jouer avec les échelles de temps et d'espace. Par exemple, pour comprendre la place d'un site archéologique au sein de la plaine alluviale, mais aussi son incidence sur la dynamique fluviale, il est indispensable de travailler sur l'ensemble du fond de vallée et de s'ouvrir à un cadre chronologique plus large que la stricte période d'occupation. On perçoit ainsi beaucoup mieux l'intégration du site à la mosaïque fluviale (éloignement du chenal, position au sein de la plaine d'inondation) et son impact dynamique (tout au moins localement). Berger *et al.* (1997) constatent ainsi que les études géoarchéologiques actuelles se divisent en deux grandes catégories, celles qui sont menées en étroite collaboration avec les archéologues et focalisant sur les sites d'habitat, qui ont d'ailleurs conduit au développement de la taphonomie (évolution des sites), et celles hors site et à plus petite échelle qui s'intéressent plus spécifiquement aux évolutions paléoenvironnementales.

La prise en compte des différentes temporalités est un point déterminant des études à perspective géoarchéologique. Leveau (1997) rappelle qu'il faut « *admettre l'autonomie de systèmes temporels différents du temps historique traditionnel et bien distinguer les causes et les successions historiques* ». C'est l'idée que l'environnement ne se construit pas au rythme unique du temps chronologique mais intègre des temporalités, des pas de temps différents (Bravard, 1998 ; Leveau *et al.*, 2000 ; Bertrand et Bertrand, 2000). Pour expliquer les paysages fluviaux de la Loire ligérienne, Carcaud (2004) fait ainsi intervenir trois échelles de temps. L'échelle multimillénaire explique la mise en place des paysages des Vals de Loire, en réponse au réchauffement climatique postglaciaire, et permet de prendre en compte les héritages. Le « *temps des interactions* » traduit des liens entre nature et sociétés du Néolithique moyen à la fin de l'Age du Fer et, à partir de l'époque gallo-romaine, le « *temps des forçages* » est celui où les sociétés acquièrent un rôle prépondérant et où la notion d'anthroposystème s'exprime pleinement. La prise en compte d'une approche systémique des cours d'eau, de la variabilité des échelles spatiales et temporelles, est ainsi au cœur des études géoarchéologiques en milieu fluvial.

L'évolution des recherches géoarchéologiques françaises dans le domaine fluvial

Des terrasses au lit fluvial

En France, peut-être plus que dans d'autres pays, les quaternaristes ont abordé l'étude des formations alluviales avec une certaine retenue, leur préférant souvent d'autres types de formations superficielles (sédimentations lacustres, karstiques, tourbières, marais maritimes, formations glaciaires...). Comme le souligne Macaire (1990), cette prudence tient avant tout au pouvoir discriminant des systèmes fluviaux qui ne conservent dans les enregistrements stratigraphiques qu'une fraction plus ou moins événementielle de leur histoire.

Il n'en demeure pas moins que les vallées sont des lieux d'archivage morphologique et sédimentaire. Un certain nombre de chercheurs, essentiellement durant la seconde partie du XXème siècle, vont s'attacher à caractériser les formations alluviales (en position de terrasse essentiellement) et à les exploiter comme marqueurs des évolutions climatiques quaternaires et de la diversité spatiale des réponses hydrologiques. Le colloque de l'Association Française d'Etude du Quaternaire (AFEQ) de 1983 « Signification dynamique et climatique des formations et terrasses fluviatiles quaternaires » offre une bonne synthèse des travaux engagés à cette époque (Sommé, 1984). Dans ces études, constate Bravard (2002b), l'approche proposée par les quaternaristes français est ancrée dans une démarche plurielle. Les formes et les formations superficielles sont étudiées dans le but de comprendre les paléoenvironnements et les chercheurs mettent en commun leurs compétences pour aboutir à une interprétation pluridisciplinaire des archives sédimentaires.

À partir de la fin des années 1970, les travaux vont « descendre » des terrasses alluviales pour se focaliser sur les fonds de vallée. On voit donc s'opérer un glissement vers un ensemble spatio-temporel plus étroit. Il a lieu durant une période de développement des aménagements dans les plaines alluviales où les grands travaux hydrauliques et les ouvertures de gravières et de sablières offrent de nombreuses fenêtres d'observation stratigraphique. On découvrira alors un potentiel et une complexité stratigraphique jusque-là sous-estimés et souvent considérés, par les cartes géologiques notamment, comme très homogènes.

L'essentiel des recherches menées durant les années 1980 s'inspire des approches des quaternaristes. L'objet central des travaux est toujours l'étude des enregistrements stratigraphiques utilisés comme l'expression de l'évolution de la dynamique du cours d'eau et des variables bioclimatiques au sein de son bassin versant. C'est ce que précise André Weisrock en 1990 : « *Vouloir étudier la formation des fonds de vallée revient à se poser deux questions primordiales : celle de l'origine des creusements responsables de la forme actuelle des versants de la vallée et celle de la constitution des remblaiements responsables du remplissage qui lui confère un fond plus ou moins plat* ».

À la suite du colloque « Rythmes d'évolution morphologique depuis l'Holocène en milieux tempérés et froids » organisé à Meudon en 1991 par René Neboit-Guilhot et Marie-Françoise André, Jean-Paul Bravard propose une première synthèse des recherches portant sur les rythmes d'évolution morphologique des vallées françaises depuis le Tardiglaciaire (Bravard, 1992). Il souligne l'importance des efforts consentis depuis la fin des années 70 et l'intérêt des premiers travaux tout en expliquant qu'il s'agit de données dispersées qui ne permettent pas encore de reconstitutions valables pour l'ensemble d'un bassin versant. Trois grands types d'ensembles dynamiques et de milieux géographiques livrent déjà des résultats. Il s'agit des petits vallons drainés par des cours d'eau de rang inférieur, des grandes vallées périglaciaires du nord de la France, et notamment du bassin de la Seine, ainsi que des grandes vallées montagnardes influencées par l'englacement quaternaire des massifs dont elles sont issues (Alpes, Massif Central et Vosges). Jean-Paul Bravard démontre l'intérêt de généraliser ce type de recherches à l'ensemble du territoire français afin de mieux cerner la diversité régionale des comportements fluviaux. Dans ces travaux, si l'approche est, à l'image des recherches plus anciennes, résolument plurielle, les questions sont généralement posées par des chercheurs venus des sciences de la Terre (géomorphologues et géologues des formations superficielles essentiellement). L'étude des sociétés et de leur incidence sur la dynamique fluviale est encore balbutiante et les sites archéologiques sont souvent utilisés comme de simples « chronomètres » stratigraphiques (Joëlle Burnouf, discussions de conclusion au séminaire de Motz, juin 2001).

Juste une décennie après le colloque de Meudon, le séminaire de Motz (juin 2001), consacré aux variations paléohydrologiques en France depuis 15000 ans et organisé par Jean-Paul Bravard et Michel Magny, permet de dresser un bilan des recherches récentes menées en France (Bravard et Magny, 2002). Les problématiques et la pratique de l'interdisciplinarité ont évolué : il s'agit de recherches menées en réponse à l'appel d'offres CNRS « Histoire des interactions sociétés/nature » du comité Système Ecologique et Développement Durable (SEDD) du Programme Environnement Vie et Sociétés (PEVS). Dans l'avant-propos à la publication de ces travaux, Christian Lévêque et Tatiana Muxart rappellent : « *La connaissance du passé des anthroposystèmes est, à bien des égards, non seulement utile mais nécessaire. Elle est la seule à permettre de recadrer les relations actuelles des sociétés avec leurs environnements dans une trajectoire temporelle, montrant, entre autres, le poids et le rôle des héritages, naturels ou induits par les aménagements passés, dans l'état et le fonctionnement présent du système. (...) L'intérêt des recherches rétrospectives réside donc dans leur capacité à éclairer les acteurs sociaux sur les décisions politiques à prendre en matière de gestion des milieux et des ressources qui permettront d'assurer une durabilité écologique, économique et sociale du système dans le futur* » (Lévêque et Muxart, *in* Bravard et Magny, 2002).

On voit principalement deux idées neuves germer au sein de ces programmes scientifiques. Les paléoenvironnementalistes, déjà rodés à l'interdisciplinarité dans leurs travaux sur le passé, s'ouvrent au monde des « actualistes ». Leurs connaissances acquièrent une utilité pour les sociétés contemporaines et l'on commence à les prendre en compte dans les réflexions prospectives menées en matière de développement ou de gestion durables des hydrosystèmes. Ces nouvelles fonctions accordées aux recherches paléoenvironnementales ont enrichi les problématiques qui sont désormais largement centrées sur l'environnement des Hommes et les interactions dynamiques qui en découlent. Les équipes travaillent, par exemple, sur les concepts de crise hydrologique, de gestion de l'aléa et du risque d'inondation, et sur les effets de l'anthropisation des paysages végétaux sur la dynamique fluviale.

Les apports de la « jeune » école française de géoarchéologie

Bravard (2000) a montré que l'émergence de la géoarchéologie dans le paysage universitaire français au cours des années 1970 trouve son origine dans les investigations menées en Grèce et en Italie par une génération de géographes normaliens « *imprégnés de culture classique* » (Bernard Bousquet, Jean-Jacques Dufaure, Lucien Faugères, René Neboit) et s'interrogeant sur l'évolution des paysages méditerranéens, une question à la croisée des dynamiques naturelles et anthropiques. Des travaux aux thématiques comparables sont également menés durant la même période au Proche-Orient par Jacques Besançon et Paul Sanlaville (Besançon, 1975 ; Sanlaville, 1973). Dans son travail d'habilitation, Fouache (2001) rappelle cette filiation qui conditionne les travaux à vocation géoarchéologique développés encore aujourd'hui par des géographes sur le pourtour méditerranéen (Jean-Louis Ballais, Rémi Dalongeville, Eric Fouache, Bernard Geyer, Catherine Kuzucuoglu, Laurent Lespez, Christophe Morhange pour ne citer qu'eux).

En France, les études géoarchéologiques se développèrent au début des années 1980 sous l'impulsion d'un pôle aixois avec Maurice Jorda dans les Alpes du Sud puis Mireille Provansal en Basse Provence calcaire, dans la vallée du Rhône et sur le littoral méditerranéen. Dans la région lyonnaise, cette approche, que l'on détaillera ici à titre d'exemple, trouve ses sources dans la collaboration interdisciplinaire initiée par Jean-Paul Bravard et confortée par Agnès Vérot-Bourelly (Vérot *et al.*, 1989) avec les archéologues universitaires (Joëlle Burnouf par exemple) ou issus des services archéologiques (comme Anne Le Bot, SRA Rhône-Alpes), à l'occasion des opérations de fouille préventive précédant les grands chantiers de travaux publics qui ont bouleversé la ville à partir de 1986 (métro, parkings souterrains, *etc.*). Il s'agissait, à partir de sites urbains antiques, de démêler l'écheveau complexe des interactions entre le fleuve et les sociétés riveraines. L'intérêt d'une démarche commune est précisé : « *L'archéologie en milieu urbain permet d'affiner les datations et la périodisation paléohydrologique ; en retour elle peut trouver un nouveau champ d'investigation qui est l'adaptation de la ville à la fluctuation des contraintes fluviales* » (Bravard *et al.*, 1989 *in* Leveau, 1995). Les bases d'une géoarchéologie fluviale lyonnaise étaient ainsi posées. Les études concernèrent essentiellement des sites urbains, tels les travaux menés en aval de Lyon sur les sites de Vienne (38) et de Saint-Romain-en-Gal (69), qui montrèrent que « *la ville aurait pu s'implanter et se développer à la faveur d'une période d'hydrologie déficiente et d'incision du lit [rendant] possible l'occupation des plaines basses. Ainsi s'expliquerait l'installation à l'emplacement de ce que l'on considère aujourd'hui comme le lit majeur et qui, au regard du régime fluvial moderne, apparaît comme une zone inondable, naturellement peu favorable au développement urbain* » (Bravard *et al.*, 1990). Dans la continuité de ce travail, l'auteur insistait plus récemment sur la nécessité de prendre en compte l'histoire géomorphologique des cours d'eau si l'on voulait pouvoir appréhender avec pertinence la question du risque fluvial dans les fonds de vallée (Bravard, 2007).

En guise de bilan : un état partiel des lieux, sous l'angle de la géographie universitaire (thèses)

La géoarchéologie est un objet par essence pluriel dans la mesure où elle souhaite mieux approcher les dynamiques environnementales du passé en se plaçant dans une approche interdisciplinaire et multi-échelles spatio-temporelles. De part son projet, la démarche géoarchéologique intéresse donc un public varié dont le recensement exhaustif est malaisé. Les protagonistes se retrouvent pour la plupart répartis dans les laboratoires de recherche (Université/CNRS) relevant du domaine des sciences de l'Univers (SDU) ou des sciences humaines et sociales (SHS), auxquels il faut ajouter les spécialistes géomorphologues travaillant dans le cadre de l'INRAP (Institut National de Recherches Archéologiques Préventives) et des pôles archéologiques de certains départements et agglomérations. Bravard (2002a) a esquissé une première synthèse des pôles d'activité des géographes montrant un maillage très inégal du territoire français. La région parisienne et le Sud-Est, avec les pôles lyonnais et aixois, sont parmi les mieux représentés et les plus anciens pour le second ; des recherches se sont développées également à la fin des années 80 en Lorraine et dans le Massif Central, dans la vallée de la Somme et plus récemment dans la vallée de la Loire. Mais l'auteur souligne le peu d'initiatives engagées dans le Sud-Ouest, l'Ouest, le Nord et l'Est de la France, où les travaux sont encore peu avancés ou inféodés à des chercheurs isolés. L'analyse des communications proposées dans le cadre d'un colloque organisé en 2002 et portant sur l'étude des paléoenvironnements des rivières et des lacs français depuis 15000 ans (Bravard et Magny, 2002) corrobore cette répartition géographique inégale des recherches et souligne également la disparité des fenêtres chronologiques documentées, le Nord de la France offrant par exemple une information plus riche pour la période du Tardiglaciaire alors que l'Holocène est mieux renseigné dans la vallée du Rhône.

Nous avons cherché à compléter l'information en considérant le nombre de thèses de géographie soutenues depuis une vingtaine d'années en France, ce qui représente *grosso-modo* deux générations de chercheurs et coïncide avec la généralisation des nouveaux doctorats réalisés généralement en trois ou quatre ans. Ce recensement exploite le fichier du SUDOC (Système universitaire de documentation) identifiant les thèses soutenues et le Fichier Central des Thèses, hébergé sur le site de l'université Paris 10, qui permet de relever les thèses en cours (http://fct.u-paris10.fr). L'enquête porte exclusivement sur les travaux des géographes répertoriés en tant que tels et en lien avec la dynamique fluviale holocène et la géoarchéologie en milieu fluvial, cette entrée très spécialisée expliquant d'emblée le faible volume de la production comptabilisée. L'inventaire rassemble 34 thèses réalisées entre 1988 et 2008. Elles se distribuent selon un flux variable mais néanmoins modeste de 0 à 3 soutenances par an, l'année 2007 faisant exception avec 5 thèses soutenues (figure 5.1). On observe néanmoins sur la durée une certaine régularité, signe d'un intérêt récurrent porté aux problématiques géoarchéologiques des fonds de vallée, tout au moins durant ces vingt dernières années.

Les universités parisiennes (Paris 1, 4, 7, 12) et celle de Provence (Aix-Marseille 1) constituent les deux pôles majeurs de la production avec respectivement 11 et 9 thèses soutenues. On peut encore considérer un groupe d'universités comptabilisant chacune 2 à 3 thèses (Lyon 3, Saint-Etienne, Clermont-Ferrand 2, Limoges et Nancy 2), le reste de la production scientifique se répartissant à l'unité entre les autres universités (Lille 1, Rennes 2, Montpellier 3, Chambéry). Cette concentration des travaux universitaires ne s'est dessinée que progressivement. Dans la première décennie, jusqu'en 1997, les thèses se distribuaient majoritairement à l'unité entre différentes universités, Lyon 3 (avec Jean-Paul Bravard), Lille 1 (Jean Sommé), Nancy 2 (André Weisrock), Clermont-Ferrand 2 (Bernard Valadas), Aix-Marseille 1 (Mireille Provansal), Paris 1 (Alain Godard), Paris 4 (Jean-Jacques Dufaure, Jean-Paul Bravard) et Chambéry (René Lhenaff). L'université Lyon 3 a centralisé trois thèses coordonnées par Jean-Paul Bravard en 1988, 1991 et 1996. L'université d'Aix-Marseille 1 apparait de manière récurrente à partir de 1998, les travaux étant en grande partie menés sous la direction de Mireille Provansal. Les universités parisiennes sont très présentes à partir de 2003 (8 des 14 soutenances comptabilisées), sous l'égide de directeurs différents, Jean-Paul Peulvast, Charles Le Cœur, Brigitte Coque, Eric Fouache, Monique Fort, Gilles Arnaud-Fassetta.

Les investigations s'appliquent pour les deux tiers (24) au territoire métropolitain, qui est exploré de manière très inégale. Les travaux s'intéressent aux vallées de la Somme en Picardie, de la Meurthe et de la Moselle en Lorraine, de la Saône et du Rhône, un fleuve prospecté de son cours supérieur à son delta. Elles ont également porté sur plusieurs vallées alpines, l'Arve, l'Isère et la Durance, et sur les organismes torrentiels ; le

Massif Central est représenté par les travaux menés sur la vallée de la Dore, ainsi que ceux réalisés sur la Limagne clermontoise et le Devès, ces derniers étant plus axés sur des problématiques en lien avec les zones humides (tourbières). Le bassin versant massif centralien de la Loire, la vallée de la Loire moyenne et celle de la Claise tourangelle ont également fait chacun l'objet d'une étude, de même que la vallée de l'Ariège dans le Sud-Ouest, la vallée de l'Aube en Champagne et la vallée de la Beuvronne en Ile-de-France. Le tiers-restant des études (10) porte sur des territoires étrangers du pourtour méditerranéen, la Grèce et ses îles, la Macédoine et le Liban (7), le Maroc, la Tunisie et l'Italie. Cette répartition d'ensemble marque dans le détail une évolution sensible des secteurs d'étude si l'on distingue les deux décennies. La France est largement privilégiée durant les années 90 (16/18 études) alors que les années 2000 marquent une nette évolution au profit des terrains d'étude étrangers (8/ 12 depuis 2004). Les deux tiers des travaux recensés privilégient la période holocène, et particulièrement l'Holocène récent, un grand nombre d'entre eux intégrant les problématiques en lien avec l'anthropisation des systèmes fluviaux. Quelques études plus résolument orientées sur les dynamiques naturelles intègrent des temporalités plus longues et s'étendent jusqu'au Pléniglaciaire supérieur, voire jusqu'au Plio-quaternaire pour l'étude à petite échelle réalisée par Defive (1996) sur l'enfoncement du réseau hydrographique de la Loire massif centralienne.

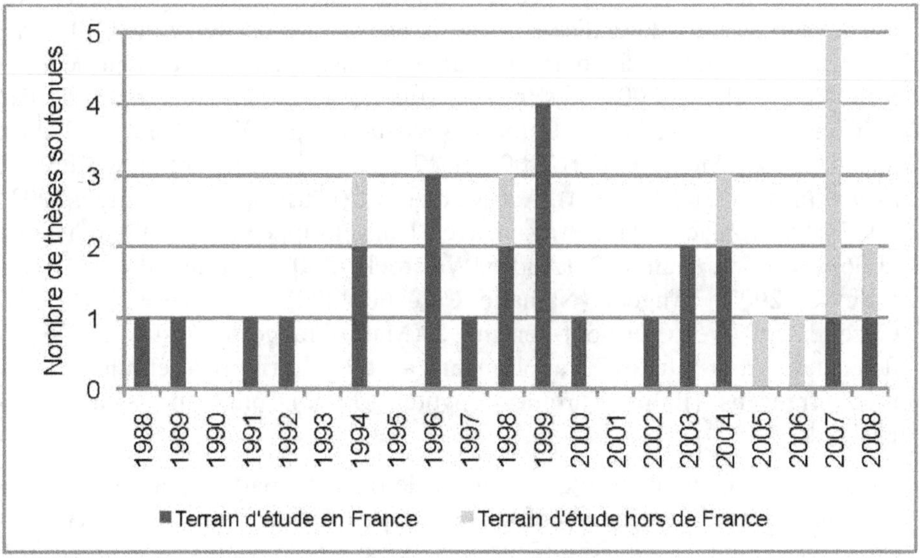

Figure 5.1 - Nombre de thèses soutenues dans les universités françaises entre 1988 et 2008 portant sur la dynamique fluviale holocène et la géoarchéologie

Très concrètement, l'analyse du parcours professionnel des chercheurs impliqués dans une démarche géoarchéologique peut aider à comprendre la répartition géographique des recherches. On le voit, par exemple, dans le cas de Nathalie Carcaud, recrutée comme Maître de Conférences en géographie à l'université d'Angers en 1993 à la suite d'une thèse soutenue à l'université de Nancy II (1992). Cherchant à développer des recherches en géoarchéologie fluviale sur le bassin de la Loire aval, elle s'associe avec Joëlle Burnouf, Professeure en archéologie médiévale à l'université de Tours, et Lionel Visset, Professeur en palynologie à l'université de Nantes. En 1996, cette première ébauche de réseau pluridisciplinaire aboutit à la création d'un programme de recherche régional porté par le Service Régional de l'Archéologie de région Centre « Géoarchéologie de la Loire moyenne et de ses marges ». À partir de 1997, les travaux se sont étendus à l'ensemble du bassin versant de la Loire avec le soutien du CNRS (PEVS puis Zone Atelier). Les projets développés par l'équipe ont permis l'accueil de 4 doctorants : Morgane Liard (Université de Rennes II, thèse soutenue en 2004), Arnaud Tourmant (Université de Saint-Etienne, thèse soutenue en 2007), Cyril Castanet (Université de Paris 1, thèse soutenue en 2008) et Julienne Piana (Université d'Angers, hèse en cours depuis 2005). On voit ici trois facteurs se conjuguer, le souhait d'un enseignant-chercheur de proposer des travaux en géoarchéologie, la motivation d'étudiants, l'existence d'un potentiel géographique à étudier.

Cette activité des géographes trouve aujourd'hui son prolongement à travers les thèses en cours de réalisation. Le fichier central des thèses (FCT) permet d'identifier 14 thèses en cours mais dont les inscriptions remontent déjà pour trois d'entre elles à 2002. Les travaux sont portés par les universités de Paris 1 (Charles Lecoeur, 2002 ; Catherine Kuzucuoglu, 2007), Paris 7 (2 thèses encadrées par Monique Fort, 2003 et 2005, dont la première en co-direction avec Gilles Arnaud-Fassetta), Aix-Marseille 1 (Christophe Morhange, 2003 et 2007), Lyon 2 (Jean-Paul Bravard avec Jean-Philippe Goiran et Yann Callot, 2006 et 2008), Nancy 2 (André Weisrock, 2002), Montpellier 3 (David Lefèvre, 2002), Angers (Nathalie Carcaud, 2005), Toulouse 2 (François Gazelle, 2007) et Clermont-Ferrand 2 (Marie-Françoise André, 2005). Les deux-tiers des études s'appliquent à des territoires étrangers péri-méditerranéens (Italie, Turquie, Egypte, Maroc), plus une ayant trait à l'Islande.

Au final, si cette analyse des travaux de doctorat participe à une meilleure connaissance de la géoarchéologie en milieu universitaire, elle n'en décrit nullement toute la diversité. Plusieurs biais sont rappelés. L'exercice s'est limité à la prise en compte des contributions d'une seule communauté, celle des géographes, excluant de ce point de vue l'intégration pourtant essentielle des collègues (Jean-François Berger, Jean-François Pastre, Christophe Petit,

Boris Vannière,...) travaillant sur les problématiques géoarchéologiques mais issus d'autres cursus et formations académiques. On notera aussi qu'un grand nombre d'études sont menées dans le cadre de travaux de master sans se prolonger nécessairement par la réalisation d'un doctorat. Enfin, il faudrait avant tout intégrer l'ensemble des publications scientifiques (articles, ouvrages et chapitres d'ouvrage, actes de colloques...) pour avoir une idée plus fine de l'ensemble de la production scientifique en géoarchéologie fluviale.

Quelques éléments de méthode : l'utilisation des données hydrogéomorphologiques pour les reconstitutions paléoenvironnementales en contexte archéologique

La géomorphologie fluviale a eu de nombreuses applications dans la reconnaissance des paléodynamiques ayant contribué à l'édification des plaines alluviales, les études recourant de manière régulière mais non systématique à trois approches hydromorphométriques relevant de cette discipline, la paléohydrographie, la paléohydrologie et la paléohydraulique (Arnaud-Fassetta, 2006, 2007). Leur mise en pratique passe par l'utilisation de données sources conventionnelles qui constituent la base de l'information, telles les archives textuelles et iconographiques pour les derniers siècles, l'imagerie récente depuis les années 50 (photographies aériennes, images satellites, cartes) et les relevés de terrain. Ce *modus operandi* s'enrichit régulièrement de nouveaux outils et techniques d'acquisition des données, elles-mêmes organisées et interrogées aujourd'hui à l'aide des Systèmes d'Information Géographique (SIG). Ce paragraphe a pour objet de décrire, en s'appuyant sur des exemples, les grands principes de mise en application de ces trois approches hydromorphométriques.

La paléohydrographie, comme base de définition de l'image des cours d'eau

L'objectif de l'analyse paléohydrographique est de cartographier les anciens réseaux de drainage, autant que possible à l'échelle de la plaine alluviale. Cette cartographie des paléoréseaux est déduite de données géomorphologiques et stratigraphiques restituées dans un cadre chronologique.

Les données **géomorphologiques** sont issues de l'analyse détaillée des cartes topographiques/géologiques (échelle : 1/25.000 à 1/50.000) couplée à la photo-interprétation. La carte topographique et les photographies aériennes contribuent largement à la reconnaissance des paléotracés dans les secteurs de plaine à faible recouvrement sédimentaire. L'analyse de la morphologie du parcellaire à partir de la carte topographique facilite cette identification, par exemple à travers la disposition semi-circulaire ou la nature hydromorphe des parcelles épousant la forme des paléoméandres. L'utilisation de missions photographiques est déterminante dans l'identification des paléotracés et des unités morpho-sédimentaires car elle permet de localiser, en observant les contrastes de luminosité, les zones hydromorphes et donc les anciens tracés d'écoulement. Les photographies aériennes sont aujourd'hui numérisées, orthorectifiées et géoréférencées afin d'être intégrées aux bases de données SIG et permettre ainsi une étude diachronique fine des états de surface.

On sait que les plaines de remblaiement holocène présentent souvent une topographie très peu marquée, les crues historiques contribuant à uniformiser localement les modelés de détail sous une couverture d'alluvions limono-sableuses. Cela ne facilite pas l'individualisation des formes, tels les niveaux de basse terrasse, sur la base des cartes topographiques au 1/25.000, alors même que les observations de terrain permettent souvent de constater la persistance de micro-reliefs bien lisibles et reliés aux séquences alluviales fossiles. On pallie parfois cette difficulté en élaborant des Modèles Numériques de Terrain (MNT) sur la base de campagnes de mesures topographiques. Il peut s'agir de nivellements réalisés sur le terrain. Ainsi sur le Haut-Rhône, dans la plaine alluviale des Basses Terres (figure 5.4), une base de données de 3161 points de mesure réalisée par un cabinet de géomètres lors de l'implantation d'un barrage hydroélectrique a permis de produire un document en classes d'altitude beaucoup plus précis que la carte topographique de référence (Salvador, 2005). Sur la Loire moyenne et aval, le MNT analysé relève d'une campagne de mesure aéroportée utilisant la technique LiDAR (Light Detection And Ranging). Les technologies et les méthodes de lasergrammétrie aéroportée ont permis de relever un semi de points d'une densité supérieure à 1 point pour 4 m^2 soit environ 500 000 points pour une dalle de 1 km^2 (Castanet, 2008). Le MNT analysé présente ainsi une très haute résolution. Dans la plaine de l'Isonzo, le modèle est extrait par photogrammétrie digitale (Siché, 2008).

Les résultats sont régulièrement confrontés aux observations de terrain, en collaboration avec les acteurs locaux de la conservation et de la mise en valeur du patrimoine culturel (SRA, INRAP). Dans la plaine des Basses Terres, des prospections systématiques à vocation archéologique ou paléoenvironnementale ont permis d'identifier des linéaires de berge fossile non repérés sur les documents. Ces observations de terrain ont systématiquement fait l'objet d'un relevé par GPS, afin de valider et compléter le plus précisément possible les résultats cartographiques. Ce travail de localisation a montré un degré de précision variable, compris entre 5 m et 40 m en longitude et latitude, lié à la qualité fluctuante de la réception du signal satellitaire (couverture nuageuse, position d'abri du site de mesure, couvert végétal...). La précision des mesures est apparue dans tous les cas bien supérieure à un simple positionnement manuel sur une carte topographique.

Les données **stratigraphiques** sont généralement issues des coupes réalisées à la pelle mécanique perpendiculairement à l'axe d'écoulement des paléochenaux fluviatiles, quand le terrain est accessible, ce qui est loin d'être systématique en milieu urbain, mais aussi souvent en reconstituant la géométrie verticale du remblaiement alluvial à l'aide de sondages ponctuels de profondeur très variable, jusqu'à 25 m dans la plaine de l'Isonzo au droit du site d'Aquilée. Les coupes stratigraphiques contribuent dans une première approche à identifier l'existence des paléoformes fluviales enfouies sous les « inondites », d'en décrire la nature (chenal, berge, banc de convexité...) et d'en repérer l'éventuelle succession (emboitements de formes), généralement sur un même axe d'écoulement privilégié. L'exploitation plus avancée des données stratigraphiques peut s'avérer nécessaire à la reconnaissance du caractère fluviatile des dépôts. Les milieux de sédimentation et les lithofaciès sont alors définis en ayant recours aux techniques d'analyse classiques (Leopold *et al.*, 1964 ; Miall, 1996). Les changements verticaux et latéraux de faciès sont montrés par les variations granulométriques, l'évolution des structures sédimentaires, les composants biogéniques et l'abondance du matériel organique. Outre les données de paléomorphologie fluviale, la stratigraphie peut aussi révéler des aménagements anciens (remblais, quais, moulins, levées...). La caractérisation de la morphostratigraphie des dépôts, basée sur l'analyse des carottes sédimentaires et des observations stratigraphiques ponctuelles, présente des limites relatives à la représentativité des observations et au coût des investigations. Les approches géomorphologiques, sédimentologiques et géophysiques intégrées sont susceptibles de pallier ces difficultés. Reproductibles, spatialement intégrantes et non intrusives, les méthodes géophysiques mises en œuvre sont notamment les méthodes électriques (sondages électriques), électromagnétiques (méthode Slingram) et radar (*Ground Penetrating Radar*).

Les formes fluviales sont datées par différentes méthodes. L'objectif est d'établir la succession chronologique des séquences alluviales à l'échelle de la plaine alluviale. Les méthodes de datation employées dépendent de l'échelle temporelle prise en compte. Elles conjuguent des méthodes indirectes et indépendantes fournissant une chronologie absolue à l'échelle de l'Holocène, comme la datation **radiocarbone** (Evin et Oberlin, 1998), appliquée au contenu organique des dépôts alluviaux (fragments de bois, de graines, d'écorce d'arbre, de charbons de bois), et la datation **OSL** (Optically Stimulated Luminescence), qui permet d'estimer directement l'âge des dépôts minéraux (Aitken, 1998). Des méthodes de datation relative contribuent à préciser le cadre chronologique. Le **mobilier archéologique** est couramment utilisé comme marqueur chronologique des niveaux sédimentaires. Son utilisation requiert les mêmes précautions méthodologiques que le matériel organique, en ce qui concerne les problèmes de redistribution post-sédimentaire. Les vestiges archéologiques sont quelquefois de bons indicateurs paléohydrographiques (ponts, structures portuaires, épaves) et renforcent l'interprétation paléogéographique. Par exemple, la mise au jour d'un aménagement de berge attribué à la fin du IIème siècle ap. J.-C. en bordure du tracé antique dans la plaine des Basses Terres conforte l'idée d'un Rhône encore actif à cette époque (Bleu *et al.*, 2003). Par ailleurs, la caractérisation du linéaire discontinu des turcies (digues médiévales), bâties sur les levées de berge naturelles de plusieurs paléochenaux de la Loire en val d'Orléans, permet de proposer une activité médiévale de ces chenaux (Castanet, 2008 ; figure 5.5).

Figure 5.2 - Extrait de la carte de Cassini (1758) dans la plaine des Basses Terres (Haut-Rhône)

Les périodes moderne et contemporaine sont riches en **textes et documents iconographiques** qui permettent d'identifier les grands traits du paysage structurant les fonds de vallée : réseau hydrographique, végétation, infrastructures humaines (villages, voies de communication). La démarche classique consiste en une analyse régressive du paysage (Chouquer, 2000) sur la base des documents iconographiques. La comparaison des différentes cartes anciennes se fait sur la base d'une superposition avec la carte topographique actuelle. Mais, en raison de la diversité des types de projection utilisés pour leur réalisation et des approximations géométriques qui en découlent, la transposition des tracés reste parfois du domaine de l'interprétation. En raison d'une restitution géométrique très aléatoire, les cartes à petite échelle des XVIIème et XVIIIème siècles apportent des informations essentiellement qualitatives, très utiles à l'identification d'un style fluvial dans sa globalité, mais beaucoup moins efficaces pour repérer un paléotracé isolé. Elles renseignent également sur la nature de l'occupation du sol dans la plaine alluviale, zones cultivées, zones boisées ou marécageuses en particulier. Dans le secteur des Basses Terres, la carte de Cassini (levés de 1758) constitue le premier document relativement précis à l'échelle de la plaine (figure 5.2). C'est un document réalisé au 1/86.400 qui propose une figuration hiérarchisée de l'habitat (statut administratif, fonction). Il reste d'une précision approximative dans la représentation des éléments du relief. La correction géométrique de la carte, en vue d'une superposition avec le Scan 25, montre que le positionnement des paroisses est fiable. En revanche, le tracé des cours d'eau présente des distorsions significatives avec la réalité et ne permet pas de réaliser une observation quantifiée. On peut néanmoins repérer les principaux axes d'écoulement, définir clairement le style fluvial du Rhône et les principaux modes d'occupation du sol. Il existe néanmoins dès cette époque des cartes bien plus détaillées s'expliquant par l'attention particulière portée à un secteur. C'est le cas de la confluence du Rhône avec le Guiers, cartographiée vers 1729 au 1/6000, dont le cours fluctuant constitue la frontière entre le Royaume de France et le Duché de Savoie. Dans quelques cas trop rares on peut disposer - pour un même lieu et une même période - de sources iconographiques complémentaires qui facilitent la reconstitution des paléopaysages. Tel est le cas pour la Loire angevine au XVIIème siècle (figure 5.3).

Les documents réalisés au XIXème siècle sont beaucoup plus précis et détaillés à l'échelle de la plaine. Le cadastre napoléonien, au 1/5000e, restitue le détail du parcellaire de la plaine et les modes d'occupation associés. L'Atlas du Rhône (1857-1866), établi au 1/10.000 par l'administration des Ponts-et-Chaussées (Service Spécial du Rhône), identifie ainsi la structure et la nature du parcellaire et apporte également les premières mesures topographiques réalisées dans la plaine des Basses Terres. La carte du « Cours de la rivière Loire » dressée au milieu du XIXème siècle par les ingénieurs des Ponts-et-Chaussées suites aux crues de 1846 et 1856 couvre l'intégralité du lit majeur de la Loire et constitue pour ces mêmes raisons un document de référence.

L'ensemble de ces informations permet d'envisager une synthèse chronologique de l'évolution des paléotracés au sein des plaines alluviales, que nous appréhenderons à travers les exemples des plaines alluviales du Haut-Rhône dans le secteur des Basses Terres dauphinoise et de la Loire moyenne dans le val d'Orléans.

La Loire angevine à la fin de l'époque moderne : paysages fluviaux, usages et aménagements du fleuve.

La Loire adopte un style fluvial à chenaux multiples et à îles relativement instables durant le Petit Age Glaciaire. L'ambivalence du milieu fluviatile ligérien à l'égard des sociétés apparaît dans son occupation, son façonnement et sa transformation par les communautés riveraines de la Loire. Les agglomérations établies sur les rives, les chalands, les ports, les moulins, les aménagements de berge et les

A - Profil du château de Montjean en Anjou (Coll. Gaignières, XVIIe s., Paris, BNF, Cabinet des estampes).
B - Carte de la Loire autour de Montjean(Bonvoux, archives nationales, XVIIe s.).

A

B

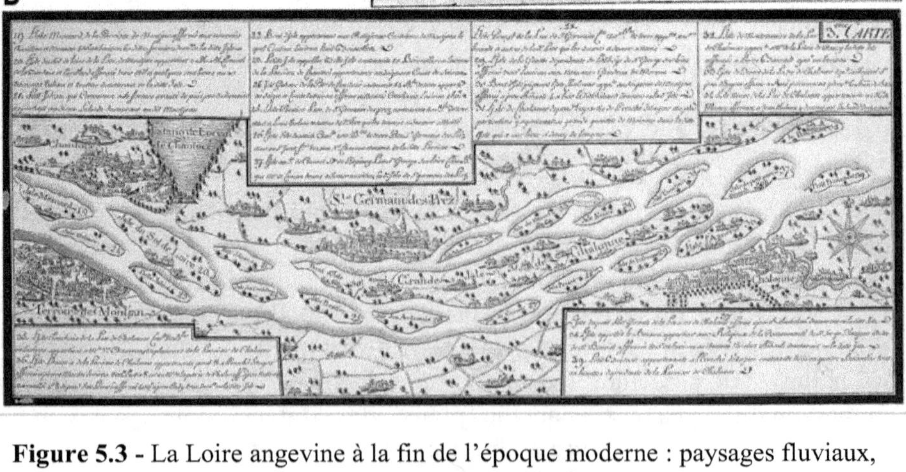

Figure 5.3 - La Loire angevine à la fin de l'époque moderne : paysages fluviaux, usages et aménagements du fleuve

La plaine alluviale du Rhône des Basses Terres fait l'objet d'investigations géoarchéologiques depuis le début des années 1980 (Bravard, 1983a, 1987). Elles se développent aujourd'hui dans le cadre d'une équipe pluridisciplinaire regroupant des spécialistes des archéosciences et de l'archéologie, coordonnée par Jean François Berger (CNRS-CEPAM) et organisée au sein d'un Programme Commun de Recherche (PCR) intitulé « Peuplement et milieu en Bas-Dauphiné (Isle Crémieu), de l'apparition de l'agriculture à l'époque moderne ». Les résultats ont été valorisés dans plusieurs publications et rapports (par exemple Salvador *et al.*, 2004, 2005 ; Berger, 2005 ; Gaucher *et al.*, sous presse). Cette plaine alluviale constitue le sommet du remblaiement glacio-lacustre d'un ancien ombilic modelé par l'action du glacier würmien. Elle s'étend entre les chainons calcaires du Bugey méridional au Nord et à l'Est, le plateau calcaire de l'Isle Crémieu à l'Ouest et le plateau molassique à recouvrement morainique des Terres Froides dauphinoises au Sud (figure 5.4).

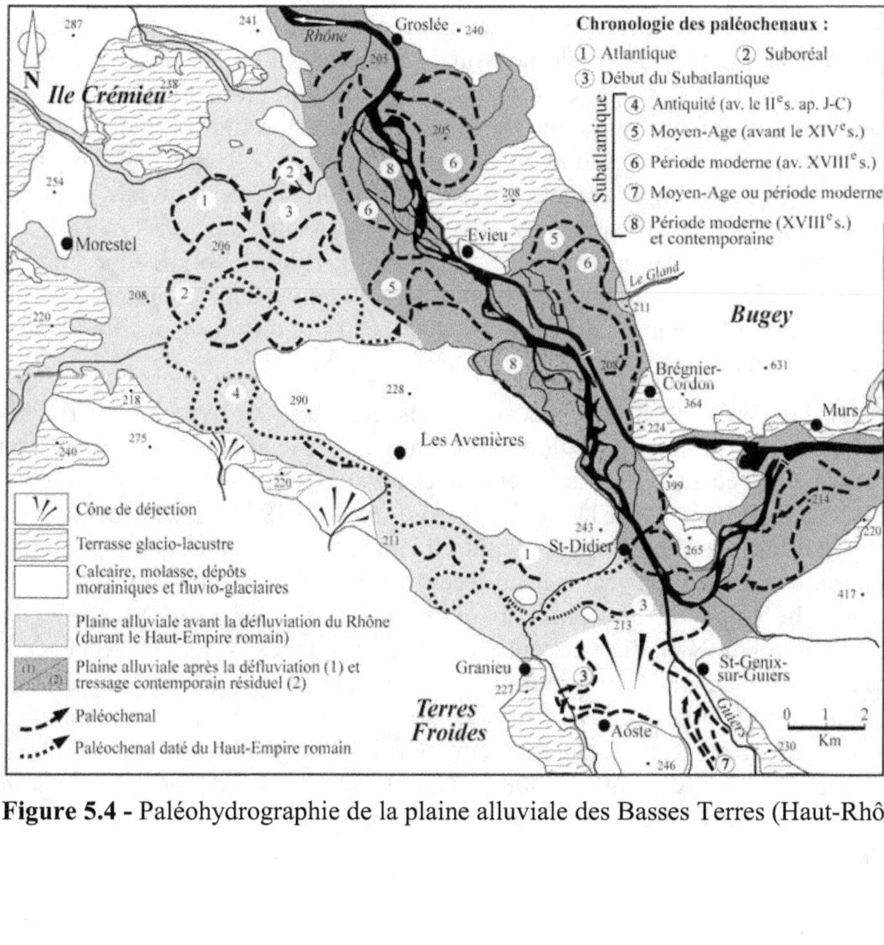

Figure 5.4 - Paléohydrographie de la plaine alluviale des Basses Terres (Haut-Rhône)

Le centre de la plaine est occupé par une butte molassique qui la scinde en deux couloirs empruntés successivement par le Rhône. Plusieurs séquences alluviales conservées à la surface du remblaiement sont identifiées depuis l'Atlantique ancien. La reconstitution chronologique repose en partie sur la détermination de l'âge de la base des dépôts alluviaux colmatant les paléoméandres. On obtient alors une datation qui constitue un *terminus ante quem* du fonctionnement du paléochenal et de l'accrétion latérale du banc de convexité. Il est ainsi possible de reconnaître au sein de la plaine une série de séquences fluviales issues du méandrage (chenal-banc de convexité) dont la phase de construction est antérieure au début du remblaiement du paléochenal. On peut donc suivre les déplacements du fleuve au sein de sa plaine alluviale tout au long de la deuxième partie de l'Holocène mais également se rendre compte de la métamorphose du style fluvial à l'époque moderne. On voit que le style fluvial à méandres prédomine durant toute la période considérée. Le Rhône se rapproche progressivement de la butte occupant le centre de la plaine alluviale jusqu'à l'époque romaine (Haut-Empire). On observe alors qu'à la suite d'une défluviation majeure de son cours (Bravard, 1983a), il construit sa plaine alluviale sur le tronçon septentrional. L'époque moderne voit la transformation du style fluvial du méandrage vers le tressage, en réponse à la péjoration climatique du Petit Age Glaciaire, qui se manifeste dans les fonds de vallée par une augmentation des débits et des apports sédimentaires. Ce tressage est ainsi l'expression morphologique de la progradation vers l'aval d'une nappe alluviale grossière qui envahit progressivement la vallée en laissant sur ces marges les paléoboucles des méandres médiévaux (Bravard, 1987, 1989). L'empreinte de ce style fluvial est toujours bien lisible dans l'agencement contemporain des formes fluviales, bien qu'il ne soit plus aujourd'hui qu'un dispositif hérité et peu fonctionnel.

Dans les Vals de Loire orléanais, les travaux de dynamique fluviale holocène et de géoarchéologie en milieu fluviatile développés sont relativement récents. Ils succèdent aux travaux antérieurs de Dion (1934, 1961), d'Horemans (1961) et de Gigout *et al.* (1971, 1972, 1984). Les investigations se développent depuis 1996 dans le cadre d'une approche systémique menée en équipe au sein du Projet Collectif de Recherche « Géoarchéologie de la Loire moyenne et de ses marges » (SRA Centre) coordonnée par Nathalie Carcaud (Agrocampus Ouest - INHP, Angers), et depuis 2002, au sein du programme de recherche interdisciplinaire Zone Atelier Loire (CNRS, EDD). Plusieurs travaux universitaires ont été réalisés sur cette fenêtre d'étude durant cette dernière décennie (Audebert, 2000 ; Castanet, 2003 ; Castanet, 2008). Ils ont fait l'objet de communications (Castanet *et al.,* 2007a et b) et de publications (Castanet *et al.,* 2007 et sous-presse).

De nombreux héritages morpho-sédimentaires du dernier Glaciaire influençant les dynamiques hydrosédimentaires holocènes ont été identifiés (héritage des Pléniglaciaire et Tardiglaciaire weichséliens). Il s'agit des morphologies et des dépôts associés aux incisions et aux remblaiements polyphasés survenus dans ce tronçon de la vallée en réponse aux modifications des conditions climatiques et environnementales weichséliennes. Le modelé actuel de la plaine alluviale présente des paléoformes fluviales d'écoulement à chenaux multiples tressés et anastomosés attribués au dernier glaciaire (figure 5.5).

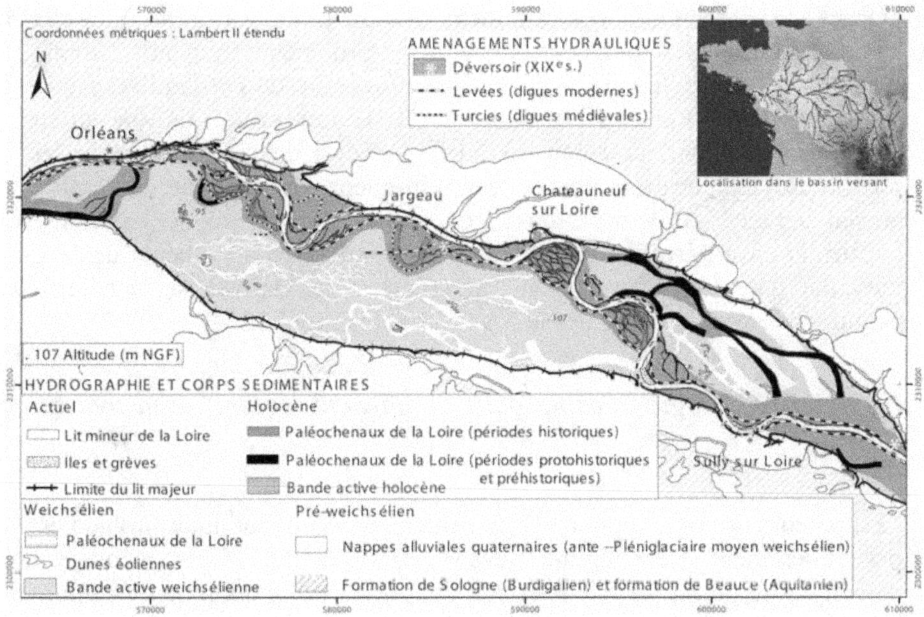

Figure 5.5 : Paléohydrographie et aménagements hydrauliques de la Loire moyenne orléanaise (d'après Castanet, 2008)

La très bonne corrélation entre la microtopographie actuelle de la plaine et la morphostratigraphie des dépôts holocènes (adéquation entre le modelé des paléochenaux et les lithofaciès a permis d'identifier et de dater des paléoformes fluviales fossiles de plusieurs périodes de l'Holocène (figure 5.5). Leur préservation au sein de la plaine résulte de plusieurs défluviations, de recoupements de méandres survenus durant l'Holocène et de la faible migration latérale du chenal actif de la Loire. La sinuosité et la pente des chenaux du Préboréal, de l'Atlantique et du Subatlantique sont du même ordre que ceux du chenal actuel. Les observations de terrain permettent de proposer deux hypothèses sur la nature et l'évolution du style fluvial de la

Loire du Préboréal jusqu'à l'Atlantique. Le style fluvial de la Loire est un style à chenal unique sinueux à méandriforme relativement stable dès le Préboréal (hyp. 1). La Loire présente un style fluvial constitué de deux à trois chenaux sinueux relativement stables (faible mobilité latérale) au Préboréal (hyp. 2). Ce style fluvial évolue progressivement vers un style à chenal unique durant la première moitié de l'Atlantique ancien. Durant le Subatlantique (Moyen Age), le style fluvial est à chenal unique sinueux à méandriforme. À la fin du Moyen Age (XVème siècle) et de l'époque moderne (début du XIXème siècle), un style à chenaux multiples est identifié. Durant la première moitié du XIXème siècle, un changement de style fluvial se caractérise par l'individualisation d'un chenal unique (Dacharry *et al.*, 2002). Durant le Subatlantique, contrairement à l'Atlantique, les berges naturelles de la Loire sont bien développées, signe de débordements fréquents. La mise en place de ces bourrelets de rives débute entre la fin de l'Atlantique ancien (~ 7000 ans cal. BP) et le début de notre ère. Les bourrelets de rive du chenal médiéval (antérieur au début du XIIIème siècle) de la Loire présentent de nombreuses brèches tout comme ceux du chenal de l'époque moderne et du chenal actuel. Localement, des petits deltas de rupture de levée se sont construits en arrière des bourrelets. Les premiers endiguements de la Loire moyenne datent du haut Moyen Age (figure 5.5). Dans ce secteur, le fleuve est intégralement endigué dès le XVIème siècle (Dion, 1934).

La paléohydrologie, comme outil de caractérisation de la dynamique fluviale

La paléohydrologie a pour but de caractériser la dynamique fluviale et plus particulièrement le régime des cours d'eau. Les reconstitutions paléohydrologiques sont basées sur l'analyse stratigraphique des sédiments des plaines alluviales (nature du chenal, migration des formes ; Arnaud-Fassetta, 2006). L'étude des remblaiements alluviaux participe en effet à une meilleure compréhension des processus et des régimes hydrosédimentaires qui façonnent progressivement la plaine alluviale (Allen, 1965 ; Bridge *et al.*, 1986). La nature organo-minérale d'un remblaiement apporte des informations qui dépassent le seul cadre stationnel du paléochenal. Son analyse peut nous renseigner sur le degré de connexion du paléochenal - et donc du secteur de plaine considéré - avec le cours principal, selon les vitesses de sédimentation enregistrées dans le paléochenal ou en fonction de la distribution des niveaux organiques et minéraux composant le dépôt. Les informations portent également sur la granularité de la charge transportée par les eaux de débordement et renseignent sur des phases de crise hydrologique. On peut encore appréhender des variations de niveau de la nappe phréatique, en liaison avec le développement de la composante organique. L'analyse de cette fraction organique apporte, outre d'importantes informations bioenvironnementales, les repères chronologiques indispensables à l'étude. Les transferts d'échelle, du site à la plaine alluviale, soulèvent néanmoins des problèmes méthodologiques qui peuvent limiter l'interprétation.

L'exemple retenu pour évoquer cette approche paléohydrologique est celui de la plaine alluviale et deltaïque du Bas-Rhône (Arnaud-Fassetta, 1998 ; figure 5.6). Le grand delta (1740 km²) s'est construit à partir du Tardiglaciaire (Gensous et Tesson, 1997) en deux phases bien distinctes. La première est une phase de rétrogradation-aggradation qui se développe entre 18 000 et 7500 ans BP, alors que la seconde phase, de type progradant-aggradant, s'étend après 7500 ans BP, quand le niveau de la mer approche celui d'aujourd'hui. L'évolution concomitante du paléochenal de Saint-Ferréol et de son embouchure encombrée de bancs sableux a contribué à la progradation du delta entre 5500 et 4000 ans BP (Vella *et al.*, 2005). L'extension du réseau hydrographique est allée de pair avec la progradation de la plaine deltaïque, contrôlée par le ralentissement de la remontée du niveau marin relatif et l'alluvionnement du Rhône. Depuis cette période, la progradation s'est ralentie, en raison de la subdivision du réseau hydrographique et de la construction de lobes deltaïques dans la zone marine profonde (Arnaud-Fassetta, 2007). Le delta actuel est drainé par deux distributaires dont la charge solide est à dominante sablo-limoneuse : le Grand Rhône (1500 m^3/s; 90 % du débit total) et le Petit Rhône.

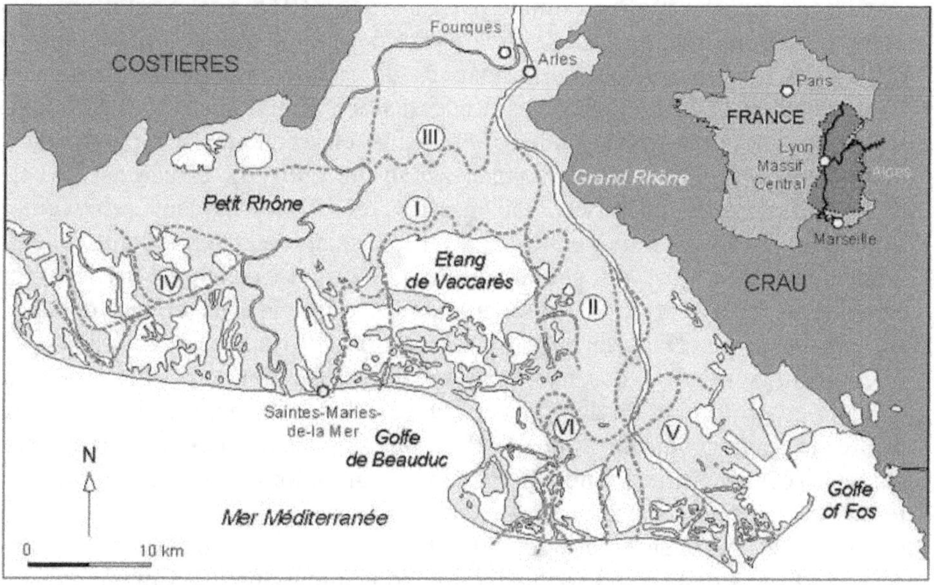

Figure 5.6 - Localisation des paléochenaux fluviatiles dans le delta du Rhône. I = Rhône de Saint-Ferréol ; II = Rhône d'Ulmet ; III = Rhône d'Albaron ; IV = Rhône de Peccaïs ; V = Rhône du Grand Passon ; VI = Rhône du Bras de Fer

Dans cette étude, une méthode multi-critères, basée sur le croisement de plusieurs types de données acquises au moyen de carottages, de sondages à la tarière et de coupes stratigraphiques, a permis de définir le régime hydrosédimentaire du Rhône, à partir des dépôts de chenal et de la plaine d'inondation adjacente (Arnaud-Fassetta, 1998). L'occurrence des inondations est appréhendée plus particulièrement par la granularité des alluvions. L'évolution de la « compétence maximale » (Bravard et Petit, 1997) a pu être suivie en extrayant des courbes granulométriques le grain médian (*D50*) des sédiments du chenal, que l'on a mis en fonction avec le percentile le plus grossier (*D99*), selon la méthode de Passega (1957), Bravard (1983b) et Salvador (1991). Les résultats sont corrélés à d'autres paramètres, comme les taux de sédimentation enregistrés dans la plaine d'inondation sur plusieurs sites du delta, qui intègrent des phénomènes majeurs de la morphogenèse fluviale en état de crise, (défluviations, deltas de rupture de levée ; figure 5.7). Les résultats sont structurés par référence à la typologie des régimes établie par Erskine et Warner (1988), pour lesquels le régime d'un cours d'eau subit des variations qui le font successivement passer d'un « régime dominé par les crues » (*flood-dominated regime*) à un « régime dominé par les basses eaux » (*drought-dominated regime*). En adaptant cette typologie au contexte paléohydrologique méditerranéen, Arnaud-Fassetta (1998) introduit un troisième type de régime s'intercalant entre les deux précédents et représentant les « régimes dominés par des crues irrégulières ».

Les périodes de « régime dominé par les crues » (RDC) relèvent d'une forte activité hydrodynamique. Le régime hydrologique du Rhône est soutenu par des débits moyens élevés, accompagnés de fréquents épisodes de crue de haute énergie. Dans le chenal, les processus de remblaiement sont très actifs, liés à des apports sédimentaires abondants et fréquents. Ils favorisent le développement d'un style divagant (*wandering pattern*), caractérisé par des bras multiples peu profonds, qui enserrent des bancs sableux relativement nombreux. Les sables moyens à fins qui les constituent impliquent une forte compétence du Rhône, qui peut atteindre 0,61 mm. Les chenaux partiellement remblayés favorisent le développement des défluviations et des deltas de rupture de levée. Dans la plaine d'inondation, l'extension des paluds et le relèvement généralisé des niveaux phréatiques se font en accord avec un chenal peu profond et un débit moyen élevé. L'engorgement fréquent des sols limite la pédogénéisation de l'*alluvium*. Les séquences alluviales sont caractérisées par une grande homogénéité granulométrique et la présence régulière d'unités « grossières » (sables fins et limons) implique une compétence maximale élevée (0,2-0,27 mm) et constante des flots d'inondation. Les taux de sédimentation sont importants (2-5 mm/an), liés à une importante fourniture sédimentaire provenant de l'érosion des sols dans le bassin versant et/ou à des débordements fréquents favorisés par un chenal en cours de remblaiement. Quatre phases de RDC sont identifiées, 800-500 av.

J.-C., 100-200 ap. J.-C., 450-700 ap. J.-C. et 1350-1850 ap. J.-C. Ces périodes ponctuent l'évolution paléohydrologique du delta du Rhône de 800 av. J.-C. à aujourd'hui. Elles sont associées aux dégradations des conditions climatiques, plus ou moins exacerbées par les activités humaines.

Lors des périodes de « régimes dominés par des crues irrégulières » (RDCI), le régime hydrologique du Rhône est caractérisé par un débit moyen relativement bas, ponctué de quelques épisodes de crue de haute énergie, qui induisent temporairement le relèvement des niveaux hydrologiques. Dans le chenal, les alluvions sont caractérisées par une alternance d'unités sableuses, déposées pendant les crues, et d'unités limono-sableuses mises en place en période de bas régime. La compétence maximale du Rhône ne dépasse jamais 0,5 mm. Les apports de crue sont trop rares pour permettre le remblaiement durable du chenal, de sorte que celui-ci reste soumis à une incision récurrente. Dans la plaine d'inondation, la forte variabilité interannuelle des débordements se marque par des oscillations granulométriques significatives d'une séquence de crue à l'autre. Les dépôts grossiers (sables limoneux) alternent avec des dépôts très fins (limons argileux). La compétence maximale des flots d'inondation est comprise entre 0,19 mm et 0,26 mm. L'incision du chenal 1) limite les débordements, ce qui se marque par des taux de sédimentation faibles (0,6-1,6 mm/an) et 2) abaisse les niveaux phréatiques, de sorte que le bon drainage de la plaine d'inondation devient favorable à l'activité des animaux fouisseurs (*i.e.*, les lombrics) et au développement des biosols. Deux phases de RDCI sont repérées, 400-100 av. J.-C. et 700-1000 ap. J.-C.

Les « régimes dominés par les basses eaux » (RDBE) reflètent un régime hydrologique régulier ; les épisodes exceptionnels sont très rares, voire inexistants. Dans le chenal, les alluvions sont plus fines, constituées de sables fins enrichis par une fraction limoneuse abondante : la compétence maximale du Rhône est faible (0,4-0,46 mm). Les débits moyens sont bas, en raison d'une alimentation réduite du bassin hydrographique et/ou de l'incision tendancielle du chenal. Le contexte de pénurie sédimentaire limite la présence des bancs sableux et le style fluvial évolue plutôt vers le méandrage ou l'anastomose. Dans la plaine d'inondation, la mise en place de dépôts très fins (limons argileux) est liée à des processus de décantation prédominants. La compétence maximale des flots d'inondation est faible (0,12-0,2 mm), en relation avec l'hydraulicité très atténuée du Rhône. Les taux de sédimentation sont très faibles (0,5-0,6 mm/an) car les processus d'érosion dans le bassin versant sont limités et les débordements peu fréquents. Une fourniture sédimentaire peu abondante et de bas niveaux phréatiques augmentent les possibilités de pédogénéisation des alluvions. Trois phases de RDBE sont identifiées, 500-400 av. J.-C., 75-125 ap. J.-C. et 200-450 ap. J.-C.

Sur la Loire, les fréquences et les magnitudes des crues sont caractérisées sur la base des enregistrements sédimentaires et des sources écrites (construction d'une base de données des inondations recensées des vals de Loire). Des carottes représentatives de séries sédimentaires aux lithofaciès d'*inondite*, réparties sur plusieurs sections transversales de la vallée afin d'obtenir un signal régional, ont fait l'objet d'analyses sédimentologiques et géochronologiques. Les taux d'accumulation massique de matière minérale [$T_{AM\ MM}$ en g.m^{-2}.an^{-1} (protocole, Macaire *et al.*, 2005, 2006)] et la compétence des écoulements (granulométrie : D_{50} et D_{90}) ont été corrélés aux fréquences et aux magnitudes des crues de Loire.

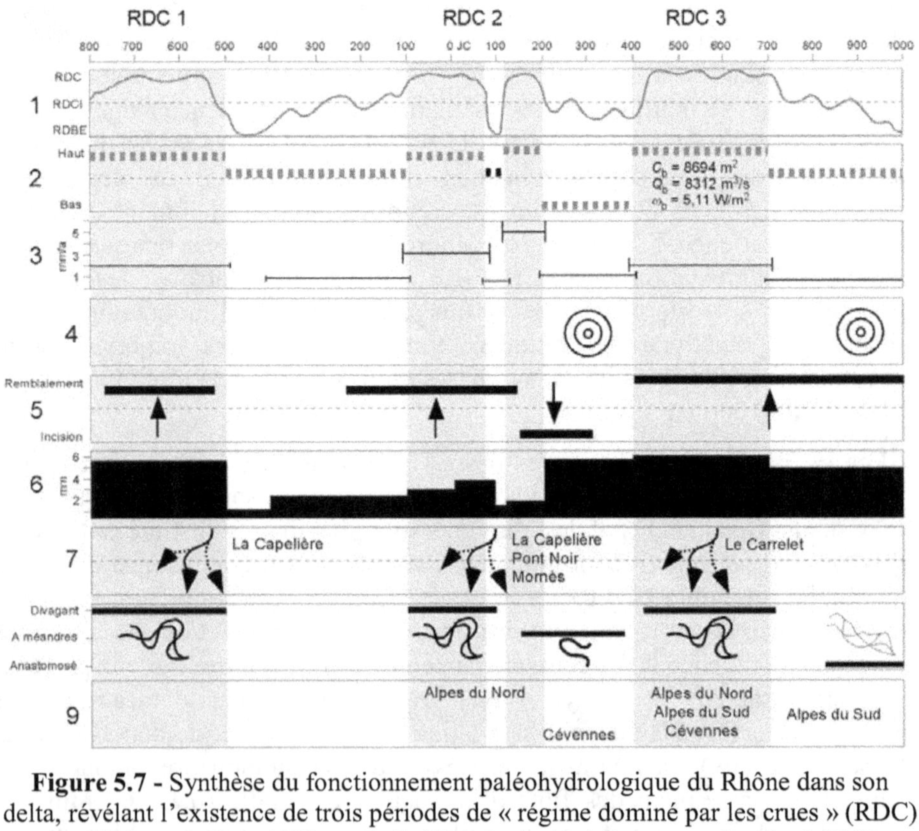

Figure 5.7 - Synthèse du fonctionnement paléohydrologique du Rhône dans son delta, révélant l'existence de trois périodes de « régime dominé par les crues » (RDC) entre 800 av. J.-C. et 1000 ap. J.-C. (d'après Arnaud-Fassetta et Landuré, 2003, modifié). 1 = régime hydrologique ; 2 = débit moyen et niveau phréatique ; 3 = taux de sédimentation dans la plaine d'inondation ; 4 = pédogenèse dans la plaine d'inondation ; 5 = géométrie du chenal ; 6 = compétence du chenal ; 7 = défluviations et deltas de rupture de levée ; 8 = style fluvial ; 9 = zones sources des sables du chenal

Les résultats obtenus permettent de proposer une évolution holocène cohérente de l'ensemble des milieux de sédimentation étudiés au sein des vals de Loire (plaine alluviale d'une largeur pouvant atteindre 8 km à 10 km : vals de Loire orléanais, val Triple et val d'Authion). Dans la fenêtre du val d'Orléans, la variabilité hydrosédimentaire est ponctuée par des épisodes de durée pluriséculaire à millénaire (figure 5.8).

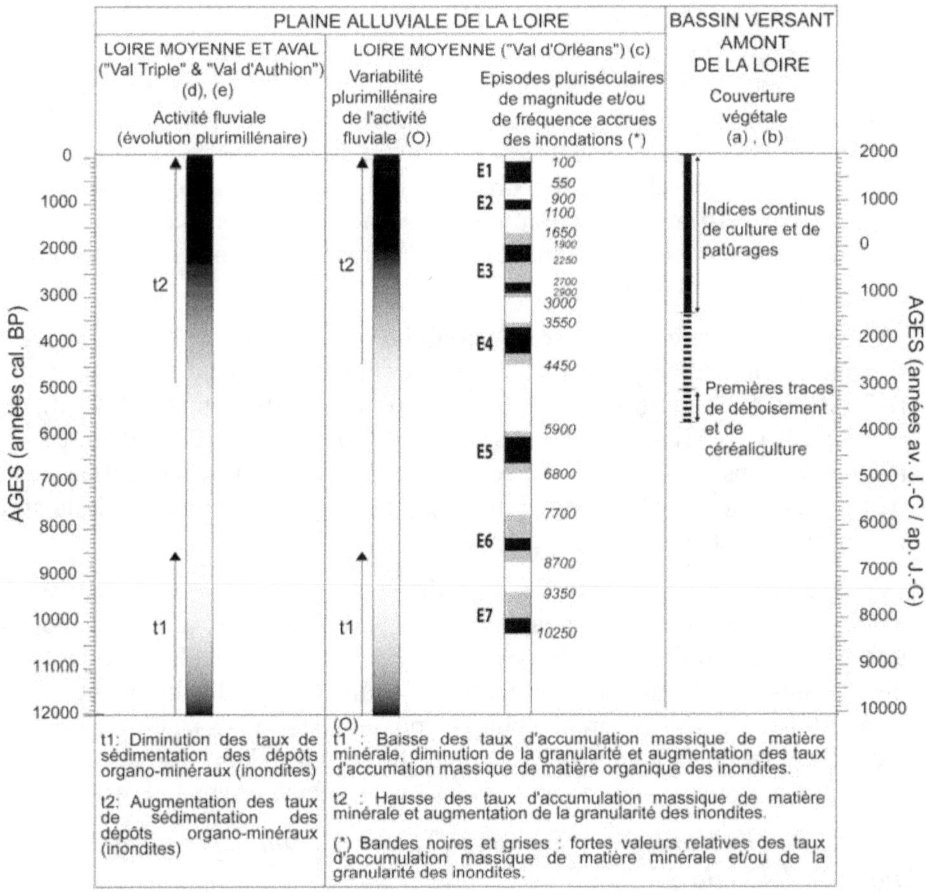

Figure 5.8 - Activité fluviale holocène de la Loire moyenne et aval. Fenêtres d'étude : Val d'Orléans (c : Castanet, 2008), Val Triple et Val d'Authion (d : Carcaud *et al.*, 2002 ; e : Carcaud, 2004). Corrélations avec la couverture végétale du bassin amont (a : Reille et Beaulieu, 1988 ; b : Argant et Cubizolle, 2005). La dynamique fluviale holocène de la Loire évolue selon une tendance à long terme, plurimillénaire, ponctuée par des épisodes de durée pluriséculaire à millénaire

Entre ~11500 et ~ 4500 ans cal. BP, une tendance générale à une diminution de l'activité fluviale est observée. Elle est caractérisée par la baisse des taux d'accumulation massique de matière minérale, l'affinement des textures et l'augmentation des taux de matière organique des dépôts de plaine d'inondation. Cela suggère une baisse de la magnitude et de la fréquence des inondations de la plaine alluviale de la Loire. Depuis ~ 4500 ans cal. BP et jusqu'à l'actuel, l'inversion de cette tendance à long terme se caractérise par une transformation des milieux de sédimentation de la plaine en lien avec une augmentation de l'activité fluviale. La généralisation des taux d'accumulation de matière minérale et des textures des dépôts d'inondation accrus témoigne d'une augmentation de l'activité fluviale. Ces observations suggèrent des inondations de plus fortes magnitude et fréquence depuis ~ 4500 ans cal. BP, atteignant vraisemblablement assez souvent leurs valeurs les plus fortes durant les trois derniers millénaires. En effet, les taux d'accumulation des dépôts d'inondation et les taux de sédimentation les plus élevés sont fréquemment rencontrés durant les trois derniers millénaires (Garcin *et al.*, 1999 ; Carcaud, 2004 ; Castanet, 2008).

En Loire moyenne orléanaise, la variabilité plurimillénaire de la dynamique fluviale est ponctuée par sept épisodes de durée pluriséculaire à millénaire [E7 (10250-9350), E6 (8700-7700), E5 (6800-5900), E4 (4450-3550), E3 (3000-1650), (E3B (2900-2700) ; E3A (2250-1900)), E2 (1100-900), E1 (550-100) (ans cal. BP)]. Ils se caractérisent par des inondations plus fréquentes et de plus forte magnitude et, parfois, par un changement du style fluvial (Castanet, 2008 ; figure 5.8).

On mesure ainsi l'étendue des données à acquérir pour avoir une vision assez précise et croisée de la paléohydrologie d'un cours d'eau. Cela suppose une connaissance fine des milieux étudiés, un cadre chronologique précis et une grande diversité d'informations acquises sur de nombreux sites d'investigation, du site archéologique jouxtant le fleuve aux secteurs plus éloignés et moins fréquentés de la plaine alluviale distale.

La paléohydraulique, comme outil complémentaire à la paléohydrologie

Dans le cadre de son approche systémique des cours d'eau, Schumm (1977) a décrit le processus d'ajustement des chenaux aux fluctuations de la charge sédimentaire (Q_s) et du débit (Q_l). L'étude de (Q_s) et (Q_l) contribue largement aux reconstitutions paléohydrologiques menées à l'échelle des plaines alluviales. L'hydraulique vient alors à l'appui des raisonnements déduits de l'approche hydromorphologique classique et aide à apprécier quantitativement la variabilité à plus ou moins long terme de la dynamique fluviale. Elle sert encore à évaluer les capacités de transport et d'érosion des paléoécoulements. Parmi les très nombreuses études générales qui ont été menées dans ce sens, on citera les synthèses de travaux publiées dans le cadre du projet 158 de l'*International Geological Correlation Programme* (IGPC 158), *Background to Palaeohydrology* (Grégory, 1983), *Temperate Palaeohydrology* (Starkel *et al.*, 1991) et *Global Continental Palaeohydrology* (Grégory *et al.*, 1995).

Qu'il s'agisse d'un sédiment observé sur le bord de la rivière ou appartenant à un remblaiement alluvial fossile, il existe une relation entre la taille des grains (compétence) et l'énergie des flux (puissance fluviale) à l'origine de leur prise en charge, de leur transport puis de leur dépôt. À défaut de pouvoir être mesuré (contraintes liées à la magnitude de la crue, reconstitution paléohydraulique,...), l'hydraulique et le transport solide d'un cours d'eau peuvent être estimés par différentes formules mises au point par les hydrauliciens, à partir de mesures en modèle réduit ou directement dans les fleuves et les rivières. À la base, le travail inhérent à la restitution des conditions hydrauliques s'appuie toujours sur une série de sections en travers, reconstituées sur l'actuel ou déduite des remblaiements alluviaux des paléochenaux. Il s'agit d'acquérir une géométrie hydraulique suffisamment précise pour que l'on puisse en extraire les paramètres clés (si possible à pleins bords pour permettre des comparaisons à conditions égales), tels que la profondeur moyenne (d) et la largeur du chenal (w), sa section mouillée (A), à peu près égale à sa capacité ($C = w.d$), et son périmètre mouillé (P), qui permettent de définir le rayon hydraulique ($R = A/P$ ou $\sim C/P$; figure 5.9).

À ceci s'ajoute la mesure de la pente du lit ou de la ligne d'eau (s) et l'évaluation de la rugosité du lit (n), qui dépend de l'interrelation complexe entre plusieurs variables (granularité du matériel du lit, irrégularité de la section, variations des sections transversales, indice de sinuosité, encombrement du lit par la végétation ; Chow, 1959 ; Bravard et Petit, 1997).

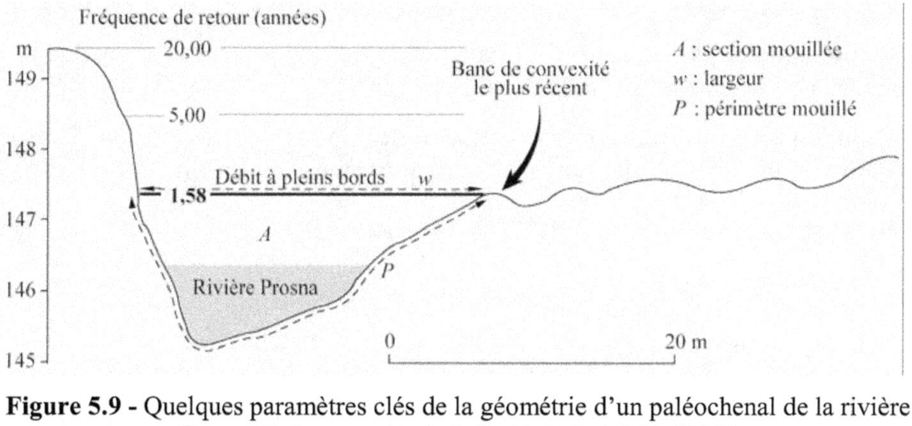

Figure 5.9 - Quelques paramètres clés de la géométrie d'un paléochenal de la rivière Prosna, Pologne centrale (adapté de Rotnicki, 1991)

La plupart des équations semi-empiriques utilisées pour reconstituer les conditions hydrauliques d'un cours d'eau réclame l'intégration des paramètres granulométriques (D_{30}, D_{40}, D_{50}, D_{84} et/ou D_{90}). La granularité peut être déterminée en laboratoire (tamisage, granulométrie laser) après échantillonnage ou directement sur le terrain en suivant les recommandations de Wolman (1954) et Koulinski (1994). Cette caractérisation granulométrique est une étape cruciale dans le calcul de nombreux paramètres hydrauliques.

Dans le delta du Rhône par exemple, des estimations paléohydrauliques permettent de quantifier la **capacité** des paléochenaux ainsi que leur **débit** et leur **puissance spécifique**, pour deux périodes données : l'Antiquité tardive-haut Moyen Age et le bas Moyen Age (Arnaud-Fassetta, 2007 ; figure 5.10). Les calculs dérivés de la géométrie hydraulique du Rhône actuel servent de référents et de contrôle. Les reconstitutions paléohydrauliques nécessitent l'acquisition de plusieurs sections transversales dont la géométrie est acquise au moyen de sections transversales reconstituées (carte topographique, sondages électriques, carottes sédimentaires) ; avec les données stratigraphiques, elles permettent de reconstituer les différents paramètres hydrauliques (à pleins bords).

La **capacité du chenal** (C ; en m^2) est obtenue par l'équation :

$$C = w.d \qquad (1)$$

dans laquelle w = largeur du chenal (en m) et d = profondeur moyenne (en m).

La **puissance spécifique** (ω ; en W/m^2). C'est un paramètre représentatif de la **puissance fluviale**, qui permet de quantifier la capacité de travail qu'une rivière peut effectuer et de comparer l'énergie et le degré d'instabilité latérale des cours d'eau. Son calcul dérive de celui de la **puissance brute**, qui est définie en utilisant la formule de Bagnold (1966) :

$$\Omega = \rho g Q s \qquad (2)$$

dans laquelle ρ = densité de l'eau (en kg/m^3), g = accélération due à la gravité (9,81 m/s^2) et Q = débit liquide (en m^3/s).

Couramment utilisée comme élément de classification des lits fluviaux (Petit *et al.*, 2005), le calcul de la puissance spécifique s'obtient par l'équation :

$$\omega = \frac{\Omega}{w} \qquad (3)$$

où w = largeur du chenal (en m).

La formule de la puissance spécifique intègre **le débit**. Ce dernier a été estimé à partir de l'équation de Rotnicki (1991) qui a fourni les meilleurs résultats.

$$Q_{\max} = \frac{0,921}{n} AR^{0,67} s^{0,5} + 2,362 \qquad (4)$$

dans lesquelles A = section mouillée (en m^2) et n = coefficient de rugosité de Manning.

L'estimation du coefficient de rugosité de Manning (n ; adimensionnel) est nécessaire pour résoudre l'équation 4. Sa valeur est déterminée par la formule de Strickler (1923), relativement polyvalente et utilisable sur les cours d'eau à faible pente :

$$n = 0,0151 D_{50}^{0,17} \qquad (5)$$

dans laquelle D_{50} = médiane granulométrique (en mm).

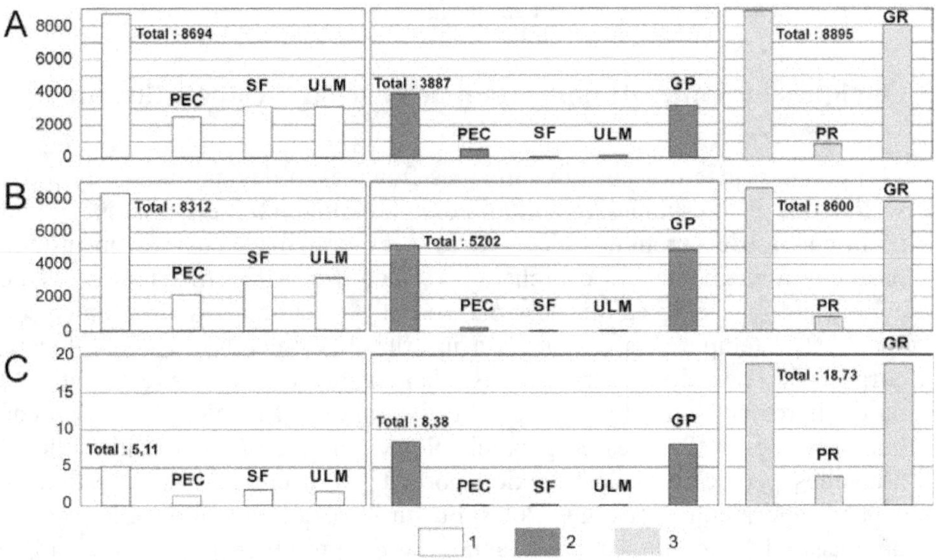

Figure 5.10 - Paléohydraulique de quelques paléochenaux du Rhône dans son aire deltaïque. À : Capacité du chenal à pleins bords (en m^2). B : Débit de pleins bords (en m^3/s). C : Puissance spécifique à pleins bords (en W/m^2). 1 = Antiquité tardive-haut Moyen Age ; 2 = bas Moyen Age ; 3 = aujourd'hui ; SF = Rhône de Saint-Ferréol ; ULM = Rhône d'Ulmet ; PEC = Rhône de Peccaïs ; GP = Rhône du Grand Passon ; GR = Grand Rhône ; PR = Petit Rhône

Les résultats montrent qu'aujourd'hui, la capacité des deux bras du delta (Grand Rhône et Petit Rhône) approche à pleins bords 8895 m^2 (moyenne de 140 sections en travers ; Arnaud-Fassetta, 2003). Durant l'Antiquité tardive, les trois bras principaux (Saint-Ferréol, Ulmet et Peccaïs) ont eu une capacité à pleins bords estimée à 8695 m^2 ; cette valeur est donc très proche de la valeur actuelle. Au bas Moyen Age, la capacité des chenaux du Rhône (Grand Passon, Saint-Ferréol, Ulmet, Peccaïs) n'a pas dépassé 3890 m^2 à pleins bords. Cette faible valeur pourrait signifier qu'une large part des flux liquides transitant dans la plaine deltaïque se fait en dehors des bras majeurs et signifie l'occurrence de crues plus débordantes. Du reste, ces résultats sont confirmés par l'estimation des paléodébits. Durant l'Antiquité tardive-haut Moyen Age, les puissances spécifiques sont bien réparties sur l'ensemble de la plaine deltaïque. Au bas Moyen Age, elles se concentrent et s'accroissent dans la partie orientale du delta, *de facto* plus marqué par l'aléa de crue.

En conclusion, les trois approches (paléohydrographie, paléohydrologie, paléohydraulique) reposent sur des méthodes qui leur sont propres et sur des attendus complémentaires. L'intérêt est de pouvoir les mener de front afin de mieux caractériser les dynamiques fluviales.

Quelques exemples d'application de la géoarchéologie fluviale

La connaissance des paléodynamiques fluviales et des paysages de fond de vallée qui en résultent constitue pour le géographe un champ d'étude traditionnel de premier plan. C'est le domaine des reconstitutions paléoenvironnementales cherchant à identifier les différentes étapes conduisant à l'édification des plaines alluviales dans leurs dimensions spatiales et temporelles et ensuite à inscrire et valider les résultats dans un corpus de données extrarégional. Par ailleurs, en s'intéressant plus particulièrement aux liens entre la dynamique fluviale et les sociétés humaines, les recherches en géoarchéologie fluviale ouvrent aujourd'hui de nouvelles perspectives de réflexion portant par exemple sur la gestion des espaces hydrauliques (Berger, 2008) ou sur le risque fluvial dans les sociétés du passé. L'objet de ce paragraphe est de présenter plusieurs exemples illustrant deux de ces différentes thématiques en s'appuyant en grande partie sur les domaines d'investigation des auteurs, la plaine alluviale de la Loire moyenne (Carcaud, 2004 ; Castanet, 2008) et de la Loire aval (Carcaud, 2004), celle des Basses Terres sur le Haut-Rhône français (Salvador *et al.*, 2004, 2005) et le delta du Rhône (Arnaud-Fassetta et Landuré, 2003).

Les reconstitutions socio-environnementales à travers l'exemple de la Loire moyenne

Depuis la Préhistoire, les sociétés occupent, utilisent, aménagent, transforment et artificialisent leur environnement. En retour, elles en subissent des contraintes auxquelles elles tentent de s'adapter, en les minimisant par des pratiques, des moyens techniques et des modes de gestion (Burnouf *et al.*, 2003 ; Burnouf et Leveau, 2004). Dans la longue durée, les systèmes naturel et social s'adaptent et s'ajustent l'un à l'autre de façon permanente (Burnouf *et al.*, 2003). En contexte fluvial, l'étude des interactions associées doit s'inscrire dans une approche systémique (Lévêque *et al.*, 2003 ; Muxart, 2006), l'enjeu étant de caractériser l'anthroposystème fluvial (durant les 12 derniers millénaires) : son émergence, l'évolution de son architecture et de ses dynamiques, sa résilience et les principaux seuils franchis dans les interactions socio-environnementales.

Les investigations reposent sur le suivi d'opérations archéologiques préventives (INRAP) puis l'élaboration et l'exploitation d'une base de données archéologiques. Les travaux réalisés portent sur l'étude de sources sédimentées et écrites. L'approche est menée en contextes intra-sites et hors-sites archéologiques. Elle est croisée avec des travaux d'archéobotanique [palynologie (Cyprien-Chouin *et al.*, 2005) et carpologie (Pradat *in* Froquet *et al.*, 2007)].

Les résultats obtenus permettent d'esquisser une trame des dynamiques socio-environnementales survenues dans la plaine alluviale de la Loire moyenne orléanaise depuis le Mésolithique (figure 5.11). Les sociétés de chasseurs-cueilleurs du Mésolithique ont occupé l'espace fluvial. Les sites furent implantés dans les zones humides de la plaine alluviale, à proximité immédiate des chenaux et des paléochenaux de la Loire (Lardé *et al.*, 2008). Cette dynamique est comparable au modèle du bassin de la Somme (Antoine, 1994). Aucun impact des sociétés mésolithiques sur la dynamique hydrosédimentaire et végétale des vals de Loire orléanais n'est identifié. Un premier tournant dans les interactions Sociétés – milieux survient à la fin du Néolithique ancien et durant le Néolithique moyen. Les premiers indices de défrichement et de mise en culture sont identifiés aux alentours de ~ 4500 ans av. J.-C. où un agrosystème s'est vraisemblablement mis en place au sein des vals orléanais. Un second tournant survient à la fin de l'Age du Bronze ancien (vers 1700 ans av. J.-C). L'agrosystème a dès lors un impact majeur sur les dynamiques végétales (par l'ouverture du milieu qu'il induit). L'occupation de la plaine s'accentue au Bronze final, alors que les flux hydrosédimentaires ont été sensiblement modifiés par les usages des sols du bassin versant. Parallèlement à leur développement agricole, du Mésolithique à l'Age du Fer, les riverains de la Loire ont connu l'alternance d'épisodes de forte et de faible activité fluviale, sans pour autant s'interdire d'occuper les zones inondables ou de développer des mesures structurelles de gestion du risque fluvial. En revanche, durant les périodes historiques, les dynamiques de l'anthroposystème fluvial deviennent largement tributaires de l'exploitation des milieux de la plaine, de la gestion du risque fluvial et de l'évolution de l'aléa hydroclimatique. On en déduit le franchissement de trois principaux seuils dans les relations socio-environnementales depuis le début de la période gallo-romaine (Castanet, 2008).

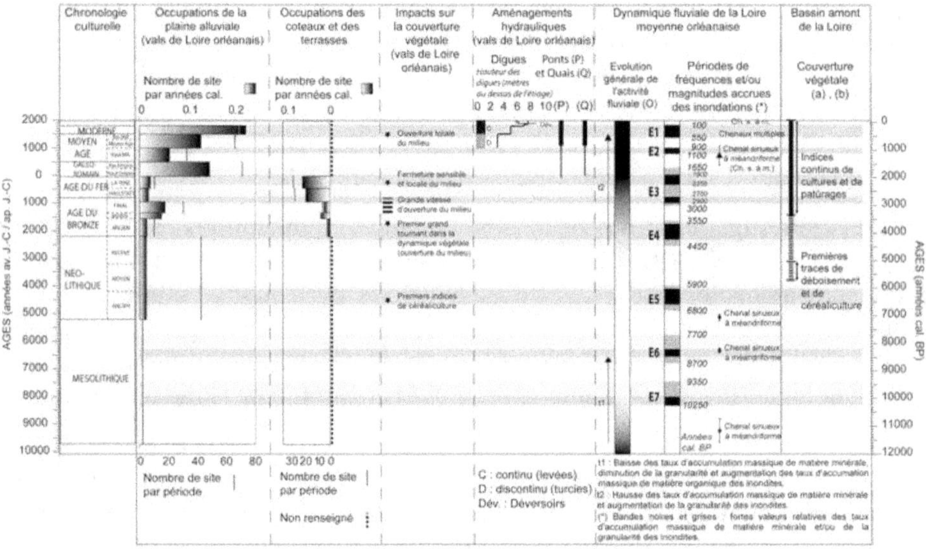

Figure 5.11 - Dynamique de l'occupation, de l'exploitation et de l'aménagement de la plaine alluviale et du fleuve par les sociétés et dynamique fluviale de la Loire durant les 12 derniers millénaires. Corrélations avec l'ouverture de la couverture végétale dans le bassin versant amont [(a) (Reille et Beaulieu, 1988), (b) (Argant et Cubizolle, 2005)]. Bandes grises : épisodes de forte activité fluviale (d'après Castanet *et al.*, 2008)

Dans les vals de la Loire moyenne et aval, des héritages hydrogéomorphologiques et sociétaux holocènes interviennent dans la dynamique récente de l'anthroposystème fluvial. Ces héritages concernent à la fois l'hydrosystème et les sociétés. Au niveau de l'hydrosystème, les écoulements de surface en période d'inondation, les écoulements souterrains et la morphogenèse du lit fluvial sont contrôlés, en partie, par les corps sédimentaires weichséliens et holocènes et les aménagements hydrauliques médiévaux et modernes (Carcaud *et al.*, 2002 ; Garcin *et al.*, 2006 ; Castanet, 2008). Les sociétés héritent de plusieurs millénaires d'interactions socio-environnementales. Leur vulnérabilisation a été enclenchée par les sociétés du passé (Burnouf *et al.*, 2002). La perception actuelle du risque d'origine fluviale est contrainte par l'existence des aménagements hydrauliques médiévaux et modernes et par l'épisode actuel de faible activité fluviale amorcé depuis la fin du Petit Age Glaciaire (150 ans de calme hydrologique relatif ; figures 5.8 et 5.13).

Cependant, les reconstitutions socio-environnementales menées selon une approche géoarchéologique dans le bassin de la Loire sur la longue durée (*i.e.*, depuis le Mésolithique) présentent des limites majeures relatives à l'état de la recherche en cours et à l'aspect discontinu de l'enregistrement sédimentaire en contexte fluviatile (impacts des dynamiques fluviales sur la taphonomie des gisements). À l'heure où le changement global actuel pousse les décideurs, les gestionnaires et les chercheurs à s'interroger selon une démarche prospective, l'émergence de la connaissance des interactions sociétés-milieux du passé en contextes fluviatiles revêt des aspects fondamentaux et appliqués majeurs. À partir de ces études de cas, on comprend cependant que la genèse et la dynamique actuelle de l'anthroposystème ligérien sont complexes, difficiles à envisager à une échelle globale et donc à modéliser pour l'ensemble du bassin versant.

Un thème émergent des problématiques géoarchéologiques : la question du risque fluvial

L'état actuel des recherches géoarchéologiques permet de s'interroger sur les relations que les sociétés (rurales ou urbaines) du passé, venues s'installer à proximité des grands cours d'eau, ont entretenu avec le risque fluvial (Arnaud-Fassetta, 1998, 2007 ; Berger *et al.*, 2004 ; Fouache, 2003 ; Bravard, 2004, 2007 ; Burnouf et Leveau, 2004 ; Salvador, 2005 ; Allinne, 2007). Dans la perspective d'un risque fluvial étudié à l'échelle des temps historiques, les recherches intègrent les concepts de seuil et de crise. Le concept de seuil, qui permet par exemple d'expliquer les ruptures dans la façon de s'exposer et de gérer le risque, reste étroitement lié à l'évolution des contraintes fluviales, elles-mêmes dépendantes de la variabilité hydroclimatique et de la morphogenèse en général. Pour les paléoenvironnementalistes, une crise hydrologique (ou un régime dominé par les crues) s'explique avant tout par une succession d'aléas hydroclimatiques plus fréquents, plus débordants et de magnitude plus élevée qu'auparavant. Cependant, l'impact des crues peut être absorbé par la société si sa résilience est forte. Inversement, les effets d'une crise hydrologique peuvent être exacerbés dans un contexte de faible résilience sociétale, qui dépend du degré de vulnérabilité. Ainsi, le risque fluvial peut être perçu et vécu différemment au cours des siècles sans que ne se produisent forcément des ruptures hydrodynamiques.

Parvenir à résoudre ces questions nécessite le développement d'une approche pluridisciplinaire et un traitement de données multi-critères produites par les historiens, les archéologues et les naturalistes (Arnaud-Fassetta, 2007). Ainsi, l'aléa hydrologique est généralement étudié à partir de diverses sources historiques et de données sédimentaires acquises lors des fouilles géoarchéologiques. La quantification de la variabilité de l'aléa permet de réfléchir en termes de fréquence et de magnitude des crues et de leurs variations possibles dans le temps. Les variations climatiques peuvent modifier le régime d'un fleuve et créer, à proximité de celui-ci, des conditions plus ou moins contraignantes pour les sociétés riveraines. L'abandon d'un habitat peut être le signe (ou pas) d'un accroissement des contraintes hydrologiques, tant par excès d'eau douce (crues, hydromorphie) que par défaut (déficit hydrique, salinisation des terres). La géoarchéologie permet de retracer la nature et l'état de ces contraintes tout autant que la façon dont elles ont pu être gérées par les sociétés. Nous illustrerons cette réflexion complexe sur le risque fluvial à partir de plusieurs études privilégiant des sites à dominante rurale (Haut Rhône, delta du Rhône) ou urbaine (Lyon, Vienne).

Dans la plaine alluviale des Basses Terres (Haut-Rhône ; figure 5.4), la question du risque fluvial est intimement liée au phénomène de défluviation du Rhône au Ier siècle ap. J.-C. Il s'agit d'un phénomène majeur voyant le fleuve abandonner un secteur de plaine construit tout au long de l'Holocène récent pour s'écouler dans un tronçon de vallée plus septentrionale. Ce phénomène est mis en relation avec une forte activité hydrosédimentaire observée à l'échelle régionale, se traduisant par un accroissement des débits et des flux sédimentaires et qui, localement, favorise l'exhaussement du lit fluvial (Bravard, 1983a ; Salvador *et al.*, 2005 ; Berger *et al.*, 2008). À cette activité est corrélée la progradation d'un cône de déjection affluent qui contribue à repousser le fleuve en direction de son axe actuel. Les interrogations se sont alors portées sur l'incidence de cet événement majeur sur l'habitat et les activités développées dans cette plaine rurale de la vallée du Haut-Rhône français. Un premier travail de prospection archéologique, mené sur un couloir alluvial de 30 km de longueur, a permis d'identifier environ 150 sites et indices de sites répartis au sein de la plaine du Rhône (Gaucher *et al.*, sous presse), ce nombre étant probablement sous-évalué en raison de problèmes taphonomiques. Des recouvrements alluviaux importants liés à la progression du cône de déjection du Guiers et à l'irruption du Rhône sur son nouveau tracé ont en effet oblitéré des surfaces importantes qui pouvaient être propices à l'habitat. La répartition de l'habitat antique est très étroitement liée à la proximité du fleuve. Plus de 29 sites (30 % du corpus) sont localisés à moins de 200 m du fleuve, et presque 50 établissements antiques de plaine (50 % du corpus) sont implantés à moins de 500 m (Gaucher *et al.*, sous presse). Les sites sont installés sur les berges du Rhône romain ou celles héritées d'écoulements plus anciens, mais également sur les petits reliefs alluviaux engendrés par la morphodynamique fluviale telle la partie interne des bancs de convexité. Enfin, une hiérarchisation de l'habitat, depuis les petites annexes agraires jusqu'aux *villae* confirme l'attrait du fleuve en démontrant que les grosses structures sont en proportion celles qui se positionnent au plus près du fleuve, à une distance inférieure à 200 m. Un autre résultat est de constater la très forte résilience de cet habitat, bien après la défluviation du Rhône, jusqu'aux VI-VIIème siècle ap. J.-C. Une faible diminution du nombre de sites occupés est observée au IIIème siècle ap. J.-C., mais on constate une continuité d'occupation des établissements importants installés à proximité du cours abandonné du fleuve jusqu'au Haut Moyen Âge. Si l'on comprend l'attrait du fleuve pour toutes sortes d'activités économiques liées par exemple au transport de marchandises (pierre, céramique, vin…) et à la pêche, on peut s'étonner de la permanence de l'habitat une fois le fleuve décalé sur un autre tracé éloigné de plusieurs kilomètres. Parmi les explications envisagées, le maintien temporaire ou durable d'eau dans l'ancien cours du fleuve (nappe phréatique, inondations), qui se comble néanmoins progressivement, peut laisser penser au maintien d'activités comme la pêche, un développement des activités agro-pastorales dans un secteur devenu moins hydromorphe, ou de nouvelles activités tel le rouissage du chanvre, démontré à l'époque médiévale. Enfin, il faut aussi prendre en compte le fait que la vulnérabilité de l'habitat aux inondations a considérablement diminué du fait de l'éloignement du fleuve, ce qui peut également constituer un facteur favorable à la permanence de cet habitat. La problématique est complexe et apporter des réponses crédibles suppose un investissement important dans l'approche pluridisciplinaire.

Dans le delta du Rhône, Arnaud-Fassetta (2007) parvient à une résolution fine de la caractérisation du risque fluvial en milieu rural depuis l'époque grecque jusqu'au Haut Moyen-Age. L'aléa hydroclimatique est qualifié par son occurrence et son expression géomorphologique. L'occurrence est corrélée à cinq facteurs déterminants que sont le régime hydrologique du fleuve, l'hydrographie, la géométrie du chenal, les possibilités de submersion de la plaine d'inondation et la vitesse d'évacuation des flots de crue dont les combinaisons fluctuent au fil des siècles. La manifestation géomorphologique de cet aléa est reconnue à travers la forme isolée ou combinée de trois phénomènes majeurs (Arnaud-Fassetta, 2000 ; Crichton et Siboni, 2001) : 1) les épandages de la plaine d'inondation, qui correspondent à des sédiments fins déposés par des crues débordantes, 2) les deltas de rupture de levée (*crevasse splays*), liés à l'ouverture de brèches à travers les berges du chenal et formant de larges lobes peu épais en forme de langues sableuses étirées et 3) les défluviations (*avulsions*) qui traduisent l'abandon d'un tronçon fluvial au profit d'un nouveau (Allen, 1965). Ces trois phénomènes n'ont pas la même valeur en termes de contraintes pour les sociétés. Les épandages de plaine ne représentent pas une contrainte fluviale forte mais plutôt un bienfait pour les sociétés rurales pratiquant l'agriculture et l'élevage dans la plaine deltaïque ; si contrainte il y a, elle résulte moins de l'alluvionnement que de la hauteur, de la puissance et de la durée de submersion des flots de crue. Les deltas de rupture de levée et les défluviations représentent quant à eux une contrainte fluviale forte, du fait de l'énergie que libère l'inondation lorsqu'elle se produit sous cette forme, des transformations géomorphologiques et spatiales qu'elle entraîne et de l'imprévisibilité même du phénomène.

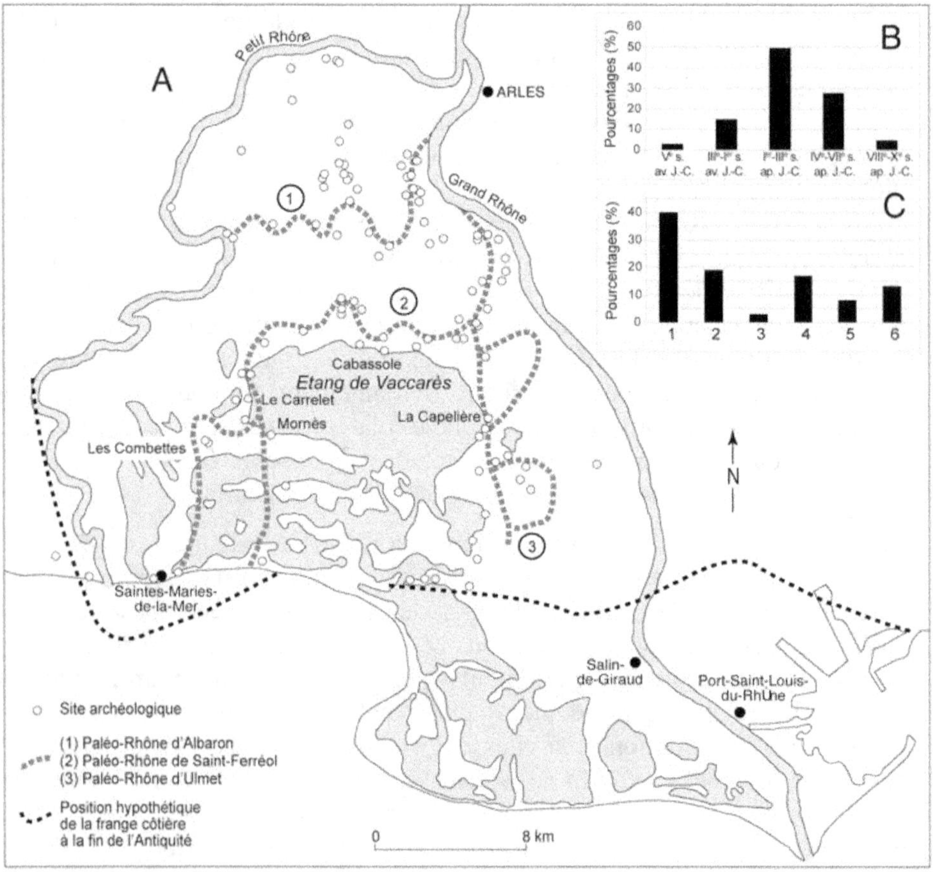

Figure 5.12 - Paléohydrographie et occupation du sol en Camargue (d'après Arnaud-Fassetta et Landuré, 2003). À : Carte générale des sites archéologiques recensés en Camargue entre le Vème siècle av. J.-C. et le Xème siècle ap. J.-C. B : Evolution du nombre (exprimé en %) de sites archéologiques entre le Vème siècle av. J.-C. et le Xème siècle ap. J.-C. C : Localisation des sites archéologiques dans la plaine deltaïque

Le recensement de nombreux gisements archéologiques (Landuré *et al.*, 2004) a permis de s'interroger sur la nature et la fonction des sites découverts, ainsi que sur la vulnérabilité des sociétés antiques et médiévales face au fleuve, ses inondations, ses deltas de rupture de levée et ses défluviations (Arnaud-Fassetta et Landuré, 2003). Au final, le Rhône apparaît comme un élément structurant de l'implantation des habitats et du développement des sociétés dans le delta. La vulnérabilité des sociétés est forte - 79 % des sites sont situés dans la zone inondable des paléochenaux fluviatiles (figure 5.12) - mais elle est atténuée par une installation sur les points hauts de la plaine alluviale, le creusement de fossés de drainage et l'édification d'ouvrages de protection des berges contre l'érosion fluviale. La durée d'occupation d'un site est fonction de la durée de fonctionnement d'un paléochenal. Les sites occupés durant plusieurs siècles l'ont été en bordure de paléochenaux eux-mêmes pluriséculaires à plurimillénaires. La pérennité de l'habitat apparaît moins conditionnée par l'inondation *sensu stricto* que par l'occurrence d'événements vigoureux de type delta de rupture de levée ou défluviation, de même que la remontée des nappes phréatiques et la paludification de la plaine d'inondation et également l'hydraulicité et la morphologie des chenaux, dans la mesure où ces deux derniers paramètres conditionnent les possibilités de navigation et d'approvisionnement en eau douce. Une trop faible hydraulicité ou une trop forte hydraulicité peuvent néanmoins avoir les mêmes effets et provoquer l'abandon des habitats.

Cette étude a ainsi permis de préciser le statut du risque fluvial entre l'époque grecque et le haut Moyen Age. Trois cas de figures sont distingués : 1) Le risque est considéré comme relatif. Dans certains cas, le risque fluvial a pu être parfaitement géré par les populations installées près du Rhône. Il n'y a en fait pas de déterminisme strict du milieu et l'on exclut une relation de cause à effet systématique entre « développement/abandon des sites » et le régime hydrologique du Rhône. La diversité physique et biologique des milieux fluvio-deltaïques a sans doute laissé un large choix d'installation des habitats et autorisé des ajustements spatiaux/géographiques face à l'aléa de crue. Par ailleurs, hormis dans des contextes de manifestations brutales et violentes de l'aléa (delta de rupture de levée, défluviation), la montée lente des eaux du Rhône donnait sans doute aux hommes le temps de réagir face à l'arrivée de l'aléa de crue dans le delta. 2) Le risque est probablement subi. Même lorsque le risque fluvial était bien réel, très peu de mesures de protection ont finalement été prises pour s'en prémunir. Seules des traces sporadiques d'enrochement de berge ont été retrouvées, mais aucune trace d'ouvrages réellement efficaces contre les inondations, comme les endiguements, sans parler de l'absence d'un système cohérent de gestion des crues à l'échelle de tout le linéaire fluvial. Les seules mesures préventives contre l'inondation sont localisées et concernent la mise en place de fossés de drainage qui, moins que des « protections », sont surtout une façon d'accélérer la décrue et d'en limiter les effets néfastes. Les quelques traces d'enrochement de berge attestent quant à elles des moyens mis en œuvre pour atténuer l'érosion des sites, mais ne privent pas le Rhône de déborder : les sites restent donc vulnérables face à la submersion, malgré une volonté certaine d'en atténuer les effets. 3) Le risque est-il accepté ? La question peut être posée dans la mesure où l'intérêt économique apparaît comme la raison essentielle de l'installation des sociétés dans la plaine alluviale du Rhône. Les sociétés avaient-elles un recul, les moyens technologiques et une organisation sociale suffisants pour analyser le risque afin de n'avoir pas d'autres choix que de l'accepter ? De même, la gestion du risque fluvial en milieu rural a-t-elle vraiment été une priorité (et si oui, à quelle échelle) au cours des deux millénaires étudiés ?

Dans le bassin de la Loire, entre Tours et Nantes, les sociétés de la Loire océanique sont confrontées à une gestion des risques fluviaux complexe. La diversité des sources (Cévennes, Limousin, Maine-Anjou) rend les écoulements imprévisibles. Les ouvrages défensifs, turcies puis levées, aménagés pour protéger les sociétés des inondations ont eu, à plus ou moins long terme, des conséquences directes et inattendues sur la dynamique fluviale à différentes échelles spatio-temporelles. En zone rurale, entre Tours et Angers par exemple, le Val d'Authion, plus vaste champ d'expansion de crue du bassin de la Loire (34000 ha), serait le premier espace équipé de levées (Burnouf et Carcaud, 1999). Leur mise en place débuterait au XIIème siècle au plus tard, le projet étant de poldériser cette zone humide afin d'y développer une agriculture intensive et d'y installer des villages. Du point de vue du géoarchéologue, l'aménagement a accéléré la métamorphose fluviale entamée au Tardiglaciaire mais jusque-là inachevée. La levée vient en effet contraindre le fleuve dans 1/10ème de son lit antérieur. Derrière la levée, dans le Val, le fleuve ne venant plus systématiquement nourrir la sédimentation, un environnement de zone humide se développe. Les paléobras de Loire sont réemployés par des affluents ou se comblent lentement. Dans le lit apparent, la chenalisation forcée augmente les risques de défluviation, notamment durant la péjoration climatique du Petit Age Glaciaire où la levée sera plusieurs fois percée et régulièrement rehaussée (Dion, 1961).

Dans les milieux urbanisés, les interactions entre les activités humaines et la dynamique fluviale sont étroitement imbriquées. On a déjà évoqué l'exemple de Vienne montrant l'étroite corrélation entre le développement de l'habitat dans la plaine alluviale au Ier siècle av. J.-C. et la réduction du champ d'inondation, inféodée à une hydrologie déficiente d'ampleur extra-régionale (Bravard *et al.*, 1990 ; Le Bot-Helly et Helly, 1999). La péjoration hydrologique enregistrée dans le courant du Ier siècle ap. J.-C. conduit à l'extension des inondations, contraignant les habitants des quartiers urbains riverains du fleuve à s'adapter. Des traces d'aménagement (remblais successifs, surélévation d'un niveau d'assainissement) témoignent de cette adaptation qui conduira à une surélévation considérable de l'habitat, évaluée entre 1 m et 3 m. À Lyon, Jean-Paul Bravard et Agnès Vérot-Bourrély ont observé la colonisation progressive du site de la confluence à partir de 10 av. J.-C. (règne d'Auguste), qui apparait encore très sensible à cette époque aux inondations (Vérot *et al.*, 1989 ; Bravard *et al.*, 1997). La plaine est parcourue par plusieurs chenaux d'écoulement et les vestiges d'occupation sont entrecoupés de dépôts d'inondation. Les remblais abondent, des enrochements de berge sont localement repérés, de même que des amphores jouant le rôle de drains sont observées au sommet du remblaiement de certains paléochenaux. Il semble que la volonté de se soustraire aux crues s'affirme véritablement sous le règne de Claude (41-54 ap. J.-C.), avec la mise hors d'eau de plusieurs sites d'occupation sur un remblai d'environ 50 cm de hauteur.

Dans le val urbain de Tours, à partir de l'époque gallo-romaine, l'hydrosystème fluvial est abordé comme un anthroposystème. Les fonctions et les aménagements du fleuve sont mis en relation avec son comportement dynamique. La démarche est appliquée à l'échelle locale du Val Triple, espace de confluence où sont associés des pratiques et des équipements urbains (ville de Tours) et ruraux (Varennes tourangelles). La ville de Tours occupe un site de confluence, entre la Loire et le Cher, depuis l'Age du Fer au plus tard. Les travaux mettent en évidence trois « temps » d'interrelations (Carcaud, 2004). (1) Jusqu'au XIème siècle, les populations urbaines cherchent à s'approprier l'espace fluvial mais leurs interventions sont ponctuelles. On note, par exemple à Tours, une modification du trait de rive avec des gains de terre sur le fleuve qui atteignent 150 à 250 m (Galinié *et al.*, 2004). Dans le même temps, la permanence de l'occupation urbaine dans le centre historique produit un changement de la microtopographie et un exhaussement de 5 m sous la cathédrale Saint-Gatien et 6 m sous l'abbaye de Saint-Martin (Burnouf et Carcaud, 1999). (2) Les multiples aménagements hydrauliques médiévaux prennent une dimension régionale. Certains visent à chenaliser l'écoulement et à protéger les Vals des inondations (figure 5.13). D'autres, comme ceux observés à Tours à la fin du XIVème siècle servent à dévier le cours du fleuve vers le pied des murailles dans un souci défensif, sanitaire et économique (Noizet *et al.*, 2004). Toutefois, il n'y a pas de réelle maîtrise fluviale. En témoigne la difficulté à gérer la plus forte hydraulicité du Petit Age Glaciaire et le renforcement du risque d'inondation dans la dernière partie du XIVème siècle (Burnouf *et al.*, 2003). (3) Durant l'époque moderne, les aménagements vont se généraliser sur le bassin versant. Dans le Val Triple, à la fin du XVIIIème siècle, la gestion du risque d'inondation se veut plus radicale. Le remède apporté consiste en un réaménagement complet des becs du Cher. La confluence, jusque-là dispersée sur trois sites, va être concentrée à Villandry (Burnouf *et al.*, 2004). Cette étude locale confirme l'intérêt d'une démarche croisant les échelles spatio-temporelles. Dans un cadre régional, les mosaïques fluviales se sont édifiées à une échelle temporelle longue avec un « temps de réponse » multimillénaire. En revanche, les aménagements systématiques observés dans le Val Triple et la péjoration climatique du Petit Age Glaciaire produisent des enregistrements hydromorphologiques quasiment instantanés (Garcin *et al.*, 2006).

Générations d'aménagements hydrauliques en Loire moyenne et aval : les turcies médiévales et les levées modernes

Carte postale (Crue de la Loire aval en décembre 1910)

Inondation des lits endigué et majeur de la Loire aval et ouverture accidentelle d'une brèche dans la levée moderne (val de Loire, secteur de Varades - Ingrandes ; à gauche : le lit endigué, à droite : le lit majeur).

Les aménagements hydrauliques modernes ne parviennent pas à contenir les eaux du fleuve en crue. Les occupations du val de Loire en arrière des levées puis les réseaux routiers et ferrovières établis sur les générations de digues témoignent de la création et de la transmission de la vulnérabilité sociétale. Cette levée moderne constitue actuellement le support de la ligne TGV Paris-Nantes.

< Chantier de fouilles archéologiques préventives préalable à la construction du parking souterrain Anatole France. Tours, 2001-2002. (Cliché : N. Fouillet, INRAP)

Mise à jour d'une grève antique utilisée comme dépotoir vers le milieu du second siècle de notre ère. La ligne de berge se trouvait plus au sud, hors de l'emprise des travaux. L'ensemble de l'espace est ensuite marqué par la construction de l'enceinte nord de la ville au XIVe s. dont la construction a détruit en partie des constructions antérieures des XIIe et XIIIe s. qui avaient donc été édifiées sur l'espace de grève gagné sur le fleuve entre le Ier et le XIIe s. Ce rempart était protégé par un double fossé séparé par un talus. Ensemble, ils mettaient l'enceinte à distance du fleuve. Le deuxième talus est interprété comme une digue (turcie) datée des XIVe et XVe siècles et remaniée trois fois en un siècle environ. A ces époques, les turcies constituaient des barrages noyés. Dans les fossés, des limons de crue attestent des circulations de l'eau du fleuve en période de crue (Burnouf et al., 2003 ; Burnouf et al, 2007)

A : Mur d'enceinte du XIVe s. ; B : Mur antérieur au rempart (XIIe - XIVe s., datation à confirmer) ; C : Talutage de l'enceinte ; D : Fossé défensif 1, état 1; E : Talus (turcie) ; F : Fossé défensif 1, état 2 (XIVe-XVe s. datation à confirmer) ; G : Fossé défensif 2 (XIVe-XVe s. datation à confirmer) ; X : Grève du lit de la Loire.

Figure 5.13 - Générations d'aménagements hydrauliques en Loire moyenne et aval : les turcies médiévales et les levées modernes

Le modèle établi dans le Val Triple présente des similitudes avec celui mis en place plus en amont, au sein des vals de Loire orléanais, où trois seuils ont été identifiés dans les relations socio-environnementales survenues durant les périodes historiques (Castanet, 2008). (1) À partir de l'époque gallo-romaine, les sociétés ont engagé des transformations de leur milieu grâce à des interventions techniques à des fins de gestion du risque d'origine fluviale. Une nouvelle tendance fut alors amorcée, celle d'un risque vécu et non accepté par les sociétés. Cela traduit un tournant dans les rapports que les sociétés ont entretenu avec leur milieu de vie. Parallèlement, les usages des sols des versants du bassin amont ont contribué à accroître les flux solides dans les vals de Loire. (2) Entre le IIIème siècle et le XIIème siècle, les capacités croissantes d'intervention technique des sociétés sur leur milieu, accompagnées peut-être d'une radicalisation du refus du risque, ont entraîné un accroissement notable des aménagements hydrauliques de la Loire orléanaise et de leurs impacts (endiguement par les turcies médiévales). Les dynamiques socio-environnementales propices à l'émergence de l'endiguement de la Loire moyenne orléanaise ont conduit à franchir un second seuil, néanmoins réversible, au sein de l'anthroposystème fluvial. (3) À partir du XVe siècle, la conjonction de rapports socio-environnementaux hérités de la période gallo-romaine (risque subi non accepté), d'une vulnérabilité des sociétés riveraines de la Loire accrue durant toute la période médiévale, de la culture technicienne du risque fondée sur des conceptions modernes et de l'entrée dans les conditions hydroclimatiques du Petit Age Glaciaire, a conduit les sociétés modernes à transformer l'hydrosystème de manière radicale et irréversible (endiguement par les levées modernes). Dès lors, les vals de Loire n'ont plus assuré leur rôle d'espace de stockage mais essentiellement leur fonction d'espace de transfert. La capacité de résilience de la Loire ainsi dépassée, le nouveau seuil franchi fut cette fois irréversible.

À l'échelle du bassin versant, ces aménagements se conjuguent avec d'autres paramètres, comme par exemple, le reboisement du haut bassin versant, la progression de l'urbanisation, le recalibrage des cours d'eau affluents. Leur cumul est à l'origine d'une reprise de l'incision du lit fluvial, particulièrement nette dans la partie aval du bassin versant (2,5 m). Cette incision a de multiples conséquences (hydrologique, sédimentologique, écologique, paysagère, sociale) pour l'hydrosystème et est génératrice de nouveaux risques pour les sociétés riveraines du fleuve (Garcin *et al.*, 2006).

Conclusion

Cette présentation montre que l'approche géoarchéologique des hydrosystèmes fluviaux engendre une grande diversité d'initiatives, tant en ce qui concerne les thèmes étudiés que les méthodes d'investigation expérimentées, eu égard à la complexité et la pluralité de l'objet d'étude. Construire une telle approche consiste à envisager le jeu des interactions socio-environnementales survenues en contexte fluviatile - on parle d'anthroposystème - sachant qu'au cours de l'Holocène, depuis les sociétés de la Préhistoire jusqu'aux sociétés actuelles, les hydrosystèmes et les socio-systèmes ont interagi dans des proportions variables dans l'espace et dans le temps. L'analyse des anthroposystèmes suppose ainsi de tenir compte des emboitements d'échelle spatiale, du local au régional, et de différentes temporalités, elles-mêmes en interaction afin, notamment, de mieux cerner la part des héritages. En reprenant l'exemple de la Loire (Carcaud, 2004), alors qu'à l'échelle régionale les mosaïques fluviales sont apparues à une échelle temporelle longue avec un « temps de réponse » multimillénaire au réchauffement post glaciaire, les aménagements hydrauliques du Val Triple et la péjoration climatique du Petit Age Glaciaire ont engendré des enregistrements quasiment instantanés. Les forçages imposés par les aménagements, l'effet retardé des équipements antérieurs et des changements de pratiques agricoles sur le haut bassin versant, ont réduit la résilience de l'hydrosystème et l'ont rendu ainsi plus vulnérable. Pour la période historique, il est donc important d'aborder différemment les hydrosystèmes et leur dynamique.

On soulignera également la richesse des thématiques émergentes, telles celles portant sur la gestion des espaces hydrauliques et la question du risque. On découvre par exemple que les modifications que les sociétés ont imposées aux milieux fluviatiles pour lutter contre l'aléa ont parfois entrainé l'apparition de risques nouveaux et l'émergence de nouvelles vulnérabilités (Burnouf et Leveau, 2004). De nombreuses études s'intéressent aux types de rapports que les sociétés ont eu vis-à-vis du risque d'origine fluviale (Berger *et al.*, 2004 ; Vacca-Goutoulli et Bruneton, 2004 ; Arnaud-Fassetta, 2007). Certains travaux montrent que les sociétés ont parfois pris en compte les risques induits par les transformations des milieux auxquels elles avaient procédé. Le caractère opportuniste des sociétés vis-à-vis des milieux fluviatiles soulève la question de la connaissance que les sociétés du passé avaient de ces milieux et de leurs contraintes (y compris la mémoire du fonctionnement des systèmes fluviaux). Les sociétés ont parfois construit des risques dont d'autres ont hérité. Le recours à l'élaboration de *scenarii* exprime parfois le doute relatif à l'interprétation des données acquises à un moment donné sur un espace étudié (Burnouf et Leveau, 2004).

Enfin, saisir la complexité suppose d'envisager une lecture interdisciplinaire et donc d'associer dans l'idéal les compétences et le regard des chercheurs des Sciences de l'Homme et de la Société (SHS), des Sciences de la Vie (SDV) et des Sciences de l'Univers (SDU). Il s'agit notamment des champs disciplinaires de la géologie des formations superficielles et du Quaternaire, de la géographie physique et humaine, des archéologies environnementales (Van der Leeuw, 2001 ; Burnouf *et al.*, 2007) et de l'histoire. Il ne paraîtrait pas raisonnable, même si la géographie est une discipline carrefour, de penser s'approprier l'analyse des questions environnementales. C'est plutôt vers une construction de compétences spécifiques, où la géomorphologie dynamique des hydrosystèmes fluviaux pratiquée par les géographes a toute sa place, et une capacité à écouter et intégrer les savoirs voisins que l'on s'oriente. Même incomplet, le simple examen des thèses soutenues montre la diversité des recherches engagées par les géographes, aujourd'hui conduites dans le cadre de programmations de recherche pluridisciplinaires qui permettent de mobiliser les compétences et les moyens financiers nécessaires. C'est une démarche bien assimilée par les géographes qui s'intègrent aujourd'hui dans une communauté scientifique et des réseaux trans-disciplinaires à « géométrie variable » selon les projets et travaillant sur le même objet d'étude.

Annexe : Contribution d'une jeune géoarchéologue

Laurie Ferdinand : Evolution géomorphologique de la Garonne entre Toulouse et la confluence du Tarn depuis 10 000 ans : dynamique d'un fleuve et de sa plaine inondable sur la longue durée (thèse en cours, sous la direction de François Gazelle, tuteurs : Jean-Michel Carozza et Philippe Valette, université de Toulouse).

Mots-clés : Garonne, dynamique fluviale, anthropisation, héritage morphologique, géohistoire, Holocène, Petit Age Glaciaire, cartographie, SIG.

Les impacts anthropiques sur le fonctionnement des hydrosystèmes peuvent être considérés comme croissant au cours de l'Holocène, depuis la protohistoire jusqu'à la période moderne. Pour autant, cette évolution n'est pas linéaire mais marquée par des seuils techniques, politiques ou socio-économiques d'une part, mais également liée à la périodisation de l'activité fluviale sous contrôle climatique d'autre part. Poser un diagnostic environnemental et de gestion sur ces espaces nécessite donc, en amont, de pouvoir en retracer leur genèse, leur histoire, leur fonctionnement ainsi que les usages qu'en font ou en ont fait les sociétés riveraines anciennes et actuelles.C'est l'objectif de ce projet de thèse, qui se propose de reconstituer sur le temps long, les processus de genèse de la basse plaine alluviale garonnaise et des formes qui lui sont associées en relation avec les grandes étapes de peuplement et d'intervention sur le cours d'eau.

La « Moyenne Garonne », de Toulouse à la confluence du Tarn, souffre d'un manque de données sur son évolution géomorphologique au cours de l'Holocène, face aux multiples travaux dont ont fait l'objet les zones pyrénéenne et maritime. Le changement radical de la dynamique fluviale en aval de Toulouse, avec le passage d'un alluvionnement principal de la rive gauche à la rive droite laisse supposer que, afin de garantir l'homogénéité de l'étude, il est nécessaire de découpler le segment intermédiaire et aval de la Garonne. Les travaux antérieurs démontrent un étalement des crues dans la vallée et une mobilité assez importante du lit de la Garonne jusqu'à des périodes très récentes dans ce secteur. L'intégration de multiples proxys (cartes topographiques depuis 1881, plans sur l'intégralité du linéaire de 1780, 1810 et 1868, photographies aériennes depuis 1954) dans un SIG permettra d'évaluer précisément cette mobilité. Bien que de multiples sondages aient déjà été effectués par le BRGM, de nouveaux carottages seront destinés à préciser la chronologie de genèse des formes et les processus d'évolution post-abandon.. Le dépouillement en cours des données du BRGM permet déjà de dégager quelques secteurs clés, notamment Beauzelle, Gagnac-sur-Garonne, Grenade et Mas-Grenier. L'étude granulométrique, géochimique, ainsi que la réalisation de lames minces viendront appuyer les reconstitutions des dynamiques sédimentaires (traçage des sources et processus de dépôt). Cette étude s'appuiera également sur une chronologie précise (^{14}C et ^{110}Pb). La démarche mise en œuvre vise donc à identifier, dater et rattacher à des grandes phases et processus d'activité fluviale les éléments d'architecture de la plaine garonnaise. Un autre aspect de ce travail concerne la mise en relation de l'évolution géomorphologique de la plaine et l'histoire de son peuplement par les sociétés pré-, proto- et historiques qui en habitent les espaces. Il s'agit de comprendre dans quelle mesure ces populations ont eu un impact sur la dynamique fluviale. Dans un premier temps, les sites sont localisés et intégré dans le SIG afin de déterminer leur répartition selon les époques. Dans un deuxième temps, le dépouillement des rapports de fouilles et l'analyse des carottages permettront de déterminer si l'anthropisation a eu un impact sur le système fluvial. Le cadre chronologique de ce travail englobe le second Holocène, qui correspond à l'échelle de temps nécessaire à la compréhension de la mise en place de la plaine alluviale dans son ensemble. Cependant, il se focalise principalement sur les derniers siècles et notamment la période couverte par le Petit Age Glaciaire, qui correspond à la dernière phase « naturelle » de transformation majeure de la plaine alluviale. Cet épisode est bien documenté dans ses causes climatiques (inondations…) mais reste méconnu du point de vue de son impact morphologique et des héritages qu'il a laissés sur le fonctionnement actuel de la plaine. La complémentarité des approches par les cartes anciennes (formes) et les données de terrain (processus) permettront un éclairage serré sur cet épisode.

Pour conclure, ce travail ambitionne de donner un nouvel éclairage sur la dynamique fluviale de la Garonne en aval des Pyrénées et la relation fleuve-sociétés. Ces éléments viendront compléter les données déjà acquises sur la Garonne et permettront des comparaisons avec les données analogues disponibles en zone méditerranéenne (Rhône aval, Lez, Vidourle, Aude, Agly, Têt et Tech) ou en façade océanique (Loire moyenne aval, Seine aval).

Chapitre 6

LA RECHERCHE SUR LE THÈME DE LA DYNAMIQUE FLUVIALE : PROCESSUS, ALÉA, AMÉNAGEMENT

Jeannine Corbonnois, Nicolas Jacob-Rousseau, Daniel Delahaye, Adrien Alber, Gilles Arnaud-Fassetta, Laurent Astrade, Thierry Beck, Cyril Castanet, Virginie Delorme-Laurent, Johnny Douvinet, Mohamed El Ghachi, Florence Garlatti, Gabriela Ioana-Toroimac, Coura Kane, Eric Masson, Guillaume Raccasi, Anne-Julia Rollet, Lucas Thénard

Introduction

Ce thème de recherche, très étendu, couvre celui de l'érosion hydrique sur les versants et dans les lits fluviaux, déterminée par des processus variés.

L'érosion constitue un aléa lié aux surplus et aux afflux d'eau (les débits de crue et les débordements) et à leurs effets sur la mise en mouvement des sédiments (la prise en charge et les dépôts de matériaux). Ainsi les aménagements agissent sur le caractère des processus qui participent au façonnement et à l'évolution des milieux et sur ceux qui sont générés par les réalisations servant à se protéger contre l'aléa et à mieux gérer les espaces qui y sont soumis.

Éminemment géographique par sa nature pluri-thématique qui associe les problèmes d'eau (hydrologie, climatologie), les aspects géomorphologiques (caractéristiques des vallées et des lits fluviaux, vallons, versants…), l'occupation du sol et les installations humaines, ce thème continue d'inspirer de nombreuses recherches. Les travaux récents se fondent sur des approches diachroniques par la prise en compte de la transformation des lits fluviaux au cours de l'histoire au gré des évolutions naturelles et des modifications d'origine anthropique. Mais les approches sont également synchroniques par l'étude des transports sédimentaires actuels et l'analyse des contraintes dans les vallées ; celles qui prennent en considération la combinaison de processus, du versant au bassin versant, sont pluri-scalaires. Enfin, ces recherches fournissent des points d'appui pour la réalisation de diagnostics et la mise en œuvre de simulations prospectives.

La plupart des travaux en cours sont motivés par un souci d'applicabilité. Nombre d'entre eux sont en effet consacrés à la mesure et à l'analyse de phénomènes excessifs, récurrents au cours des dernières décennies. D'autres, plus récemment, cherchent à répondre à la nécessité de se mettre en conformité avec les directives européennes de bon état écologique des masses d'eau d'ici 2015 (aspects relatifs à la qualité de l'eau, aux conditions de l'écoulement capables de garantir un bon état des milieux). Plus en détail, ils concernent plusieurs aspects dont ils contribuent à renouveler les approches ou à les approfondir, en particulier : 1) la mise en mouvement des sédiments, les vitesses et les distances de transport, le déroulement des processus ; 2) les rythmes de l'aléa et des processus d'érosion par la datation des sédiments ; 3) les impacts des aménagements sur les conditions hydrogéomorphologiques et hydrogéologiques.

Méthodes et espaces

Le contexte actuel : une recherche applicable

Les travaux sur le thème de la dynamique fluviale sont d'autant plus nombreux que les enjeux qui se rapportent aux lits fluviaux sont importants. Ils fournissent une large gamme de méthodes qui inspirent la mise au point de protocoles de mesure et d'analyse du terrain et de ses représentations, adaptés aux problèmes spécifiques, fondamentaux et appliqués que les chercheurs ont à résoudre.

« *Les travaux et références (...) se fondent... sur les recherches françaises réalisées dans les années 1980 dans le cadre des programmes PIREN du CNRS notamment celui du haut Rhône français (Bravard et al., 1986). À ces travaux fondateurs, il faut ajouter la « seconde génération « des thèses soutenues dans les années 1990, par les étudiants de Jean-Paul Bravard, réalisées sur les rivières du bassin du Rhône : Peiry (1988), Salavador (1991) Piégay (1995), Astrade (1996), Landon (1999)... La deuxième grande base théorique (...) est constituée par des travaux étrangers (François Petit, Michael Church, Nicola Surian...) essentiellement anglo-saxons (Stephen Rice, Basil Gomez, Matthias Kondolf, Marwan Hassan, Kristin Bunte, Garnett Williams et Gordon Wolman) sur les dynamiques géomorphologiques des cours d'eau et leur gestion* » (Rollet, 2007).

Les ressorts de la recherche (elle doit être de plus en plus utile, applicable et tournée vers la gestion), comme la nécessité d'obtenir des financements (ils proviennent désormais des collectivités territoriales, des agences de bassin autant que de l'Etat), conduisent les chercheurs à s'intéresser principalement aux secteurs où les enjeux économiques et la vulnérabilité des sociétés sont grands. Les plaines alluviales des grands fleuves français intéressent donc au premier chef les équipes de recherche : le Rhône, depuis plus de vingt ans, la Seine et ses affluents (années 1990-2000), les vals de Loire, la Garonne ou le Rhin. Les vallées des grandes rivières sont bien explorées aussi : la Saône, l'Ain ou la Moselle et leur bassin. On notera enfin une focalisation particulière et déjà ancienne sur les champs d'inondation des cours d'eau méditerranéens (l'Aude, le Gard, l'Ouvèze, les cours d'eau du Roussillon ou du rebord préalpin).

Dans ces conditions, les organismes de rang inférieur et les têtes de bassin paraissent quelque peu occultés sauf lorsque les manifestations d'une torrentialité persistante ou nouvelle menacent les sociétés et leurs habitats ou encore lorsqu'il s'agit de restaurer les écosystèmes aquatiques des petits ruisseaux, détruits pour les besoins de drainage des terres agricoles. Les Alpes du Sud restent un champ de recherche fort arpenté (Flez, 2003 ; Lahousse, 1997 ; Arnaud-Fassetta et Fort, 2004 ; Flez, 2003 ; Thénard, 2008). Les avantages de l'assoupissement des phénomènes torrentiels depuis le XIXème siècle y ont été partiellement annulés par une extension spatiale de l'habitat. Ailleurs, dans les terres de grande culture du Nord de la France, l'apparition de phénomènes érosifs et d'écoulements rapides et en général, de dégradation des paysages a intéressé les chercheurs (Angeliaume, 1997 ; Meyer, 2001 ; Delahaye 2002, 2003 ; Douvinet, 2006).

Les bassins montagnards à faible enjeu motivent des études plus rares dont la finalité est souvent expérimentale. La connaissance des conditions du transport solide a ainsi été précisée dans les fonds de gorges du Massif Central (Gob, 2005 ; Jacob *et al.,* 2006). Des typologies hydromorphologiques de rivières ont aussi été dressées pour les cours d'eau de différentes régions naturelles : le massif vosgien et l'Alsace (Schmitt, 2001), la Lorraine (El Ghachi, 2007) ou encore la Roumanie (Ioana Toroimac, thèse en cours). Enfin, de nombreuses recherches ont eu pour objet ces cours d'eau qui drainent des espaces de faible densité, étudiés non pour eux-mêmes mais pour les potentialités de recharge sédimentaire qu'ils paraissent offrir aux gestionnaires des tronçons de l'aval (Liébault, 2003 ; Landon, 2007).

La variété des méthodes

Les méthodes utilisées sont nombreuses et les données traitées « foisonnantes ». Il s'agit de l'observation naturaliste (torrents, pavages de l'Ain, berges du bas-Rhône), de la collecte de données de terrain par des mesures granulométriques, stratigraphiques, topographiques, bathymétriques, du recours aux archives historiques, de l'utilisation généralisée de SIRS (système d'information à référence spatiale), de la réalisation de datations par les méthodes isotopiques ou par la dendrochronologie et la lichénométrie enfin de la modélisation. Ces méthodes nécessitent l'utilisation d'outils et de techniques et souvent l'acquisition de connaissances complémentaires. Pour les jeunes doctorants, celles-ci permettront, ultérieurement, de faire état de compétences de chercheur mais également d'ingénieur afin de répondre à des propositions d'emploi, dans des domaines variés (recherche fondamentale et opérationnelle).

Les techniques de collecte et de traitement des données, lorsqu'elles sont assistées par les outils informatiques, semblent lever en partie les contraintes scalaires. Les espaces ou les volumes envisagés sont plus grands : on parvient à échapper au caractère fastidieux du calcul des volumes sédimentaires qui se faisait autrefois par l'extraction manuelle de coupes stratigraphiques et par l'extrapolation spatiale des volumes de remplissage sédimentaire. L'imagerie est aussi mise à profit pour permettre une sectorisation des plaines alluviales en tronçons ou pour étudier l'évolution du tracé du lit. Avec des images à la résolution très fine, il est aussi possible d'étudier la mise en mouvement des particules du matériau du lit en réitérant les prises de vue d'un même tronçon après des épisodes de crue. On entrevoit ainsi la possibilité d'échapper au manque de représentativité du ou des tronçons étudiés car les SIG permettent une description continue des réseaux hydrographiques. Il est alors tentant d'envisager une typologie des lits à l'échelle régionale, en s'appuyant sur quelques descripteurs pertinents.

Dans un tel cadre, la recherche sur le terrain n'a plus le même statut que naguère et les méthodes naturalistes ne sont plus exclusives. Elles subsistent bien lorsque les marqueurs végétaux servent d'argument de datation des formes observées *in situ* ou lorsqu'on procède à des relevés topographiques (Astrade, 1996 ; Landon, 1999 ; Liébault, 2003 ; Jacob, 2003 ; Gob, 2005). Le terrain est aussi le siège de l'expérimentation (chaînes d'érosion, déversements de traceurs ou de particules marquées, jaugeages : Lavigne, 2004 ; Liébault *et al.*, 2007 ; Rollet, 2007) et de l'acquisition des connaissances sur la compétence du système fluvial ou torrentiel (Flez, 2003 ; Gob *et al.*, 2005, 2007 ; Flez, 2003 ; Thénard, 2008). Mais de plus en plus souvent, la tournée *in situ* sert à préciser des bornes ou des limites préalablement acquises par le traitement des images (Raccasi, 2008) ou à prélever des échantillons ou des éléments de datation de formes reconstituées en trois dimensions grâce à des logiciels. L'étude des formes (morphométrie) est moins présente dans les recherches actuelles même si elle reste un outil d'investigation efficace dans les zones tectoniquement actives (Delcaillau *et al.*, 1998 ; Carozza *et al.*, 2004) ou comme support méthodologique à l'élaboration de carte de risque (Delorme-Laurent, 2007).

Nouvelles démarches et renouvellement des concepts

Les démarches et les concepts relatifs à la dynamique fluviale évoluent en lien avec les outils de mesure et d'analyse et de nouvelles interrogations formulées par la société. La réflexion se renouvelle ainsi à l'occasion de l'étude de divers objets de la géomorphologie (bassin versant, lits fluviaux). Ceci conduit à des propositions de ré-articulation des processus participant à la dynamique fluviale, à une modulation de leurs actions par type d'espace et à la hiérarchisation de leurs impacts. Divers traitements doivent permettre de valider les résultats obtenus en vue de leur application au domaine de l'aménagement. Des exemples de travaux concernant des espaces de taille différente éclairent ces avancés.

Le fonctionnement de petits bassins versants (moins de 40 à 50 km^2) en période de crue

Douvinet (2006, 2008) a montré l'importance de l'organisation morphologique des bassins versants dans le déclenchement de crues ; la vitesse de concentration de l'écoulement rapide est principalement liée à la combinaison de facteurs tels que la forme du bassin versant, le système de pentes et l'organisation des réseaux de thalwegs. Le travail qui ne prend en considération que les situations extrêmes - des catastrophes naturelles ayant entraîné des coulés de boue - met en évidence des seuils de déclenchement selon la combinaison et le rôle de ces facteurs qui participent aux processus de l'écoulement et de l'érosion, variables d'un bassin à l'autre (figure 6.1).

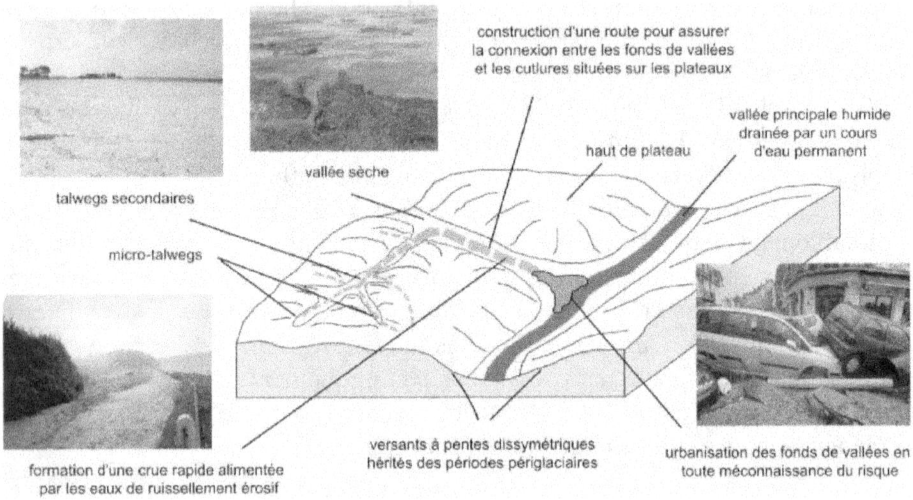

Figure 6.1 - Schéma synthétique illustrant le fonctionnement du système « crues rapides » liées à des orages apparaissant sur les plateaux de grande culture du nord de la France (d'après Douvinet, 2006)

L'utilisation d'un automate cellulaire permet de développer des méthodes pour quantifier la structuration en trois dimensions du système de bassin versant, de manière globale et dynamique. Il est ainsi possible de faire la part de l'occupation du sol, de la pente des versants et des vallons et de l'organisation du réseau hydrographique. Ce travail s'appuie sur un échantillon de 191 bassins versants situés dans le nord de la France, entre la Normandie et la bordure occidentale de l'Ardenne. Les résultats, issus du terrain et du traitement de données, autorisent des simulations par des modèles. Ils permettent également de hiérarchiser les facteurs qui participent au déclenchement des crues et des coulées boueuses et, en particulier, de pointer le rôle de la structuration du réseau hydrographique. Ainsi le bassin versant est-il un système complexe non linéaire. La survenue des crises hydrologiques dans des vallons secs serait liée au franchissement d'un ou de plusieurs seuils, la morphologie étant le facteur de contrôle de premier ordre tandis que la pluie est la variable d'entrée nécessaire au fonctionnement du système. L'occupation du sol joue un rôle secondaire. Mais comment peut-on passer de ces résultats à la prédiction des phénomènes ou encore comment peut-on prévoir que les seuils de déclenchement seront franchis ? Le travail met en évidence le caractère en partie aléatoire du fonctionnement de ces petits bassins versants. La fréquence d'apparition des crises a finalement une signification statistique mais elle renseigne également sur les secteurs les plus vulnérables.

La cartographie des zones inondables par la méthode hydrogéomorphologique

Les caractéristiques des lits majeurs expliquent l'étendue des champs d'inondation et la fréquence de leur mise en eau (Ballais, 2006). Les interrogations sur leurs morphologies sont récentes. L'intérêt qui leur est porté a été renouvelé dans le cadre de la gestion des inondations (Arnaud-Fassetta *et al,*. 2009a). Delorme-Laurent (2007) propose ainsi d'importants développements sur la méthode hydrogéomorphologique, objet de fréquents débats dans la communauté scientifique depuis près d'une décennie : comment définir « efficacement » les champs d'inondation en particulier dans les zones à faibles enjeux d'aménagement ? La méthode, d'abord opérationnelle, est fondée dorénavant sur une solide approche méthodologique et conceptuelle. Le fonctionnement des lits majeurs est expliqué par des arguments morphologiques, sédimentologiques, hydrologiques, hydrauliques, climatiques et diachroniques (Ballais *et al.,* 2005). Les lits fluviaux sont façonnés par l'écoulement plus ou moins concentré selon la puissance des crues. Mais tout le débat réside dans la détermination de la fréquence des événements hydrologiques qui sollicitent ces lits et l'évaluation de la part des héritages morphologiques. Il est possible d'identifier des situations générales : submersion des lits moyens (tous les 1 à 5 ans), submersion du lit majeur ordinaire par les crues rares et exceptionnelles (tous les 20 à 50 ans), enfin submersion du lit majeur exceptionnel par des crues très rares. La recherche montre également que ce schéma général de fonctionnement comprend de nombreuses variantes selon le climat, le régime hydrologique et les aménagements et dans tous les cas selon les capacités du lit mineur à pleins bords. Des tests d'application de la méthode de cartographie des lits majeurs sont en cours dans plusieurs vallées du nord de la France. Il est souvent difficile d'y retrouver un lit moyen qui correspond plutôt à d'anciens lits mineurs abandonnés ou encore à des chenaux de crue qui se mettent précocement en eau (Penven *et al.,* 2004 ; Marre, 2007).

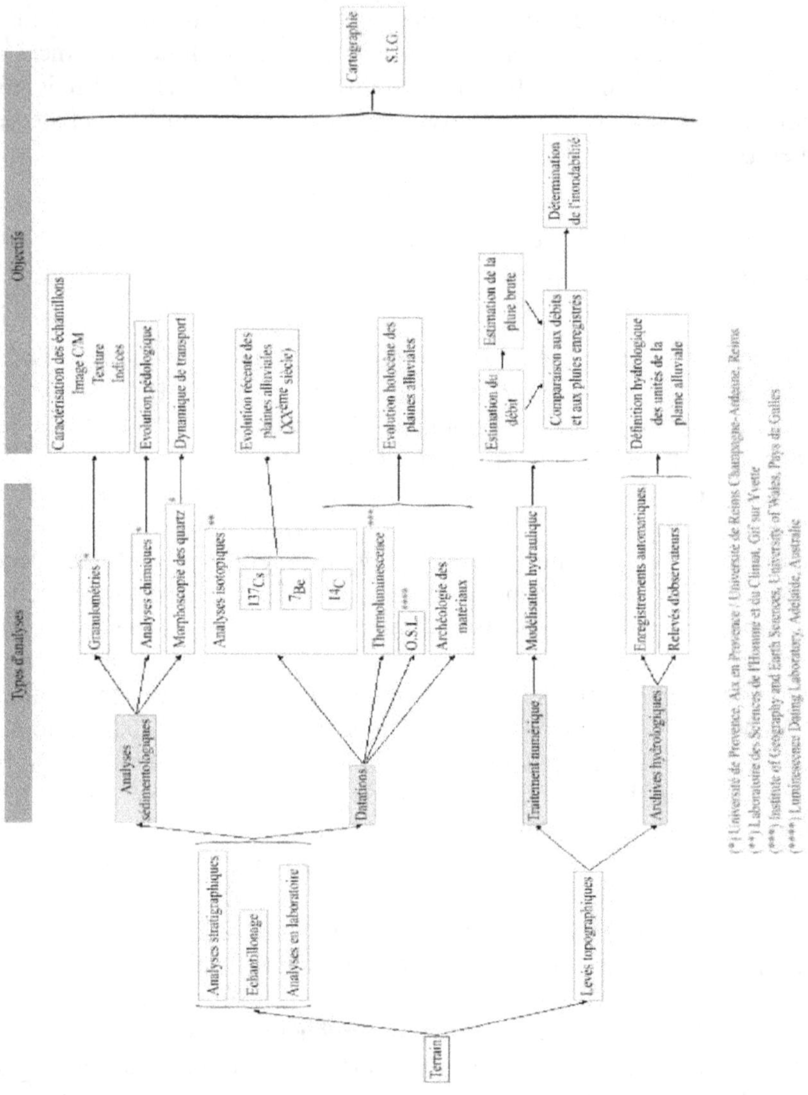

Figure 6.2 - Cartographie hydrogéomorphologique : méthodes d'acquisition et de traitement des données (d'après Delorme-Laurent, 2007)

Les recherches sur l'espace de mobilité des cours d'eau

La mobilité est prise en considération dans le cadre de la gestion des espaces fluviaux, soumis à la submersion et à l'érosion. Complexe dans le détail, elle revêt différentes allures. La plus spectaculaire est celle des formes vives actuelles dont l'instabilité ne manque pas de retenir l'attention de tous. En revanche, le long des cours d'eau aménagés, elle est effacée par les fixations du lit mineur et n'apparaît qu'en période de débordement lorsque les anciens lits sont momentanément réempruntés. Elle a souvent entièrement disparu pour les rivières aménagées de pente faible présentant une bonne résistance aux fortes crues. Leur mobilité ancienne peut être reconstituée à partir des caractéristiques des lits majeurs et sert de guide à la renaturation des lits. C'est le cas en particulier des rivières de rang inférieur et en tête de bassin versant.

Les travaux qui se réfèrent à cette mobilité ont permis de produire le « guide de fuseaux de mobilité » repris par les agences de l'eau en particulier pour protéger et gérer les espaces en bordure immédiate des cours d'eau (Malavoi *et al.,* 1998). Depuis les travaux récents prennent en considération une mobilité en trois dimensions (Arnaud-Fassetta et Fort, 2009). La thèse en cours d'Adrien Alber se consacre à une étude de l'espace de mobilité des cours d'eau à l'échelle du bassin versant du Rhône. Il s'agit de comprendre quels sont les facteurs qui contrôlent la mobilité en plan du lit des cours d'eau. L'étude envisage à la fois la quantification des phénomènes (quel est le degré de mobilité des lits fluviaux, quelle est la largeur de la bande active concernée ?) et l'identification des facteurs explicatifs (pente, écoulement de surface, contraintes latérales…). Les recherches ne se bornent pas à l'analyse des divagations ce qui ne serait, grâce aux outils informatiques, qu'une version élargie et automatisée de recherches déjà classiques (Peiry, 1988 ; Salvador, 1991). On essaie de comprendre comment cette capacité à la mobilité latérale se conjugue avec l'évolution du transport solide. Les recherches s'attachent à mesurer le rôle de l'accrétion sédimentaire dans la plaine sur le devenir des paléochenaux, le rôle de la mobilité fluviale sur l'entretien de ces formes, leur réactivation et en définitive le maintien de leur rôle d'annexes hydrauliques réalisant un véritable écrêtement naturel des crues. Thierry Beck, sur la Moselle amont, développe dans le cadre de sa thèse (en cours) des approches similaires (translation horizontale, enfoncement et exhaussement du lit de la Moselle sur des tronçons de quelques kilomètres). Sur la Loire, la mobilité identifiée par plusieurs variables a été spatialisée après le traitement statistique des données de terrain afin de représenter l'état du lit sur un tronçon de cours d'eau (figure 6.3 ; Gautier *et al.,* 2000).

Ces travaux participent à la compréhension des systèmes fluviaux, appréhendés également dans leur dynamique, par les études paléoenvironnementales. Grâce à une analyse de très nombreuses carottes prélevées dans la plaine alluviale de la Loire et dans le sillage d'autres chercheurs (Gautier *et al.,* 2000 ; Carcaud, 2004), Cyril Castanet parvient à reconstituer les alternances de dilatations et de contractions de la bande active depuis le Tardiglaciaire (Castanet, 2008). Celle-ci doit être comprise comme une entité en trois dimensions : une largeur donnée et certaines caractéristiques propres au train des méandres (longueur d'onde, amplitude…) mais aussi une certaine profondeur, conférée par le degré d'enfoncement des chenaux dans la plaine. À partir de l'Holocène, des contraintes anthropiques s'ajoutent aux processus hydroclimatiques pour modeler l'espace alluvial et y guider les écoulements.

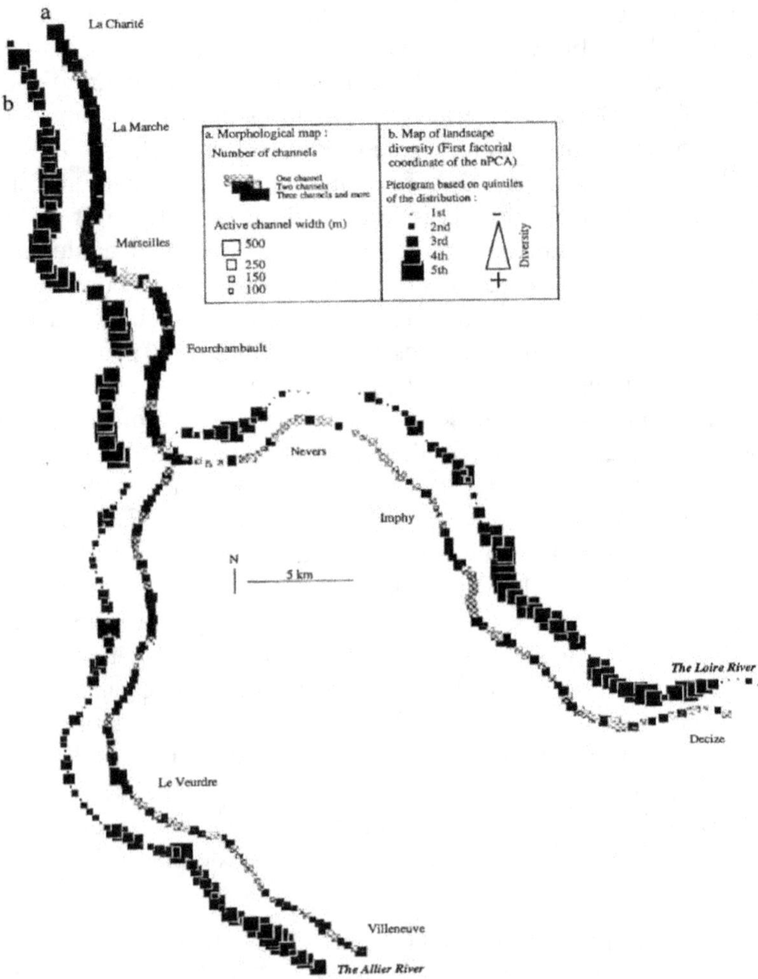

Figure 6.3 - (a) Principaux secteurs morphologiques et (b) diversité physionomique des unités de la mosaïque (d'après Gautier *et al.*, 2000)

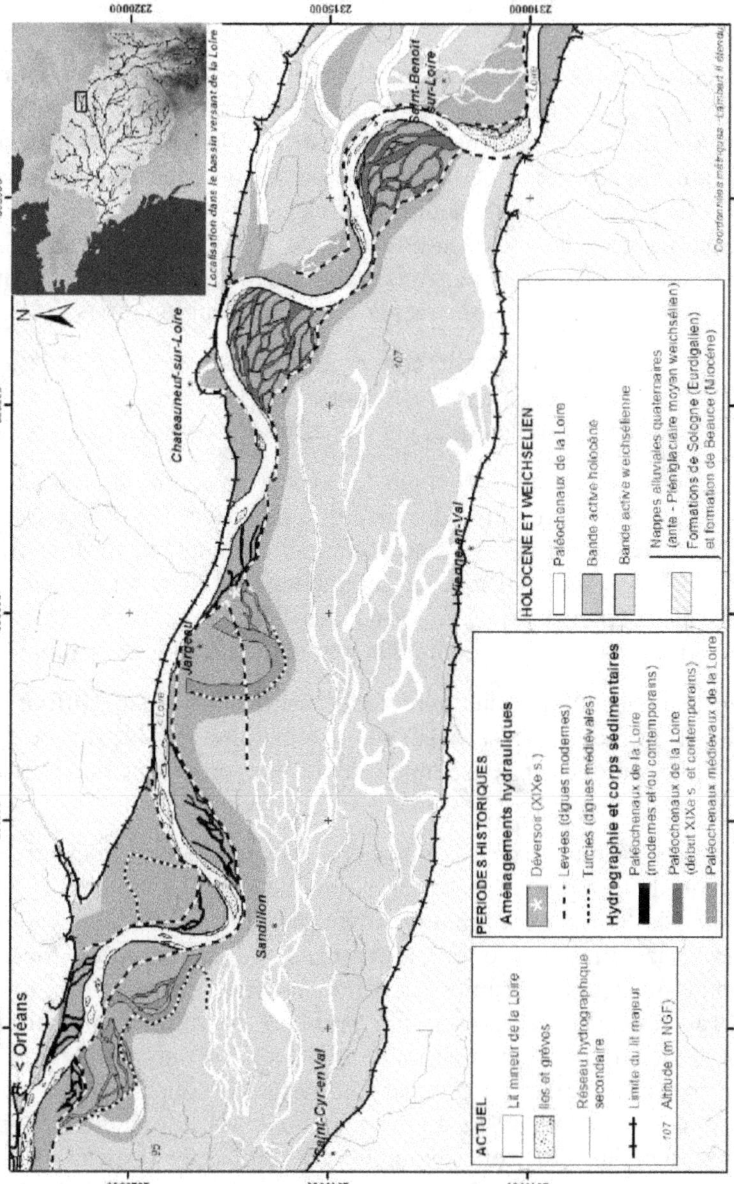

Figure 6.4 - Paléoenvironnements fluviaux de la Loire en amont d'Orléans (d'après Castanet, 2008)

La connectivité, les discontinuités, les trajectoires : des thèmes émergents dans l'étude des hydrosystèmes

Les exemples cités précédemment illustrent la place que prennent désormais les recherches qui visent à comprendre la dynamique des tronçons fluviaux en envisageant simultanément plusieurs questions : les héritages historiques (les formes aménagées, les modifications de la géométrie) ; la nature et la composition des corps sédimentaires constitutifs ; les fluctuations hydroclimatiques ; la localisation dans le *continuum* fluvial (l'effet des tronçons amont). Se dessinent aussi des thèmes de recherche qui ont fait l'objet de récents développements par les auteurs anglophones :

- La discontinuité : elle concerne le transport solide et la granularité des sédiments, par des effets de piégeage ou au contraire de réalimentation latérale, par des effets de seuil dans la compétence ;
- La connectivité : il s'agit de la plus ou moins grande capacité des flux à parcourir une distance ou un espace. Dans un bassin versant, les barrières et les espaces-tampons jouent un rôle de filtre sur la composante hydrique et sédimentaire des transferts, mais on peut aussi montrer que la forme des bassins versants, des réseaux ou d'autres variables comme la pente, ont un rôle déterminant ;
- Le concept de trajectoire, enfin, est très novateur (Dufour, 2005) car il lie les deux précédents à l'histoire du bassin et fait de sa dynamique un ensemble unique de processus se relayant et se combinant.

Par la mise en œuvre de ces approches, de nouvelles perspectives d'étude permettent de progresser dans la connaissance des processus et de leur articulation le long du continuum fluvial. Ainsi, Raccasi (2008) a pu montrer que sur le bas Rhône inférieur, l'expulsion de la charge de fond grossière précède de plusieurs décennies les dépôts latéraux et l'accrétion fine dans les périmètres des casiers Girardon : une première mutation en prépare une autre. Ces approches fournissent aussi un terrain d'application pertinent pour l'étude des transferts de matériaux des versants vers les cours d'eau, thème qui est rarement abordé (Arnaud-Fassetta *et al.,* 2009a), alors que la plupart des études portent sur les zones sources en sédiments (travaux sur l'érosion hydrique des sol cultivés ; Delahaye 2002 ; Roulier *et al.,* 2002 ; Auzet *et al.,* 2005 ; Helming *et al.,* 2005 ; Souchère *et al.,* 2005). Ainsi offrent-elles la possibilité de rapprocher des communautés scientifiques travaillant sur les processus de versants d'une part, sur la dynamique des cours d'eau d'autre part.

Les notions de discontinuité, connectivité, trajectoire en partie dues à la biologie et à l'écologie des communautés comme à l'écologie du paysage sont un champ intéressant pour le géographe car il peut les combiner avec une mise en perspective historique. En somme, entre une histoire environnementale aux énoncés parfois abstraits et assez rarement spatialisés et une étude uniquement quantitative des processus, elles ouvrent sur un champ de réflexion étendu.

Les rythmes ou les temps de la crue, de l'érosion et de la sédimentation

Plusieurs approches et méthodes permettent de dater les phénomènes géomorphologiques et ainsi de déterminer la vitesse de modification des formes fluviales, contrainte majeure à l'occupation des vallées.

Les changements hydroclimatiques et les modifications des surfaces réceptrices, la paléohydrologie

Le thème de la combinaison des fluctuations climatiques et des modifications de l'état de surface des bassins versants n'est pas nouveau. Les périodes prises en considération sont plus ou moins longues mais une nette faveur est accordée aux XIXème, XXème et XXIème siècles car les sources documentaires y sont abondantes. On essaie de reconnaître dans les fluctuations de l'hydrologie la marque de forçages climatiques ou météorologiques (Astrade, 1996 ; Landon, 1999 ; Jacob, 2003 ; Liébault, 2003 ; Gob, 2005). Quelle est la part des facteurs climatiques dans l'évolution des systèmes torrentiels de la France du Sud-Est mais aussi de la Saône ? Le dépouillement d'archives et la constitution de séries ou de chroniques ont été la première étape pour une valorisation de l'information historique. Les recherches ont tout autant porté sur l'interface que constituent les bassins versants, autrefois déboisés et peu à peu reconquis par la végétation (Thénard, 2008 ; Arnaud-Fassetta *et al.,* 2002, 2005). Il s'agissait avant tout de comprendre les mutations sédimentaires survenues entre les années 1880 et 1950, avec l'amorce du tarissement sédimentaire puis sa propagation vers l'aval (Bravard, 2000 ; Thévenet *et al.,* 2003). D'autres réflexions ont aussi porté sur le seuil de réaction des bassins à des pluies diluviennes (Calvet, 2000 ; Arnaud-Fassetta *et al.,* 2005) ou sur le caractère exceptionnel d'événements hydrologiques récents (Vinet, 2003). Les réponses sont souvent complexes ; le rôle protecteur ou tampon des couvertures forestières a été relativisé comme l'a été le caractère rare de l'événement catastrophique. Par ailleurs, des tentatives sont faites pour mieux connaître les débits de ces événements majeurs (Chave, 2002, 2003 ; Delorme-Laurent, 2007 ; Raccasi, 2008) ou estimer leur fréquence à partir des chroniques historiques (Naulet, 2002 ; Gaume *et al.,* 2004). Ces tentatives de paléohydraulique et de paléohydrologie sont encore peu nombreuses en France (Arnaud-Fassetta *et al.,* 2009b). Elles restent une spécialité des auteurs anglophones et hispanophones alors que ni le matériau documentaire ni les sites expérimentaux ne font défaut. Pour autant, il convient de s'affranchir d'une contrainte majeure qu'est la stabilité pluridécennale ou pluriséculaire de la section du lit considérée ; de nombreuses recherches montrent l'extrême sensibilité de la géométrie des lits aux variations des débits liquides et solides (Boumediene *et al.,* 2004).

Chronique de la métamorphose des chenaux et des plaines

Les méthodes déjà expérimentées sont appliquées à des espaces où la mauvaise connaissance de la vitesse d'évolution des formes contribue à augmenter la vulnérabilité des lits fluviaux aux aléas hydrologiques et à l'érosion. Cette chronologie est précisée par la cartographie qui permet de comparer les états d'un milieu à plusieurs moments significatifs et d'évaluer leurs modifications. Les SIG fournissent un bon outil pour intégrer l'information disponible. Si certains travaux reconstituent l'évolution des organismes fluviatiles à l'échelle de 1000 et 10 000 ans (secteur de 400 km de long de la Saône aval, par Astrade, 1996, utilisation de l'archéologie par Delorme-Laurent, 2007), la plupart prennent en considération un temps d'évolution plus court, qui commence vers la fin du XIXème siècle, avec les premières données disponibles (Gurnell *et al.,* 2003). La documentation abondante sur le Rhône (MNT, profils transversaux, cartes, photographies…) permet à Raccasi (2008), dans le sillage d'autres chercheurs (Arnaud-Fassetta, 1998 ; Antonelli, 2002) de mettre en évidence les changements séculaires des lits du fleuve entre Beaucaire et Arles et sur le Petit Rhône : reconstitution de la géométrie des paléo-lits et tentative d'évaluation des débits correspondants. À partir des modifications majeures identifiées depuis le dernier quart du XIXème siècle (fin du Petit Age Glaciaire) il est possible d'évaluer la vitesse de l'ajustement du Rhône aux aménagements (endiguements, curages) et de proposer des valeurs de l'accrétion de la plaine alluviale. Rollet (2007) met en évidence un déficit de sédiments sur l'Ain lié à de nombreux barrages qui entraînent une érosion prononcée et la mise à nu d'un pavage sédimentaire dans le lit qui progresse rapidement et annonce une incision de l'Ain dans les décennies à venir. Thierry Beck (thèse en cours) montre comment le chenal de la Moselle répond aux extractions de sédiments en lit mineur depuis une vingtaine d'années : mise à nu d'un pavage mais sur quelques centaines de mètres seulement et reprise sur certains tronçons de cours d'eau d'une tendance où l'accumulation prédomine. On suit ainsi les étapes de la reconstitution d'un nouvel équilibre morphodynamique (figure 6.5).

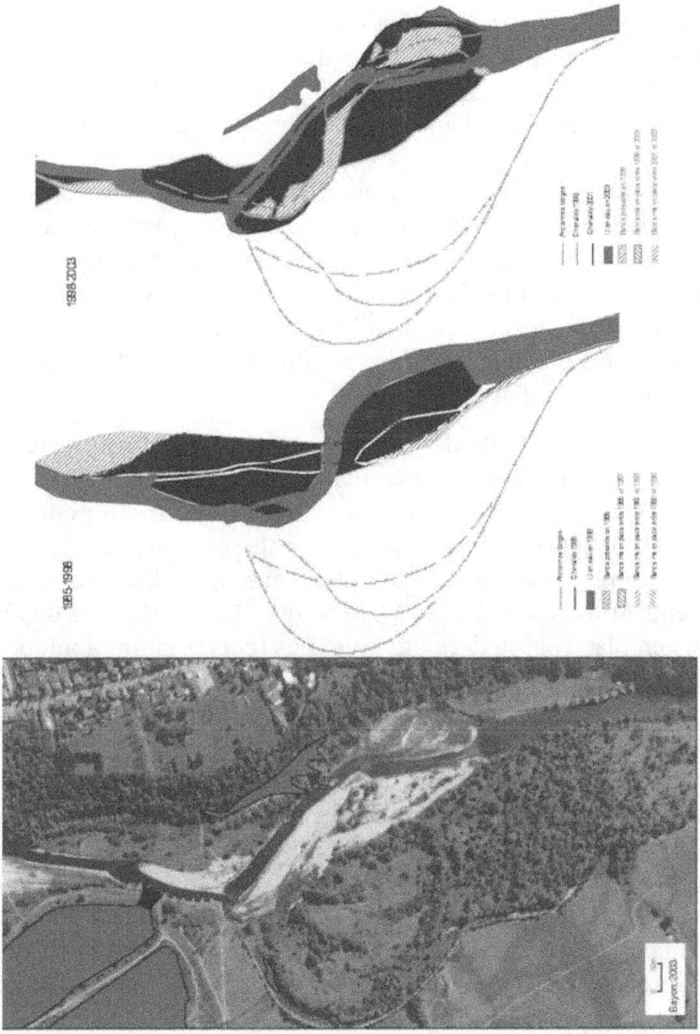

Figure 6.5 - Mobilité du lit de la Moselle. Site de Bayon à 30 km en aval d'Epinal (d'après Beck, thèse en cours)

Ces approches permettent d'identifier les impacts de crises naturelles et/ou déterminées par les interventions anthropiques qui exacerbent l'érosion. Les évaluations quantitatives sont souvent traduites en bilans sédimentaires car on peut envisager d'étaler les volumes sur le laps de temps qui a été nécessaire à leur expulsion. Elles permettent par ailleurs de préciser les temporalités et de progresser dans la connaissance des fonctionnements hydrogéomorphologiques. La détermination de la vitesse de leurs actions spécifiques apporte de nouvelles explications au déroulement des processus. La méthode de datation par la dendrochronologie est développée par Astrade (1996) ; elle consiste en une évaluation de la vitesse des oscillations spatio-temporelles, transversales et longitudinales des lits fluviaux à partir de l'âge du couvert végétal arboré. Le critère majeur est celui de la recolonisation des milieux délaissés par l'écoulement, l'abandon de bras, le développement des ripisylves en général. Il sert à reconstituer les variations hydrologiques sous l'effet des facteurs climatiques et anthropiques avec mise en évidence de seuils critiques significatifs de l'action des processus, en particulier, ceux qui contribuent au remodelage des rives. Laurent Astrade montre ainsi à partir de l'exemple de la Saône (1996) que l'érosion des berges n'est importante que depuis une ou deux décennies et qu'elle est liée à une augmentation de la fréquence de crues pendant la même période entraînant des inondations plus nombreuses au cours du printemps.

Les datations par les méthodes isotopiques sont également mises en œuvre. Elles restent peu utilisées compte tenu de leur coût et du recours à des compétences spécifiques. Delorme-Laurent (2007) s'en sert pour montrer que dans les lits majeurs les dépôts sédimentaires, mis en place après le Pléistocène, sont déterminés par la dynamique fluviale actuelle. Les radioéléments utilisés sont ^{14}C, ^{137}Cs ainsi que ^{7}Be qui date les dépôts les plus récents mis en place par la dernière crue. Les repères chronologiques pour des événements plus anciens sont fournis par la méthode OSL, Luminescence Stimulée Optiquement, variante de la thermoluminescence. Les vitesses d'évolution des formes fluviales ainsi déterminées sont assez variées. Pour les dernières décennies, les plus étudiées, elles devraient être contenues dans un « rail », défini par le climat et la force des crues, la pente et la charge alluviale liées à l'état des lits fluviaux et des bassins versants ; on peut envisager que ce rail puisse se déformer selon les actions d'aménagement, qui accroissent ou réduisent la vitesse de l'érosion. Ainsi en améliorant la connaissance du fonctionnement des processus et celle des aléas, ces résultats servent aux approches prospectives, nécessaires à la gestion et à l'aménagement des lits fluviaux.

Le temps du risque

Les chroniques de l'aléa sont aussi celles du risque. Au cours des dernières décennies, les mieux connues, se sont combinées une augmentation de la vulnérabilité par l'avancée du peuplement dans des espaces jusque-là agricoles ou marginaux et une recrudescence des aléas. La haute montagne et le midi de la France sont des terrains tout indiqués pour de telles recherches mais ils n'en ont pas l'exclusive. Sur ce thème, les travaux sont nombreux : Arnaud-Fassetta *et al.* (2002), Chave (2003), Vinet (2003) et Delorme-Laurent (2007) analysent l'inondation dans les basses plaines de l'Aude ou de ses affluents, Jacob (2003) fait de même dans l'Ardèche. Thénard (2008) montre comment la Guisane, occupée par la station de ski de Serre-Chevalier, s'est modifiée depuis la veille de la seconde guerre mondiale : il s'est consacré à la détermination du fonctionnement hydrogéomorphologique (origine des sédiments, végétalisation du bassin, extension de l'agglomération) par les méthodes de la télédétection (interprétation de photographies aériennes et d'images satellites). Astrade (1996), pour la Saône, définit les rythmes de la crue, le glissement printanier des événements et met en évidence les mutations paysagères porteuses de risque. Enfin, dans l'Eure comme dans le Nord du Bassin Parisien, les changements d'occupation du sol et d'organisation du peuplement en particulier l'extension de la périurbanisation, sont pointés comme les problèmes majeurs auxquels les gestionnaires doivent faire face (Masson, 2002 ; Douvinet, 2006, Douvinet *et al.,* 2006 ; El Ghachi, 2007). Les mêmes observations sont réalisées en Bretagne (Dupont *et al.*, 2005)

Dans le détail, le déroulement des phénomènes est complexe. Sur un même espace des phénomènes apparemment assez semblables peuvent présenter des temporalités variées (Auzet *et al.*, 2005). Les travaux menés sur les crues turbides (coulées de boues) sur les plateaux de grande culture montrent qu'il existe deux types de risques déconnectés dans le temps et dans l'espace. Les crues turbides hivernales sont liées à de longues pluies peu intenses. L'apparition d'une catastrophe nécessite la présence de vastes impluviums permettant la concentration d'un volume de ruissellement important. Ces crues vont prendre naissance en amont des grands bassins versants, là où les bassins élémentaires sont largement cultivés et où la dégradation de la surface des sols limoneux (battance) entraîne une réduction de la capacité d'infiltration. En revanche, des événements printaniers liés aux orages constituent l'autre forme classique et la plus fréquente des crues turbides des régions de grandes cultures. Les processus sont totalement différents des précédents. La pluie est toujours violente et précédée de décades souvent peu humides. L'écoulement est torrentiel et brutal. Contrairement au cas précédent, la phase de préparation du sol est très partielle ou synchrone avec l'événement. Le comportement des surfaces est moins subtil que dans le cas des pluies hivernales et la variable occupation du sol est beaucoup moins discriminante. Ces crues frappent de manière privilégiée les petits bassins en forte pente le plus souvent faiblement cultivés (Delahaye, 2003 ; Douvinet, 2006).

Dans le domaine du risque fluvial, des résultats très stimulants proviennent de la perspective géohistorique adoptée par certains chercheurs (Arnaud-

Fassetta et Landuré, 2003 ; Carcaud, 2004 ; Combe, 2007 ; Castanet, 2008) qui ont étudié la place prise par l'aléa dans un dispositif hérité : un corsetage de digues, un ensemble de conditions nouvelles pour la sédimentation alluviale. Ces aménagements induisent un comportement de dérive du système (Bravard, 2004) : il échappe à la connaissance immédiate et, partiellement, à la prévision car les dynamiques actuelles sont des réponses à des transformations parfois très anciennes : cinq siècles dans le cas de la Loire (Garcin *et al.,* 2006).

Approches sédimentologiques : des faciès alluviaux aux volumes transportés

Selon la dimension des organismes fluviaux et la caractéristique des sédiments pris en considération, les approches sont effectuées selon des protocoles variés. Les travaux s'appuient sur de nombreuses mesures de terrain et de laboratoire. Le mode de collecte et de traitement des données a évolué. Les sites étudiés grâce à l'automatisation se sont multipliés ; la précision des résultats en raison de l'utilisation d'outils performants et adaptés (photographie numérique, GPS) a augmenté ; enfin l'analyse critique des résultats, effectuée par l'application de tests de validité et par des approches comparatives, permettent de caler des ordres de grandeur quand la précision chiffrée devient une illusion. Ces avancées permettent également de progresser dans la simulation des résultats par des modèles. Certains saisissent parfois des « bruits de fond » difficiles à interpréter. Mais on acquiert, de cette manière, de nouvelles façons d'étudier les processus et leur vitesse d'action sur le milieu.

Approches granulométriques et détermination des faciès

Les méthodes mises en œuvre permettent de caractériser les unités du fond alluvial, transversalement, depuis le lit mineur et la bande active vers les limites du lit majeur, et longitudinalement. Les mesures sont faites en laboratoire (courbes granulométriques des sables et limons) ou sur le terrain ; le comptage de galets peut être automatisé par l'analyse de photographies numériques ce qui permet d'accroître le nombre de placettes échantillonnées et ainsi, la valeur des résultats (figure 6.6).

Établies pour la surface et la subsurface des bancs d'alluvions, courbes, indices granulométriques et image C/M de Passega définissent l'énergie hydraulique et ainsi contribuent à l'explication des formes fluviales et de leur dynamique. Parfois des enseignements complémentaires sont retirés d'autres éléments, comme les bois flottés. Les chercheurs qualifient ainsi les événements contemporains mais aussi par différence, les événements plus anciens, là où la taille de la charge de fond dépasse la capacité du transport fluvial actuel (mise en évidence d'un pavage).

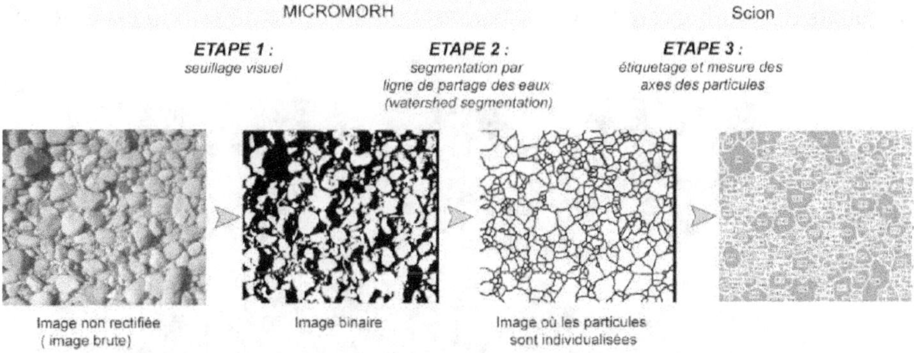

Figure 6.6 - Chaîne de procédures utilisée pour la génération des distributions granulométriques. Les étapes de traitements figurent en italique (d'après Rollet, 2007)

Tout un champ actuel de la recherche aborde la morphologie du lit comme milieu de vie et cherche à mieux comprendre les relations qui s'établissent entre les communautés biologiques et la structure des habitats. Des travaux préalables ont posé les bases de la détermination des segments de lits homogènes par leurs conditions hydrologiques et morphologiques. La granulométrie du matériau constituant le fond du lit est prise en compte ainsi que d'autres variables (puissance spécifique, débit, vitesse..). On pratique alors des classifications ou des typologies hydromorphologiques des cours d'eau (Schmitt, 2001). Ces typologies débouchent sur des sectorisations qui précisent la définition des milieux et permettent d'évaluer leur qualité en regard des directives écologiques européennes. Cette préoccupation rejoint ainsi celle des gestionnaires des cours d'eau dont l'objectif est d'atteindre le plus rapidement possible (d'ici 2015) un bon état des masses d'eau.

La compétence des écoulements et les distances de transport

Ces caractéristiques sont parmi les plus difficiles à évaluer en particulier pour les grandes rivières auxquelles on applique souvent des méthodes indirectes qui dégagent des tendances générales ; évaluation à partir de sites spécifiques (barrages, curage, fosses d'extractions de granulats…) de volumes de sédiments et de distances de déplacement des alluvions liées à l'addition des effets d'événements hydrologiques survenus pendant une ou de plusieurs saisons successives. Les études réalisées sur de plus petits organismes fluviaux sont ainsi très précieuses ; ceux-ci se prêtent à des approches expérimentales s'attachant à préciser les conditions du transport solide et les longueurs parcourues par les particules (Petit *et al.*, 2000 ; Gob, 2005). Ainsi peut-on évoluer vers des modèles de dynamique sédimentaire ; cependant les résultats disponibles sont bien disparates tant la réalité du terrain est diverse !

Figure 6.7 - Traçage de galets à la peinture dans le Haut Serayu, Java centre (d'après Lavigne, 2004)

« *La multiplication des études sur les cours d'eau à lit graveleux depuis 20 ans a permis d'affiner nos connaissances sur les vitesses de déplacement de la charge de fond. Ces progrès résultent en particulier des nouvelles techniques de marquage* in situ *utilisées (électromagnétiques, magnétiques, radioactifs). Cependant, (...) rares sont les études réalisées en milieu tropical, où les galets ne sont pas très fréquents. Par ailleurs, les résultats des études réalisées par traçage sont le plus souvent fondés sur un nombre limité de galets marqués (rarement supérieur à 500), pour des raisons pratiques ou financières. Par conséquent, ces résultats concernent surtout des distances et vitesses de déplacement de galets individuels, dont l'extrapolation au déplacement de trains de sédiments reste sujette à caution. Notre étude sur le haut Serayu, où il tombe 4500 mm d'eau par an, a consisté à suivre plusieurs milliers de galets andésitiques pour estimer la vitesse de déplacement, non seulement de galets individuels, mais aussi de convois sédimentaires* » (Lavigne, 2004). Cette citation résume l'ensemble des problèmes auxquels sont confrontés les chercheurs travaillant sur la charge de fond : la nécessité de multiplier les expériences et les observations, le manque de représentativité de certains protocoles ne mesurant qu'un nombre réduit de particules et la difficulté d'extrapoler, à toute une masse en transit, ce qui vaut pour quelques éléments. Lavigne (2004) a mesuré des déplacements de trains de galets à Java sur près de 900 m. C'est une moyenne pour des pentes de 4% (400 à 600 m de long pour des galets de 15 à 20 cm de grand axe, 1200 à 1500 m pour des galets de 3 à 5 cm, la distance maximum étant de 3000 m pour de plus petits galets). Par ailleurs, ces déplacements permettent d'analyser l'usure des galets et l'acquisition d'un émoussé. Au bout de quelques kilomètres, la proportion de galets émoussés dépasse 60 à 70 % dans les cours d'eau indonésiens.

Rollet (2007) a utilisé le marquage des particules par les transpondeurs passifs intégrés. Ces émetteurs sont détectés dans le matériau du lit et permettent de pister les particules marquées à partir d'un site de déversement. Dans de telles études, on achoppe cependant sur le caractère spécifique de l'expérience : soumission aux événements hydrologiques survenant dans le laps de temps de l'étude et aux caractéristiques de l'espace d'expérimentation ne reflétant que les conditions propres au tronçon. Certains ont tenté de s'affranchir de ces limites en envisageant les corps sédimentaires en mouvement par l'intermédiaire des contaminants ou des marqueurs qu'ils renferment. Ainsi, Houbrechts et Petit (2001, 2003) ont mis à profit la présence de scories métallurgiques dans les alluvions de cours d'eau de l'Ardenne belge pour déterminer les distances parcourues depuis le lieu d'injection, celle-ci ayant commencé aux XVème-XVIème siècles (Houbrechts et Petit, 2001, 2003). D'autres auteurs ont cherché à estimer ces distances de propagation dans des cours d'eau torrentiels (Liébault, 2003 ; Astrade *et al.*, 2007). Il s'agissait alors de dater les basses terrasses récentes édifiées par le processus d'incision post-Petit Age Glaciaire au cours de sa progression vers l'aval. La datation a été donnée par la dendrochronologie et la lichénométrie. Des valeurs comprises entre 90 et plus de 300 mètres par an ont ainsi été avancées. Il resterait toutefois à déterminer les facteurs de telles variations car la pente à elle seule n'explique pas les différences. Dans les lits de cours d'eau méditerranéens aux alluvions très grossières, la lichénométrie a été utilisée comme un substitut à d'autres techniques de marquage ici impossibles ; elle a permis de déterminer les forces tractrices nécessaires à la mise en mouvement des blocs. Comme le marqueur de la mobilité est ici le thalle lichénique, l'étude peut porter sur plusieurs décennies et englober plusieurs événements hydrologiques. Il en ressort ainsi la rareté des événements réellement morphogènes dans des lits où le matériau caillouteux est essentiellement un héritage de la dernière période froide (Gob *et al.*, 2005 ; Gob, 2005 ; Jacob *et al.*, 2002). Enfin le pistage des transformations géométriques ou granulométriques du lit à l'aval de certains aménagements (extractions, barrages) permet aussi d'estimer ces vitesses de propagation de la charge de fond : 500 mètres par an pour l'Ain, (Rollet, 2007). Des difficultés d'un autre ordre apparaissent quand on cherche à passer de la compétence au bilan sédimentaire.

Les volumes de sédiments mis en mouvement

Ces volumes sont estimés par l'établissement de bilans sédimentaires effectués le plus souvent sur des tronçons choisis de cours d'eau : réalisation de mesures topographiques (Rollet, 2007 ; Thénard, 2008 ; Beck, thèse en cours) et bathymétriques (Lavigne, 2004 ; Raccasi, 2008) pour l'établissement de profils transversaux et de MNT (utilisation de DGPS). Leurs déformations successives ou le remplissage des barrages en montagne servent à mettre en évidence l'ablation ou l'accumulation d'alluvions. La méthode, qui ne permet pas toujours d'apprécier les modifications les plus faibles, donne de bons résultats pour des tronçons d'une même rivière ; on détermine ainsi les caractéristiques, continuité/discontinuité, du transfert de la charge alluviale. Les travaux effectués sur l'Ain aval (Rollet, 2007) ont permis d'évaluer un déficit de sédiment de 10 à 15 000 m^3/an sur un tronçon d'étude. Sur la Moselle à la sortie des Vosges, les volumes « triturés » par la rivière sont de l'ordre de 5000 m^3/an sur des tronçons de 500 m de long. Mais ces résultats doivent être mis en regard de la granulométrie des sédiments déplacés. La modification des profils transversaux et le dosage de sédiments en suspension font apparaître un remblaiement lent du lit du Rhône aval, représentant une accumulation de 10 millions de m^3 en 150 ans soit environ 60 000 m^3/an. Ces volumes de sédiments augmentent très rapidement dès que les pentes longitudinales des lits s'accroissent. Les mesures ont été effectuées sur des torrents alpins (Thénard, 2008) ou bien des torrents indonésiens où, de surcroît, les conditions du climat livrent une eau très abondante à l'écoulement (Lavigne, 2004). L'évaluation de la charge solide transportée par les cours d'eau, qui apporte d'intéressantes indications, ne permet pas toujours les comparaisons de volumes de sédiments (variété des protocoles de mesures adaptés à la dimension de chaque organisme fluviatile). Mais les études identifient assez bien, sur des rivières ou des tronçons de rivières, des tendances à l'incision ou au remblaiement. Il faut aussi poser la question de la représentativité des résultats annoncés : les volumes expulsés dans une phase d'ajustement (par exemple, l'incision après une réduction des apports alluviaux) représentent-ils encore, quelques décennies plus tard, la capacité de prise en charge du système puisque la géométrie des chenaux a changé ?

Signification des résultats et apports des approches méthodologiques

L'étude des sédiments fluviatiles permet de déterminer les processus qui participent à la dynamique fluviale, puisqu'elle fait apparaître les tendances générales et spécifiques des organismes pris en considération :

- Des tendances à la sédimentation avec formation de bancs qui encombrent les lits et favorisent les débordements d'une part, les défluviations d'autre part. Elles peuvent être généralisées sur les tronçons de cours d'eau comme sur le fleuve Progo (Lavigne, 2004), ou plus localisées sur quelques 1 à 2 km comme c'est le cas de la Moselle qui vient de réaliser une défluviation sur près de 700 m de longueur en empruntant un chenal latéral qui suit le tracé d'anciens drains d'irrigation ravinés. Ces sédimentations concernent également le Rhône étudié par Raccasi (2008), qui montre que le lit est encombré de matériaux fins, en lien avec un déficit du transport expliqué par les aménagements;
- Des tendances à l'abaissement des lits mineurs avec l'augmentation de la hauteur des berges et parfois l'affleurement d'un pavage sédimentaire hérité ou du substratum rocheux au fond du lit. Observées dans de nombreux secteurs, elles sont liées à une réduction de l'alimentation en sédiments ; les conditions naturelles y contribuent pour une large part (végétalisation des berges, fixation des versants…) comme cela est démontré pour les rivières alpines depuis plusieurs années. Mais elles sont souvent exacerbées par l'aménagement des lits, piégeages des sédiments dans les barrages construits au fil de l'eau, endiguement des cours d'eau, vidange antérieure du stock de sédiments influencée par l'extraction de granulats, fixation des berges et réduction de l'érosion latérale….

Cependant, les dynamiques sédimentaires sont d'abord contrôlées par des écoulements bien alimentés lors des fortes crues, répétitives au cours des dernières décennies dans certaines régions françaises (moitié sud de la France) qui fournissent de véritables laboratoires d'investigation. Mais les approches comparatives, relatives aux événements hydrologiques, restent à mener. La distribution spatiale et temporelle des crues est mal connue et souffre du manque de stations hydrométriques qui permettraient en outre une meilleure appréciation des débits morphogènes. Ces approches sont évoquées dans les travaux plus généraux qui s'inspirent des résultats précédents, les appliquent et en même temps contribuent à les valider.

L'interface entre l'expertise scientifique et le milieu local : exemples à diverses échelles (Roumanie, Sénégal, Seille, Eure)

Cette analyse est fondée sur quelques travaux récents présentés par de jeunes chercheurs dans le cadre de leur thèse. Ces derniers appréhendent le fonctionnement d'espaces spécifiques par une recherche pluri-thématique. L'approche monographique est ici l'occasion de faire le lien entre la dynamique fluviale, ses conséquences sur l'utilisation de vallées et des cours d'eau et la gestion de ces milieux. Ces travaux abordent de manière récurrente les thèmes suivants : la définition de tronçons homogènes ; la détermination de la capacité des lits à pleins bords, l'analyse des crues et de leur fréquence ; le diagnostic de l'état des milieux, l'étude des aléas et des enjeux de la gestion, l'analyse du risque. Ils mettent aussi en évidence la nature de la demande économique, sociale et environnementale et ainsi les stratégies développées par les acteurs du milieu pour en exploiter les ressources. Ces stratégies sont en accord avec les enjeux qui peuvent être très divers selon les milieux : des problèmes d'inondation, de salinisation, de dégradation des formes fluviales. On pourra aussi mentionner le thème de la recharge sédimentaire qui motive toujours de nombreuses études.

Ces recherches illustrent aussi la question de la mise en pratique et le passage de l'expertise à la gestion. L'application est en effet confrontée à plusieurs contraintes : 1) les particularités des bassins versants nécessitant des expertises « sur mesure », faites dans une perspective monographique ; 2) les spécificités territoriales car la société locale interagit avec des politiques et des mesures réglementaires souvent centralisées. Il s'agit alors d'embrasser le jeu des acteurs et, aux zonages fonctionnels, doivent se superposer ceux qui naissent des pratiques économiques ; 3) le problème de l'état de référence qui a été choisi pour entreprendre restauration ou réhabilitation, car chaque système est caractérisé par un état d'équilibre dynamique qui lui est propre.

Le découpage des rivières en tronçons homogènes : entre gestion fonctionnelle et gestion territoriale

Les références à ce thème sont assez fréquentes. Les tronçons homogènes sont souvent délimités à plusieurs échelles selon la forme des vallées, les caractéristiques des lits fluviaux (tracé, conditions d'érosion, nature de la végétation riveraine...) et les actions anthropiques envisagées en général sur un laps de temps pluriséculaire. La méthode met en évidence les conditions très variées du milieu se succédant d'amont en aval. La Prahova, affluent du Danube (193 km de long pour un bassin versant d'une superficie de 3740 km^2) présente dans les quatre tronçons qui ont été délimités, tous les styles fluviaux et constitue ainsi un bon laboratoire pour l'étude des morphologies fluviales et leur modification, dans l'espace ainsi que dans le temps (d'importantes modifications ont eu lieu à partir de la fin du XIXème siècle). On attend ici de la sectorisation, menée aussi dans une perspective géo-historique, qu'elle fournisse une meilleure clef de compréhension et de gestion des dynamiques hydro-sédimentaires. Une interrogation porte également sur la signification de la migration vers l'amont des tronçons à tresses et l'apparition de tracés à anastomoses ; des liens sont à établir avec une réduction des débits liquides et de la charge solide. Mais la réponse est complexe (Ioana-Toroimac, thèse en cours). Les travaux de El Ghachi (2007) sont à rapprocher des précédents par la méthode de découpage en tronçons ainsi d'ailleurs que par la démarche générale (figure 6.8). L'application se rapporte à l'étude des caractéristiques morphologiques des lits fluviaux de la Seille (bassin versant de 1200 km² de superficie). Mais sur cette rivière qui draine le plateau lorrain et rejoint la Moselle à Metz, les tronçons définis correspondent moins à des variations longitudinales de pente par ailleurs très faible (moins de 1‰) qu'à des modifications transversales de la forme de la vallée selon la nature du substratum sédimentaire encaissant. Ils sont déterminés aussi par une grande variété d'actions anthropiques déjà anciennes, destinées pour la plupart à contenir les crues et à limiter la durée des submersions du lit majeur surtout en aval dans la traversée de l'agglomération messine.

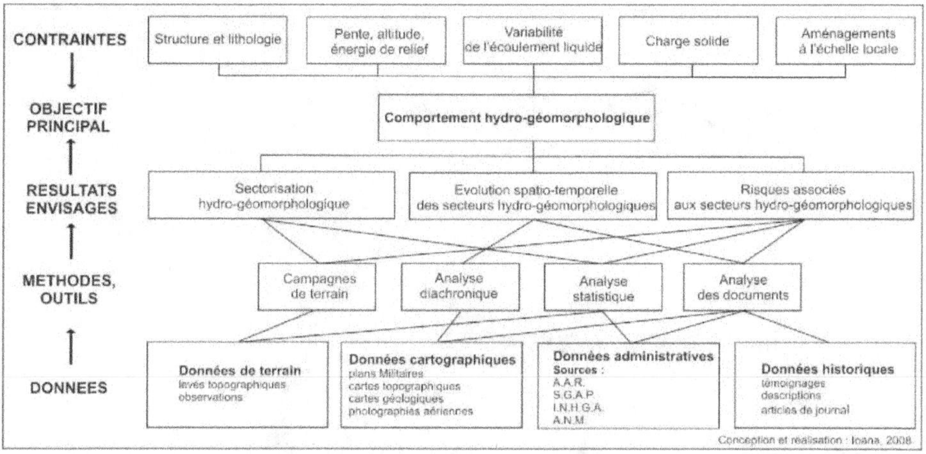

Figure 6.8 - Schéma de la réflexion méthodologique de la thèse de Gabriela Ioana-Toroimac.

Le travail de recherche comprend ainsi une interrogation sur la capacité de la rivière à enregistrer toutes ces actions d'aménagement et sur les modalités de son ajustement au cours de l'histoire. La Seille présente un hydrosystème robuste sous le contrôle de la pente faible. Les aménagements qui n'ont suscité que des réactions ténues n'ont pas supprimé les submersions correspondant aux crues les plus sévères. Ainsi, une nouvelle génération d'actions est-elle en cours. Elle a pour objectif de favoriser la renaturation du lit fortement dégradé, en particulier à l'amont où la rectification était historique et motivée par l'exploitation du sel autour de Marchal : re-création d'un tracé sinueux ayant pour objectif de ralentir les transferts d'eau en crue et de permettre une diversification des faciès d'écoulement.

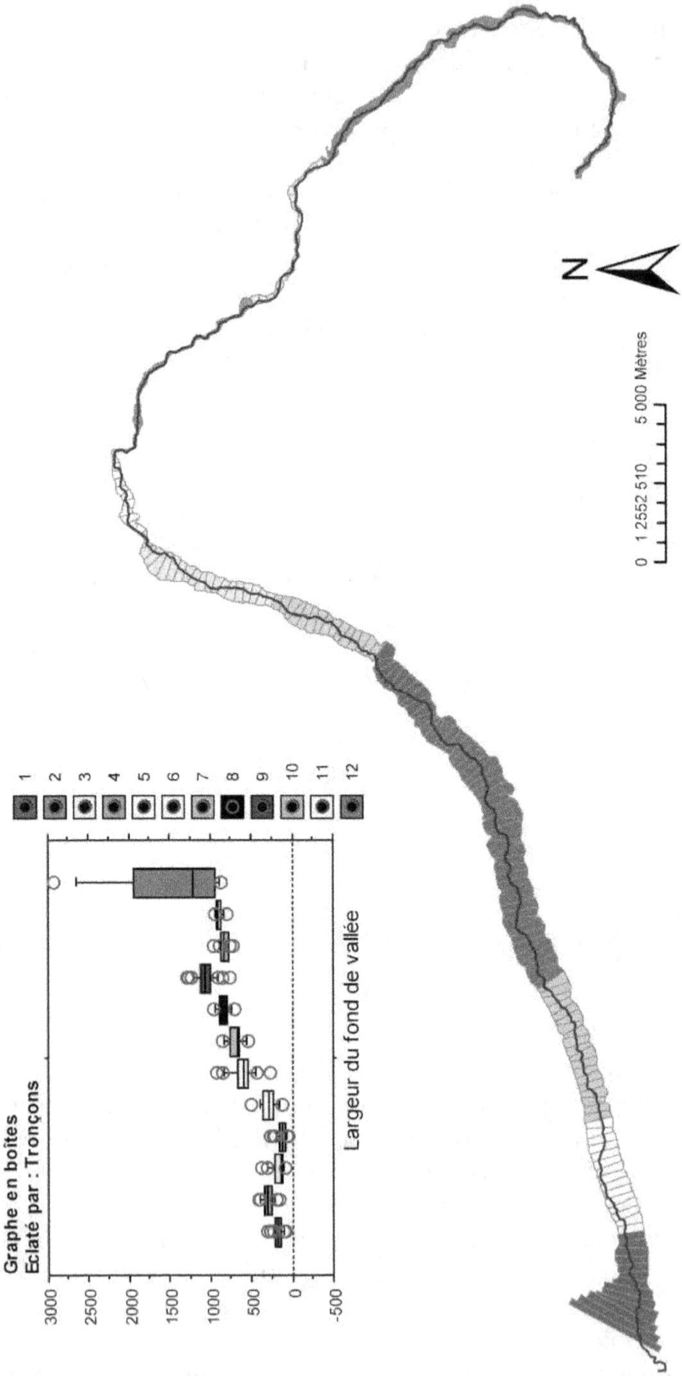

Figure 6.9 - Sectorisation de l'Asse en tronçons de largeur de fond de vallée homogène (d'après Alber, thèse en cours)

Des approches plus quantitatives sont faites par Alber (thèse en cours) à partir d'une analyse statistique des largeurs de lit majeur. « *Nous avons développé une méthode d'extraction sous système d'information géographique (logiciel ArcGis 9.2) à partir d'un modèle numérique de terrain, la BD ALTI de l'IGN au pas de 50 m, et la couche vectorielle représentant le linéaire fluvial, la BD Carthage. À cette échelle, une simplification de l'objet est nécessaire et les plaines alluviales Holocène sont assimilées à l'« espace inondable » pour une hauteur seuil d'eau en lit majeur fixée à 10 mètres. La méthode a été validée ponctuellement par comparaison aux cartes géologiques du BRGM au 1 : 50 000 sur un échantillon de sites représentant des environnements diversifiés (largeur des fonds de vallée et pente des versants variables). À l'issue de ce travail, nous disposons d'une cartographie des plaines alluviales sectorisées mettant en évidence leurs discontinuités d'amont en aval du système fluvial. Chaque tronçon homogène est renseigné par un ensemble d'informations générales (coordonnées et longueur du tronçon, altitude, hydroécorégion d'appartenance, superficie du bassin versant amont, etc...) et de paramètres géomorphologiques (largeur de plaine, sinuosité et pente longitudinale de vallée, pente des versants...). En particulier, le ratio de l'amplitude moyenne du tracé fluvial (emprise spatiale du cours d'eau) à la largeur moyenne de la plaine alluviale (espace disponible à la divagation) permet de caractériser le degré de confinement des cours d'eau au sein de chaque tronçon homogène. Nous pouvons alors discriminer à petite échelle les plaines alluviales confinées (indice de confinement très supérieur à 1), au sein desquelles les déplacements du cours d'eau sont contraints par les versants, les plaines alluviales partiellement confinées (au voisinage de 1) et non confinées (très supérieur à 1) au sein desquelles le cours d'eau peut potentiellement développer une mobile latérale* ».

Détermination de la capacité des lits majeurs et mineurs, analyse des crues et de leur fréquence

L'analyse des événements hydrologiques majeurs donne lieu à plusieurs types de traitements qui ne sont pas exclusifs les uns des autres. L'un, à caractère statistique, cherche à préciser la période de retour des événements ; un autre, à dominante spatiale, est entièrement tourné vers la définition des zones à risques (Masson, 2002 ; Delorme-Laurent, 2007 ; Thénard, 2008) ; le dernier, à dominante fonctionnelle, envisage la compréhension des flux dans des enveloppes fluviales modifiées par les aménagements sur un laps de temps pluriséculaire (El Ghachi, 2007 ; Castanet, 2008 ; Raccasi, 2008).

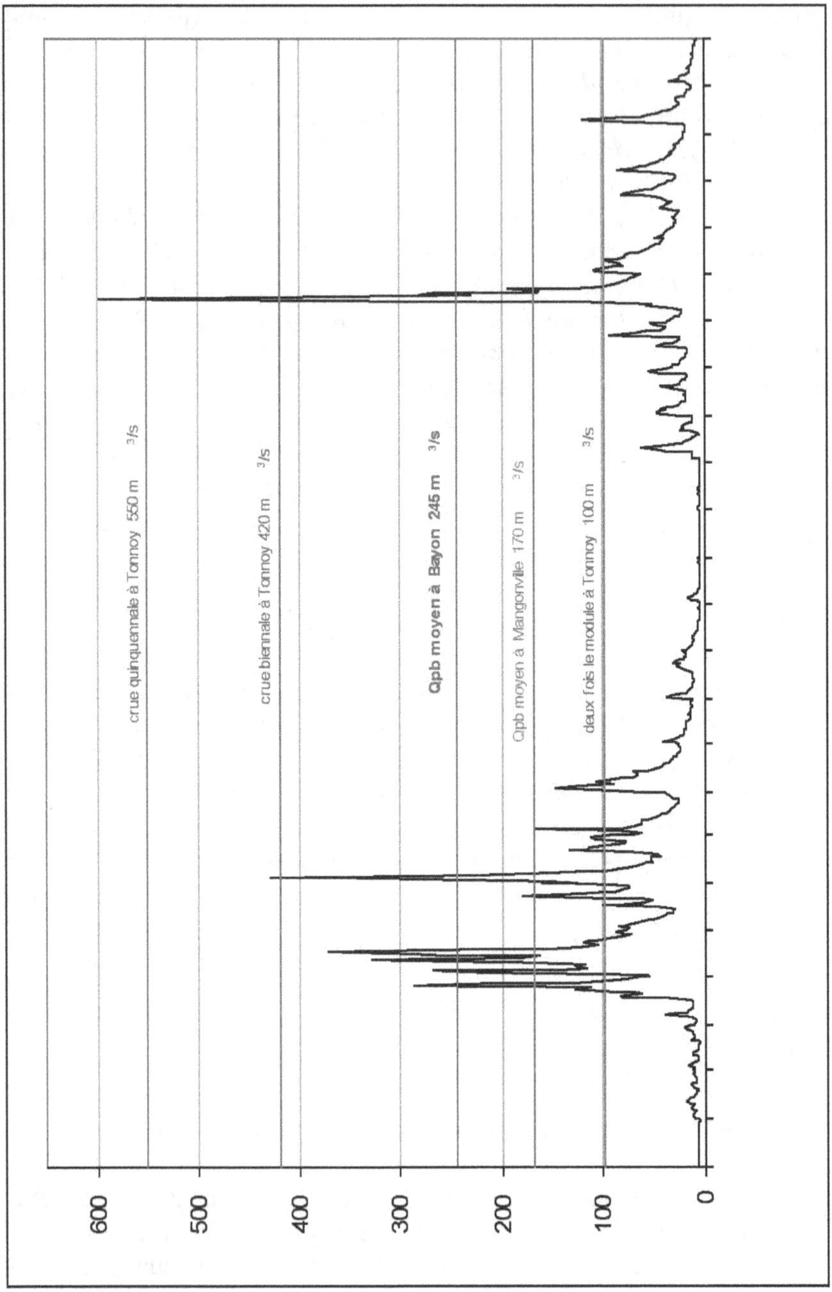

Figure 6.10 - Evénements hydrologiques et repères hydrauliques de la période 2002-2004 (d'après Beck, thèse en cours)

Les traitements statistiques qui permettent de déterminer la fréquence des événements rares ont à prendre en considération la fiabilité des données collectées aux stations hydrométriques : imprécision des courbes de tarage, souvent étendues aux hauteurs exceptionnelles permettant de déterminer des débits extrapolés. Mais la dynamique fluviale a besoin d'abord de hauteurs d'eau et de vitesses d'écoulement. Ces données, souvent issues d'une modélisation hydraulique, servent à déterminer le débit à pleins bords en lit mineur et l'extension des champs d'inondation en lit majeur. Dans le cadre de la cartographie des zones inondables, les chercheurs (Chave, 2003 ; Chave et Ballais, 2006 ; Delorme-Laurent, 2007) ont mis au point des méthodes permettant de déterminer le débit qui remplissait la plaine alluviale fonctionnelle de faible fréquence : lien entre les caractéristiques morpho-topographiques extraites des cartes hydrogéomorphologiques au 1/10 000e et les débits calculés. On restitue ainsi par un modèle hydraulique trois résultats : la ligne d'eau, les hauteurs de submersion et les vitesses moyennes d'écoulement. À condition d'évaluer la pluie qui détermine ces événements rares, il est possible de progresser dans la connaissance de la géomorphologie des plaines d'inondation et de leur fonctionnement sous les conditions climatiques actuelles. Les débits qui remplissent les lits mineurs (Q_{pb}) et qui ont un impact direct sur le transport sédimentaire et le façonnement des lits fluviaux sont tout aussi difficiles à évaluer. Thierry Beck a tenté de les déterminer sur le terrain, à partir des lignes d'eau évaluées selon les laisses de crues et des mesures directes de débits et de sections mouillées. Il obtient des valeurs variant dans une fourchette allant de 1 à 3 dans les tronçons pris en considération, longs de 500 m environ (par exemple à Gripport, Q_{pb} entre 80 et 240 m^3/s, à Mangonville entre 90 et 300 m^3/s, à Bayon entre 115 et 395 m^3/s). Ainsi la moyenne des valeurs obtenues a-t-elle été utilisée pour caractériser les événements hydrologiques morphogènes en regard de données fournies par une station hydrométrique proche des sites d'expérimentation. Sur la figure 6.10 sont représentés sur l'hydrogramme des débits moyens journaliers de la station de Tonnoy, installée à quelques kilomètres en aval des sites, les débits qu'il est possible de prendre en considération pour une étude des dynamiques fluviales. En définitive, la détermination des débits de crue en lien avec la dynamique fluviale est toujours problématique et complexe ; à la difficulté de mesures *in situ*, s'ajoute l'imprécision des données disponibles. Dans ces conditions, le chercheur élabore des protocoles de calcul par des modèles. Mais les valeurs obtenues n'ont de signification que si elles sont en cohérence avec les actions morphogènes réalisées par les crues. Ainsi, un va-et-vient permanent entre les causes et leurs conséquences est nécessaire pour garantir des résultats significatifs et les situer dans un intervalle de confiance acceptable.

Diagnostic de l'état des milieux et étude d'impacts

Les études d'impact, thème classique de recherches en dynamique fluviale et exigence légale, portent la plupart du temps sur les effets des grands aménagements récents, car ils ont entraîné des mutations spectaculaires et rapides des dynamiques hydrosédimentaires et par voie de conséquence des changements de leurs potentialités écologiques. Ainsi, Masson (2002), en étudiant les crues de l'Eure, a cherché à préciser à la fois les manifestations de l'écoulement des crues et leur étendue spatiale et montre que le géographe a toute légitimité à aborder ce champ de l'expertise. « *Cette recherche (....) démontre la pertinence de l'approche géographique, avec ses outils et ses méthodes, pour traiter du phénomène complexe de la relation aléa/vulnérabilité dans un hydrosystème anthropisé. Les apports de ce travail concernant l'analyse des crues, la pratique du retour sur expérience et leur intégration à un SIG, possèdent par ailleurs une dimension appliquée qui, en plus de sa contribution scientifique, lui confère des perspectives dans le domaine de la prévention des risques naturels, de la gestion en période de crise et de post-crise et de la mise en place d'outils fédérateurs de l'aménagement du territoire tels que les PPR, SAGE et autres documents réglementant les usages des zones inondables* » (Masson, 2002*)*

Ailleurs, d'autres travaux ont été menés dans cet objectif. Le recours au SIG et la restitution sous forme de zonages se sont généralisés dans ce type d'approches. Les impacts de la mise en eau du barrage de Diama sur l'estuaire du fleuve Sénégal sont étudiés par Kane (thèse en cours). « *Le delta du Sénégal constitue un secteur propice à l'étude de la dynamique et de la vulnérabilité des systèmes socio-environnementaux en domaine sahélien. Combinant le milieu rural et le milieu urbain, une forte pression démographique, des aménagements hydrauliques de grande envergure, une relative fragilité des conditions environnementales associées à une forte incertitude de l'évolution climatique, la région étudiée représente un véritable laboratoire de terrain représentatif de nombreux secteurs analogues dans le monde* ». Les problèmes liés à la modification de l'environnement dans l'estuaire du fleuve Sénégal sont une illustration classique des impacts des barrages : la modification du régime hydrologique du cours d'eau entraîne des changements environnementaux à l'aval (Michel, 1993). On identifie une salinisation remontante des terres du delta qui a elle-même des effets secondaires puisqu'elle stérilise des terres, les transforme en tannes et les expose à l'érosion éolienne. On soupçonne également que le renforcement de l'érosion côtière a été exacerbé par les nouveaux aménagements : l'ouverture d'une passe artificielle dans la flèche littorale en est certes un facteur aggravant mais on peut aussi envisager la modification du bilan sédimentaire par le barrage, la reprise d'érosion dans le lit à l'aval et l'apparition d'un déficit sédimentaire sur la côte, avec les conséquences écologiques que cela implique.

Dans d'autres régions tropicales, les problèmes environnementaux liés aux barrages font l'objet d'études récentes. Ainsi, Lavigne (2004) souligne l'imbrication des causes naturelles et anthropiques dans les fluctuations du régime sédimentaire du fleuve Progo : la fin de l'abondance sédimentaire est certes imputable à la raréfaction des lahars, pourvoyeurs de sédiments au fleuve mais elle est catalysée par les aménagements de contrôle des têtes de bassin qui retiennent aujourd'hui efficacement les matériaux. Cette pénurie sédimentaire entraîne, comme ailleurs, l'incision du lit, la déconnexion des ouvrages d'adduction d'eau, la fragilisation des ouvrages d'art, affouillés à leur base. L'étude des rythmes de sédimentation des barrages indonésiens procure certes des valeurs de la dégradation spécifique actuelle ou plus simplement des bilans sédimentaires ; elle donne aussi la mesure des interférences qui apparaissent entre la gestion hydroélectrique ou agricole des réservoirs (amoindrie par le comblement) et la gestion des lits fluviaux à l'aval.

Analyse des aléas du risque et des enjeux de la gestion

Comme la plupart des travaux de recherche répondent à un souci d'application, ils comprennent ou se prêtent à une réflexion globale sur les enjeux de la gestion actuelle. Ils permettent d'établir des connexions avec d'autres champs de la recherche sur les hydrosystèmes. Dans le bassin de la Prahova, Ioana-Toroimac (thèse en cours) cherche à préciser la nature des risques encourus, en se fondant notamment sur la sectorisation des dynamiques fluviales dans le bassin. Elle cherche aussi, par la cartographie, à proposer un outil de prévention des risques : réduction de la fréquence des inondations dans les secteurs à chenal unique et sinueux, contrôle de l'érosion dans les secteurs à tresses. On a ici un exemple d'expertise géomorphologique qui peut rejoindre les objectifs de la méthode hydrogéomorphologique. Dans la vallée de l'Eure, Masson (2002) identifie les facteurs d'aggravation de la vulnérabilité (extension des zones urbanisées, migrations pendulaires et leurs axes préférentiels). En ce sens l'étude du risque ouvre la voie à une compréhension des logiques de l'organisation des nouveaux territoires de vie. Il montre aussi que la gestion territoriale et administrative est un élément à part entière du risque. Enfin, cas malheureusement souvent relevé ailleurs, les projets d'urbanisation ou d'aménagement des zones exposées aux submersions sont un facteur supplémentaire de vulnérabilité car ils freinent la mise en application des plans de prévention des risques.

Figure 6.11a et b - Evolution de l'environnement et risque torrentiel à Serre-Chevalier (d'après Thénard, thèse en cours)

Au Sénégal, Kane remarque que les nouveaux aménagements ont entraîné des recompositions spatiales de la population qui a dû trouver des palliatifs à la baisse des potentialités agricoles du milieu qu'elle exploitait. Sans que cela soit développé spécifiquement, n'a-t-on pas ici un exemple de fragilisation d'une société et d'augmentation de sa vulnérabilité ? À une échelle plus fine, L. Thénard analyse la composante économique du risque en cartographiant la valeur des bâtiments exposés dans la vallée de la Guisane. On peut ainsi envisager de constituer un outil d'aide à la décision en matière d'aménagement des sites dangereux. Ces développements sortent naturellement du champ de la seule dynamique fluviale et Thénard (thèse en cours) souligne à juste titre qu'en dehors de la recherche scientifique un SIRS aura une « *utilité future intimement conditionnée par une mise à jour régulière ainsi que par un enrichissement [...] par des données venues d'autres disciplines* ».

Conclusion générale

Les apports de ces travaux sur le thème de la dynamique fluviale peuvent être répartis en trois catégories : 1) Sur le plan des connaissances générales, l'analyse porte sur l'évolution des lits fluviaux surtout dans les régions de moyennes latitudes, à l'exception de travaux de Lavigne (2004) et de Kane (thèse en cours), et sur le rôle des interventions anthropiques. L'étude d'espaces spécifiques augmente notre connaissance générale des hydrosystèmes ; 2) Des apports sur le plan des techniques mises en œuvre et du traitement des données ; 3) La pratique courante du diagnostic de milieu pour une gestion plus performante. Les sujets traités ouvrent des perspectives nombreuses sur divers thèmes. Tout d'abord, certains travaux portent sur les mesures du transport solide et de la vitesse de déplacement des particules. Les observations sont nombreuses et l'inventivité des chercheurs grande (inscrite en particulier dans l'élaboration des protocoles de mesures). Mais beaucoup d'incertitudes subsistent ; elles sont liées au caractère ponctuel de la mesure, à la permanence dans le temps des flux ou des processus mesurés, et aussi à la variété des facteurs explicatifs. D'autres études se focalisent sur l'étude du lien entre les dynamiques actuelles et les dynamiques passées : ces travaux mettent bien en évidence le rôle de l'aménagement ancien et du conditionnement des processus actuels. On doit y associer l'identification des modes de gestion anciens et des modes actuels qui fabriquent les dynamiques de demain. D'autres recherches portent également sur la relation avec les changements climatiques. Les travaux montrent que l'effet des petites fluctuations climatiques est indubitable mais qu'il est difficile de l'isoler entièrement des effets de l'anthropisation des milieux. De ce point de vue, les modèles prospectifs sont difficiles à établir en raison de la complexité des phénomènes et de la résilience propre à chaque système fluvial. Enfin certaines recherches se consacrent à l'étude des lits rocheux et la reconstitution de paléo-écoulements. Ce dernier thème constitue un domaine peu prospecté par les chercheurs francophones. Mais il reste à établir les liens, à tenter des comparaisons entre les résultats obtenus sur un même thème. Les données produites sont difficiles à transposer en dehors des sites d'expérimentation : à quelle échelle ces liens peuvent-ils être établis et selon quels critères ? Les transferts envisagés d'un espace à un autre sont aussi à envisager d'un temps à un autre, en particulier de l'état actuel vers la simulation de situations à venir. La prospective est une question ouverte : peut-on dessiner des scénarios d'évolution de nos cours d'eau pour les quinze ou vingt prochaines années ? Quelles seront les modifications de l'état des bassins versants et des lits fluviaux, comment se manifesteront les changements climatiques ou hydrologiques finalement peu appréhendés dans les travaux actuels, quels seront les impacts des modifications de l'occupation du sol sur la qualité des eaux, la nature et le volume des sédiments mis en mouvement ?

Sous un autre angle de vue, le thème de la dynamique fluviale mène à la réflexion sur l'aménagement des milieux : la somme de connaissances accumulées et la qualité des techniques mises en œuvre font peu à peu émerger une *ingénierie territoriale* qui a des connexions avec les théories de l'écologie du paysage ou de la biologie de la conservation mais aussi avec les politiques d'aménagement du territoire. Elle donne un sens supplémentaire aux investigations menées par les géomorphologues et permet d'intégrer leurs travaux dans des réflexions à portée plus globale : réseaux écologiques, corridors verts, espaces-tampons, zones de ralentissement dynamique des crues, espaces de liberté…

Références citées

Aitken M.J., 1998, *An Introduction to Optical Dating*, Oxford University Press. London, 267 p.

Alber A. : *L'espace de mobilité des cours d'eau à l'épreuve de la pratique : proposition de développements méthodologiques à l'interface de la géomorphologie fluviale et de l'ingénierie hydraulique.* Thèse en cours, dir. : H. Piégay, Université Louis lumière - Lyon II.

Alestalo J., 1971, Dendrochronological interpretation of geomorphic processes, Fennia, 105, p. 1-140.

Allard P. et Pailhès S., 1996, Les conflits pour l'eau : l'exemple de la Camargue, dans « *Les conflits pour l'eau en Europe méditerranéenne* », M. Drain (dir.). *Espace Rural*, janvier, n°36, p. 149-170.

Allen J.R.L., 1965, A review of the origin and the characteristics of recent alluvial sediments. *Sedimentology*, 5, p. 89-191.

Allinne C., 2007, Les villes romaines face aux inondations. La place des données archéologiques dans l'étude des risques fluviaux. In: Morhange, C., Provansal M. (Ed.), *Géoarchéologie. Géomorphologie: relief, processus, environnement*, 1, p. 67-84.

Amalric M., 2005, *Les zones humides : appropriations et représentations : l'exemple du Nord-Pas de Calais*, thèse de géographie, dir. J.J. Dubois et R. Laganier, Université Lille 1.

Amlin N.M., Rood S.B., 2003, Drought stress and recovery of riparian cottonwoods due to water table alteration along Willow Creek, Alberta. *Trees*, 17, p. 351-358.

Amoros C. et Petts G., 1993, *Hydrosystèmes fluviaux*. Masson, Paris, 300 p.

Amoros C., Roux A.L., Reygrobellet J.L., Bravard J.P., Pautou G., 1987, A method for applied ecological studies of fluvial hydrosystems. *Regulated rivers,* 1, p. 17-36.

Ancel P., Paillereau D., Wilhem M.E., 2001, *Peuplements forestiers des plaines alluviales, typologie et sylviculture*. Ministère de l'Agriculture et de la Pêche, ONF, CRPF, Région Alsace, 62 p.

Andriamahefa, H., 1999, *Les hydro-écorégions du bassin de la Loire : morphologie, hydrologie, pressions anthropiques sur les cours d'eau et les bassins versants, thèse* de Géographie, Université de Saint-Etienne, 272 p.

Angeliaume A. et Wicherek S., 1997, Contribution d'un bassin versant élémentaire cultivé à la formation des crues. *Géomorphologie : relief, processus, environnement*, 2, p. 155-167.

Antoine P., 1994, Programme de prospection thématique concernant l'environnement des occupations du Paléolithique supérieur final et du Mésolithique dans la moyenne vallée de la Somme. Rapport intermédiaire sur la campagne 1994. CNRS/Service régional de l'Archéologie de Picardie, 32 p., 9 fig., 10 photos.

Antoine, J. M, 1992, *La catastrophe oubliée : les avatars de l'inondation, du risque et de l'aménagement dans la vallée de l'Ariège (Pyrénées Française, fin 17è 20è siècles),* Thèse de géographie, Université Toulouse Le Mirail.

Antoine, J.-M., 2006, *Les colères de la Garonne*, Patrimoine Midi-Pyrénées, *à paraître.*

Antonelli C., 2002, *Flux sédimentaires et morphogenèse récente dans le chenal du Rhône aval.* Thèse en géographie physique, Université Aix-Marseille-1, 279 p.

Ardillier-Carras F., 1998, Les paysages de rivière : une valeur refuge, *Revue de Géographie de Lyon*, Vol 73, n°4, p. 309-316.

Argant J. et Cubizolle H., 2005, L'évolution holocène de la végétation des monts de la Madeleine, du Forez, du Livradois et du Pilat (Massif Central oriental, France) : l'apport d'une nouvelle série d'analyses palynologiques. *Quaternaire*, vol. 16/2. P. 119-142.

Ariès P., 1975, *L'Homme devant la mort*, Paris : Seuil.

Arnaud-Fassetta G., 1998, *Dynamiques fluviales holocènes dans le delta du Rhône.* Thèse de géographie, Univ. Aix-Marseille 1. Presses Universitaires du Septentrion, Lille.

Arnaud-Fassetta G., 2000, Quatre mille ans d'histoire hydrologique dans le delta du Rhône. De l'âge du bronze au siècle du nucléaire. *Grafigéo 11*, Collection mémoires et documents de l'UMR PRODIG, Paris.

Arnaud-Fassetta G., 2003, River channel changes in the Rhône Delta (France) since the end of the Little Ice Age: geomorphological adjustment to hydroclimatic change and natural resource management. *Catena*, 51, p. 141-172.

Arnaud-Fassetta G., 2006, Alloformations alluviales, morphodynamique fluviale et paléohydrologie. In: Allée, P., Lespez, L. (Ed.), *L'érosion entre société, climat et paléoenvironnement.* Table ronde en l'honneur du Professeur René Neboit-Guilhot. Presses Universitaires Blaise Pascal, Collection Nature et Sociétés, 3, Clermont-Ferrand, p. 35-46.

Arnaud-Fassetta G., 2007, *L'hydrogéomorphologie fluviale, des hauts bassins montagnards aux plaines côtières : entre géographie des risques, géarchéologie et géosciences.* Habilitation à diriger des recherches (HDR) en géographie physique, université Paris-Diderot (Paris 7), 3 vol., 35 p., 435 p. et 357 p.

Arnaud-Fassetta G. et Landuré C., 2003, Hydroclimatic hazards, vulnerability of societies and fluvial risk in the Rhone Delta (Mediterranean France) from the Greek period to the Early Middle Ages. In: Fouache E. (Ed.), *The Mediterranean World Environment and History*. Elsevier, Paris, p. 51-76.

Arnaud-Fassetta G., Fort M., 2009. The integration of space of good functionment in fluvial geomorphology, as a tool for mitigating flood risk. Application to the left-bank tributaries of the Aude River, Mediterranean France. In (Gumiero B., Rinaldi M., Fokkens B. Ed.) *IVth ECRR International Conference on River Restoration 2008*. Centro Italiano per la Riqualificazione Fluviale, 313-322.

Arnaud-Fassetta G., Beltrando G., Fort M., Plet A., André G., Clément D., Dagan M., Mering C., Quisserne D., Rycx Y., 2002, La catastrophe hydrologique de novembre 1999 dans le bassin versant de l'Argent Double (Aude, France) : de l'aléa pluviométrique à la gestion des risques pluviaux et fluviaux. *Géomorphologie : relief, processus, environnement*, 8 (1), p. 17-33.

Arnaud-Fassetta G., Carre M.-B., Marocco R., Maselli Scotti F., Pugliese N., Zaccaria C., Bandelli A., Bresson V., Manzoni G., Montenegro M.E., Morhange C., Pipan M., Prizzon A. et Siché I., 2003, The site of Aquileia (northeastern Italy): example of fluvial geoarchaeology in a Mediterranean coastal plain. In: Arnaud-Fassetta, G., Provansal, M. (Ed.), Deltas 2003. *Géomorphologie : relief, processus, environnement* 4, p. 223-241.

Arnaud-Fassetta G., Cossart E., Fort M., 2005, Hydro-geomorphic hazards and impact of man-made structures during the catastrophic flood of june 2000 in the Upper Guil catchment (Queyras, Southern French Alps). *Geomorphology*, vol. 66, p. 41-67.

Arnaud-Fassetta G., Astrade L., Bardou E., Corbonnois J., Delahaye D., Fort M., Gautier E., Jacob N., Peiry J.-L., Piégay H., Penven M.-J., 2009a. Fluvial geomorphology and flood-risk management. *Géomorphologie : relief, processus, environnement*, 2, sous presse.

Arnaud-Fassetta G., Carcaud N., Castanet C., Salvador P.-G., 2009b. Fluviatile palaeoenvironments in archaeological context: geographical position, methodological approach and global change-hydrological risk issues. *Quaternary International*, sous presse.

Arnould P, 2006, compte rendu séances plénières du colloque « eaux et territoires ; quelles priorités pour la recherche ? « Lyon, 9 et 10 janvier 2006, in Daniel Terrasson- Cemagref, 23 janvier 2006.

Aschan, Leygonie, C., 2000, Vers une analyse de la résilience des systèmes spatiaux, *L'Espace Géographique*, n°1, p. 65-77.

Astrade L. et Bégin Y. : La dendrochronologie : un outil de diagnostic et d'évaluation du fonctionnement des hydrosystèmes. In Piégay H, Pautou G, Ruffinoni C : *Les forêts riveraines des cours d'eau : écologie, fonctions et gestion.* Institut pour le Développement Forestier, Paris, pp. 204-216, 2003.

Astrade L. et Dumont A. : L'évolution du profil en long d'un cours d'eau navigable sous l'effet des aménagements, la Grande Saône du début du 19ème s. à aujourd'hui, *Géocarrefour,* vol. 75, pp. 152-160, 2000.

Astrade L., 1996, *La Saône en crue : dynamique d'un hydrosystème anthropisé,* Thèse Doctorat Géographie, Université Sorbonne-Paris IV, 358 p.

Astrade L., Allignol F., Jacob N., Perrette Y., Hanus P., 2008, Evolutions des paysages de moyennes montagnes depuis le 19e siècle : Étude de la part climatique et anthropique par une approche multiarchives. *In Paysage et environnement : de la reconstitution du passé aux modèles prospectifs*, Galop D., Besançon, Presses universitaires de Franche-Comté, Annales litérraires, série Environnement, société et archéologie, Chilhac, 27-30 septembre 2006, p. 215-225.

Astrade L., Bégin Y., 1997, Tree-ring response of Populus tremula L. and Quercus robur L. to recent spring floods of the Saône river, France, *Ecoscience*, 4 (2), p. 232-239.

Astrade L., Bégin Y., 2002, Utilisation de la dendrochronologie comme outil de diagnostic et d'évaluation du fonctionnement des hydrosystèmes. *In* Ruffinoni C., Piégay H., Pautou G., *Les ripisylves dans les hydrosystèmes fluviaux*, éd. I.D.F.-C.N.R.S.

Astrade L., Bravard J.P., Landon N., 1998, Mouvements de masse et dynamique d'un géosystème alpestre : étude dendrogeomorphologique de deux sites de la de la vallée de Boulc (Diois, France). *Géographie Physique et Quaternaire*, Vol 52 (2), p. 153-165.

Astrade L., Jacob N., Landon N., 2007, Évaluation de la vitesse de progression de la charge de fond par l'étude de marqueurs végétaux et par le suivi topographique. *In Transports solides et gestion des sédiments en milieux naturels et urbains,* Société Hydrotechnique de France, Lyon, 28-29 novembre 2007, p. 135-138

Audebert A., 2000, *Interactions sociétés/milieux en val d'Orléans*. Mémoire de maîtrise d'archéologie, Université de Tours.

Auzet A.V., Heitz C., Armand R., Guyonnet J., Moquet J.S., 2005, Les « coulées de boue « dans le Bas-Rhin : analyse à partir des dossiers de demande de reconnaissance de l'état de catastrophe naturelle. Rapport ULP Strasbourg/Direction régionale de l'environnement Alsace, 26 p.

Auzet A.V., Kirkby. M.J., Van Dijk P., 2005, Surface characterisation for soil erosion forecasting, *Catena* 62(2-3), p. 77-78.

Bagnold R.A., 1966, An approach to the sediment transport problem from general physics. *US Geological Survey Professional Paper*, 422-J, 37 p.

Bailly A. et Ferras R., 1997, *Eléments d'épistémologie de la géographie.* , Armand Colin, 191 p.

Bakalowicz M., 1979, *Contribution de la géochimie des eaux à la connaissance de l'aquifère karstique et de la karstification.* Thèse de doctorat d'état ès Sciences Naturelles. Université de Montpellier. 212 p.

Bakalowicz M., 1979, *Contribution de la géochimie des eaux à la connaissance de l'aquifère karstique et de la karstification.* Thèse de doctorat d'état ès Sciences Naturelles. Université de Montpellier. 212 p.

Ballais J.L., 2006, La cartographie hydrogéomorphologique. *Bulletin de l'Association de Géographes Français – Géographies*, p. 461-468.

Ballais J.L., Delorme-Laurent V., Delorme F., Aimon H., Fehri H., Gartet J., 2005, L'apport de l'archéologie des matériaux aux problèmes de chronologie des inondations du XXème siècle autour de la Méditerranée. *ArchéoSciences - Revue d'Archéométrie*, 29, p. 163-166.

Barles S., 1999, *La ville délétère – Médecins et ingénieurs dans l'espace urbain XVIII-XIXe siécle.* Paris : Champ Vallon, 384 p.

Barouch G., 1989, *La décision en miettes*. Paris, L'Harmattan, 237 p.

Barraud, R., 2006, (à paraître), La rivière aménagée et le moulin à eau. Un héritage en déshérence ? Trajectoires, modèles et projets de paysage. Exemple des vallées sud-armoricaines, *BAGF*, n°, 9 p.

Barraud, R., 2007, Vers un « tiers-paysage » ? Géographie paysagère des fonds de vallées sud-armoricaines – Héritage, évolution, adaptation, Thèse de Géographie, Université de Nantes, IGARUN, Géolittomer LETG UMR 6554 CNRS, 407 p.

Barraud, R., Chauveau, E., Bousquet, B., 2008, La gestion des rivières à seuils : approche géographique d'un problème d'environnement, *Les Cahiers Nantais*, n°67 – 1-2008, 10 p.

Beck C., 1998, Les sciences historiques et les recherches sur l'environnement, dans *La question de l'environnement dans les sciences sociales. Eléments pour un bilan,* Lettre du PEVS, n°17, pp. 64-78

Beck U., 2001, *La société du risque. Sur la voie d'une autre modernité* (trad. Française), Paris : Aubier, 522 p.

Bégin Y., Payette S., 1988, Dendroecological evidence of subarctic lake-level changes during the last three centuries in Subarctic Québec, *Quaternary Research*, 30, p. 210-220.

Bennett R.J., Chorley R.J.A., 1978, Environmental Systems: Philosophy, Analysis and Control, Methuen, London.

Berger J.-F, Fiches J.-L. et Gazenbeef M., 2004, La gestion du risque fluvial à Ambrunssum durant l'Antiquité par les riverains du Vidourle. In : J. Burnouf, Ph. Leveau, (Ed.) *Fleuves et marais, une histoire au croisement de la nature et de la culture*. Ed. du CTHS, Paris 2004, p. 419-436.

Berger J.-F. (dir.), 2005, *Peuplement et Milieu en bas Dauphiné (Isle Crémieu) de l'apparition de l'agriculture à l'époque moderne.* Rapport intermédiaire de la triennale 2006-2008 du Programme Collectif de Recherche, Ministère de la Culture et de la Communication, SRA-Rhône-Alpes, Lyon, 220 p.

Berger J.-F., 2008, Étude géo-archéologique des réseaux hydrauliques romains de Gaule Narbonnaise (haute et moyenne vallée du Rhône) : apports à la gestion des ressources en eau et à l'histoire agraire antique. In : *Integrated water management in environmental history : traditional knowledge and modern practices*, International Colloquium (Université Laval, QUEBEC, oct. 27th-29th 2006), E.M. Hermon *et al.* (dir.), l'Herma di Bretschneider, 107-121.

Berger J.-F., Brochier J.-L. et Bravard J.-P., 1999, La géoarchéologie. *Les nouvelles de l'archéologie*, 78, p. 8-12.

Berger J.-F., Brochier J.-L. et Bravard J.-P., 2000, La géoarchéologie en France : définition et champs d'application. *Les nouvelles de l'archéologie*, 81, p. 37-47.

Berger J.-F., Odiot T., Beeching A., Brochier J.-L., Chouquer G., Magnin F. et Thiébault S., 1997, Géoarchéologie du Bassin valdainais (Drôme). In : J.-P. Bravard et M. Prestreau (dir.), *Dynamique du paysage : entretiens de géoarchéologie*, actes de la table ronde, Lyon, 17-18 nov. 1995, DARA, 15, p. 103-128.

Berger J.-F., Salvador P.-G., Franc O., Vérot-Bourrély A. et Bravard J.-P., 2008, La chronologie fluviale postglaciaire du haut bassin rhodanien, *Cahiers de Géographie*, Coll. EDYTEM, 6, 119-146.

Berger, J.-F., Favory, F., Muxart, T., Tourneux, F.-P., Van der Leeuw, S., 2003, Comment identifier, analyser et évaluer les dynamiques d'interactions entre les sociétés et leurs environnements ? *Quelles natures voulons-nous ?*, Elsevier, Paris, p. 147-185.

Bertrand C. et Bertrand G., 2000, Le géosystème : un espace-temps anthropisé. Esquisse d'une temporalité environnementale. In : *Les temps de l'environnement*, M. Barrué-Pastor et Bertrand G. (dir.), P.U.M., p. 65-76.

Bertrand, C., Bertrand, G., Raynaud, J., 1978, le Sidobre (Tarn). Esquisse d'une monographie. *Revue géogr. des Pyrénées et du Sud-Ouest*, t. 49, p. 259-314.

Bertrand, C., et Bertrand, G., 2000, Le géosystème : un espace temps anthropisé. Esquisse d'une temporalité environnementale. In : Barrué-Pastor, M., et Bertrand, G., (Ed.), *Les temps de l'Environnement*, Toulouse : Presses Universitaires du Mirail, p. 65-76.

Bertrand, C., et Bertrand, G., 2002, Une géographie traversière. L'environnement à travers territoires et temporalités. Paris, éditions Arguments, 311p.

Bertrand, G., 1968, Paysage et géographie physique globale, esquisse méthodologique. *Revue géogr. des Pyrénées et du Sud-Ouest*, t. 39, p. 249-272.

Bertrand, G., 1989, Pour une histoire de la France rurale. In : *Histoire de la France rurale*, sous la direction de G. Duby et A. Wallon, Seuil, Paris, t. 1, p. 37-113.

Bertrand, G., 2002, La discordance des Temps. In : *Equilibres et ruptures dans les écosystèmes durant les 20 derniers millénaires en Europe de l'Ouest*, Actes du colloque International de Besançon, septembre 2000, Richard H. et Vignot A. (dir.), Besançon : Presses Universitaires Franc-Comtoises, p. 15-23.

Besançon J., 1975, *Recherches géomorphologiques en Beqaa et dans le Liban intérieur.* Thèse de géographie, Paris, 736 p.

Bethemont J., 2001, Ressources en eau et territoire hydraulique. Dans « Eau, territoire et développement », *Revue de l'économie méridionale*, 2-3, vol. 49, p. 123-131.

Bethemont J., Piégay, H., 1998, Le paysage des cours d'eau, structure, perception et gestion, *Revue de Géographie de Lyon*, 73/4, p. 271-272

Bleu S., Helly B., Perrin-Toinin S., Revol D. et Morel M., 2003, Opération de prospection-inventaire diachronique dans le bassin des Avenières et ses abords. In : Rapport intermédiaire du PCR « *Peuplement et milieu en Bas-Dauphiné (Isle Crémieu) de l'apparition de l'agriculture à l'époque moderne* », J.F. Berger (dir.), non paginé.

Bocher E., 2005, *Impacts des activités humaines sur le parcours des écoulements de surface dans un bassin versant bocager : essai de modélisation spatiale : application au Bassin versant du Jaudy-Guindy-Bizien (22),* Thèse de géographie, Université de Rennes

Bonin, S., 2002, *Paroles d'habitants, discours sur les paysages : des modèles aux territories. L'évaluation des paysages du fleuve Loire du Gerbier-de-Jonc à Nantes,* thèse de géographie, Université de Panthéon-Sorbonne (Paris 1), 2 Vol., 658 p.

Bonin, S., 2008, La Loire-milieu outil du développement durable, *in* Blanc, N. et Bonin, S., (dir.), *Grands barrages et habitants*, Paris, Quae, p. 281-300

Bornette G., 1992, *Analyse synchronique et diachronique du fonctionnement des anciens chenaux tresses du Rhône : effet des perturbations hydrauliques sur la dynamique de la vegetation aquatique.* Thèse de Doctorat, Université Lyon 1, 231 p.

Boumediene F., Allee Ph., Didon-Lescot J.F., 2004, Le transit alluvial dans les bassins versants du mont Lozère : un phénomène de relaxation contrôlé par les héritages morphosédimentaires. *Revue de Géographie Physique*, 31, p. 27-38.

Boyer M., Piégay H., Ruffinoni C., Citterio A., Bourgery C. et Caillebote P., 1998, *Guide technique SDAGE n°1 - La gestion des boisements de rivière : dynamique et fonctions de la ripisylve*, Agence de l'Eau Rhône Méditerranée Corse, 49 p.

Braatne J.H., Rood S.B., Heilmann P.E., 1996, Life history, ecology and conservation of riparian cottonwoods in North America. *In* Stettler R.F., Bradshaw H.D., Heilman P.E. et Hinkley T.M. éd., *Biology of Populus and its implications for management and conservation,* NCR research, Press, Ottawa, 57-85.

Bravard J.-P et Magny M. (dir.), 2002, *Histoire des rivières et des lacs de Lascaux à nos jours*. Errance, Paris, 312 p.

Bravard J.-P. et Gilvear D.-J., 1993, Structure hydro-géomorphologique des hydrosystèmes. *In* : *Hydrosystèmes fluviaux*, C. Amoros et G.E. Petts dir., coll. d'écologie n° 24, Masson, Paris, p. 83-103.

Bravard J.-P. et Petit F., 1997, *Les cours d'eau. Dynamique du système fluvial*. Coll. U, Armand Colin Ed., Paris, 222 p.

Bravard J.-P. et Prestreau M. (dir.), 1997, *Dynamique du paysage : entretiens de géoarchéologie*, actes de la table ronde, Lyon, 17-18 nov. 1995, DARA, 15, 282 p.

Bravard J.-P. et Salvador P.-G., 1999, Eléments de géoarchéologie des plaines alluviales. In : *Les sciences de la terre*, Coll. « Pour l'Archéologue », Errance (Ed.), p. 59-94.

Bravard J.-P., 1983a, Une auto-capture du Rhône par déversement dans les Basses-Terres du Bas-Dauphiné (Isère, Ain). *Revue de Géographie de Lyon*, 58 (4), 369-381.

Bravard J.-P., 1983b, Les sédiments fins des plaines d'inondation dans la vallée du Haut-Rhône. *Revue de Géographie Alpine*, t. LXXI (4), p. 363-379.

Bravard J.-P., 1987, *Le Rhône, du Léman à Lyon*, Lyon, La Manufacture, 451 p.

Bravard J.-P., 1989. La métamorphose des rivières des Alpes françaises à la fin du Moyen-Age et à l'époque moderne. *In :* Petit F., Laurant A. et Pissart A. Ed., Rivières : formes, processus, milieu de vie. *Bulletin de la Société de Géographie de Liège*, 25, p. 145-157.

Bravard J.-P., 1992, Les rythmes d'évolution morphologique des vallées françaises au Tardiglaciaire et à l'Holocène. *Bull. Assoc. Géogr. Franç.*, 3, p. 207-226.

Bravard J.-P., 1996, Hydrologie continentale (chap. 9). In : *Composantes et concepts de la géographie physique*. M. Derruau (dir.), Armand Colin, p. 131-142.

Bravard J.-P., 1998, Le temps et l'espace dans les systèmes fluviaux, deux dimensions spécifiques de l'approche géomorphologique. *Annales de géographie*, n° 599, p. 3-15.

Bravard J.P., 2000, Le comportement hydromorphologique des cours d'eau au Petit Âge Glaciaire dans les Alpes françaises et leurs piedmonts. 25èmes Journées scientifiques du GFHN, *Bulletin du GFHN*, p. 105-110.

Bravard J.P., 2001, Les réponses des systèmes fluviaux à une réduction des flux d'eau et des sédiments sous l'effet du reboisement en montagne, 168ème session du Comité scientifique et technique de la Société Hydrotechnique de France, *colloque forêts et eau*, Nancy, 6 p.

Bravard J.-P., 2002a, La morphodynamique fluviale, entre la géoarchéologie et la gestion des hydrosystèmes contemporains. *B.A.G.F.*, 1, p. 29-41.

Bravard J.-P., 2002b, Les paléo-environnements fluviatiles et lacustres depuis 15000 ans. Conclusions méthodologiques et perspectives. In : J.-P. Bravard et M. Magny (dir.), *Histoire des rivières et des lacs de Lascaux à nos jours*. Errance, Paris, p. 303-312.

Bravard J.P., 2004, Le risque d'inondation dans le bassin du haut Rhône : quelques concepts revisités dans une perspective géo historique. Dans *Fleuves et marais, une histoire au croisement de la nature et de la culture,* J. Burnouf et P. Leveau (dir.). Paris : CTHS, p. 397-408.

Bravard J.-P., 2007. Dynamiques naturelles et adaptations sociétales : histoire et gestion « durable » du risque d'inondation dans la vallée du Rhône. *Actes de savoirs*, 2, 29-43.

Bravard J.P., Amoros C., Pautou G., 1986, Impact of civil engineering works on the successions of communities in a fluvial system. *Oikos* 47, p. 92-111.

Bravard J.P., Amoros C., Pautou G., Bornette G., Bournaud M., Creuzé des Châtelliers M., Gibert J., Peiry J.L., Perrin J.F., Tachet H., 1997, Stream incision in Southeast France: morphological phenomena and impacts upon biocenoses. *Regulated Rivers: Research and Management*, 13, p. 1-16.

Bravard J.-P., Burnouf J. et Vérot A., 1989, Géomorphologie et archéologie dans la région lyonnaise ; questions et réponses d'un dialogue interdisciplinaire. *Bulletin de la Société Préhistorique française*, 10/12, p. 429-440.

Bravard J.-P., Le Bot-Helly A., Helly B. et Savay-Guerraz H., 1990, Le site de Vienne (38), Saint Romain (69), Sainte Colombe (69). L'évolution de la plaine alluviale, de l'Age du Fer à la fin de l'Antiquité : proposition d'interprétation. In : Xème Rencontres d'Archéologie et d'Histoire, Antibes, 19-21 Oct. 1989. ADAPRA, « *Archéologie et Espaces* », p. 437-452.

Bravard, J.-P., Magny, M., (Dir.) 2002, *Les fleuves ont une histoire, Paléo-environnement des rivières et des lacs français depuis 15 000 ans.* Errance, Paris, 312 p.

Bridge J.S., Smith N.D., Trent F., Gabel S.L. et Bernstein P., 1986, Sedimentology and morphology of a low-sinuosity river, Calamus River, Nebraska Sand Hills. *Sedimentology*, 33, p. 851-870.

Brossard, T., Wieber, J-C., 1984, Le paysage : trois définitions, un modèle d'analyse et de cartographie, *L'espace Géographique*, n°1, p. 5-12.

Brown A.G., 1997, *Alluvial geoarchaeology. Floodplain archaeology and environmental change.* Cambridge manuals in archaeology, Cambridge University Press, 377 p.

Brun A., 2003, *Les politiques territoriales de l'eau en France : le cas des contrats de rivière dans le bassin versant de la Saône.* Thèse de géographie, INAPG, 376 p.

Brunaud D., 2007, *Etangs pelliculaires et réserves naturelles : Principes de fonctionnement et modalités de classement,* doctorat de géographie, Université de Limoges.

Burnouf J. et Carcaud N., 1999, Le val de Loire en Anjou Touraine : un cours forcé par les sociétés riveraines. *Médiévales*, 36, p. 17-29.

Burnouf J. et Leveau P., 2004, Conclusions et perspectives. In : *Fleuves et marais, une histoire au croisement de la nature et de la culture*, J. Burnouf et P. Leveau (dir.), Ed. du CTHS, 481-487.

Burnouf J., Ayala G., Bernard V., Bridault A., Cammas C., Castanet C., Chouquer G., Drucker D., Fouillet N., Jorda C., Le Digol Y., Wattez J. et l'équipe « Archéologies Environnementales » de l'UMR 7041, 2007, Des milieux et des hommes : méthodes d'étude en archéologies environnementales. In : J.-P. Demoule (Ed.), *L'archéologie préventive dans le monde. Apports de l'archeologie préventive à la connaissance du passé.* Ed. La Découverte, p. 117-130.

Burnouf J., Carcaud N. et Garcin M., 2002, Aléa et risques dans la vallée de la Loire au Moyen Age : la question des « levées » (le cas de la « Loire océanique entre Tours et Angers »). In : *Actes du 3ème congrès International de l'archéologie médiévale et post-médiévale*, Medieval Europe Basel, 2002 : 44-49.

Burnouf J., Carcaud N. et Garcin M., 2003, La Loire entre mythes et réalités. In : *La Loire*, 303. P. 12-17.

Burnouf J., Carcaud N. et Maillard B., 2004, Gestions de fleuves, gouvernance du passé, réflexions pour l'avenir : une expérience à méditer pour les décideurs et les aménageurs. Actes du colloque « *Les dix ans du Conservatoire des rives de la Loire* », Nantes, mars 2003, 14 p.

Burnouf J., Muxart T., Villalba B. et Vivien F.D., 2003, Le passé a de l'avenir : premier bilan de l'appel d'offre ; Histoire des interactions sociétés-milieux et perspectives de recherches, dans « *Des milieux et des hommes : fragments d'histoires croisées* », T. Muxart, F.-D. Vivien, B. Vilalba et J. Burnouf, (dir.), Paris : Elsevier, p. 15-28.

Burnouf, J., Carcaud, N., Cubizolle, H., Garcin, M., Trément, F., Visset, L., 2003, Interactions sociétés/milieux dans le bassin versant de la Loire depuis le Tardiglaciaire jusqu'à la période industrielle. In : *T. Muxart Dir., Des milieux et des hommes : fragments d'histoires croisées*, Elsevier, p. 65-77.

Burnouf, J., Leveau, P., 2004, *Fleuves et marais, une histoire au croisement de la nature et de la culture,* CTHS édit., 493 p.

Busch D.E., Ingraham N.L., Smith S.D., 1992, Water uptake in woody riparian phreatophytes of the southwestern US, a stable isotope study. *Ecological Application*, 2, p. 450-459.

Calvet M., 2000, La catastrophe exemplaire : premiers enseignements géomorphologiques de la crue de novembre 1999 dans les Corbières. In : Lemartinel B. (Ed.) : *Au chevet d'une catastrophe. Les inondations des 12 et 13 novembre 1999 dans le Sud de la France.* Actes du Colloque de Perpignan, 26-28 juin 2000, Presses Universitaires de Perpignan, Perpignan, p. 63-86.

Cans C. 2003, Le développement durable en droit interne : apparence du droit et droit des apparences » *AJDA*, n°5-2003

Caquard S., 2001, *Des cartes multimédias dans le débat public : pour une nouvelle conception de la cartographie appliquée à la gestion de l'eau,* thèse de géographie, Université de Saint-Etienne.

Carcaud N., 1992, *Remplissage des fonds de vallée de la Moselle et de la Meurthe en Lorraine sédimentaire.* Thèse de doctorat, Nancy 2, 258 p..

Carcaud N., 2004, *D'espace et de temps : un itinéraire de recherche et d'enseignement sur les anthroposystèmes fluviaux*. Mémoire d'habilitation à diriger des recherches en géographie, Univ. d'Angers, 216 p.

Carcaud N., Garcin M., Visset L., Musch J. et Burnouf J., 2002, Nouvelle lecture de l'évolution des paysages fluviaux à l'Holocène dans le bassin de la Loire moyenne. In: J.-P. Bravard and M. Magny (Ed.), *Les fleuves ont une histoire. Paléo-environnement des rivières et des lacs français depuis 15000 ans*. Errance, Paris, p. 71-84.

Carcaud, N, Garcin, M., Visset, L., Burnouf, J., 2002, Nouvelle lecture de l'évolution des paysages fluviaux à l'Holocène dans le bassin de la Loire moyenne. In : *J.- P. Bravard et M. Magny Dir., Les fleuves ont une histoire, paléo-environnement des rivières et des lacs français depuis 15000 ans*, Errance, Paris, p. 71-84.

Carozza J.M. et Baize S., 2004, L'escarpement de faille de la Têt est-il le résultat de la tectonique active Plio-Pléistocène ou d'une exhumation Pléistocène ? *C. R. Geoscience*, vol. 336 (3), p. 217-226.

Castanet C., Burnouf J., Garcin M., Carcaud N., Cyprien-Chouin A.-L., Visset L. et Vella M.-A., 2007, Histoire de la dynamique hydrosédimentaire du réseau hydrographique secondaire du val d'Orléans depuis la dernière période glaciaire : interactions entre les facteurs géodynamiques et anthropiques, In : Actes du colloque » *Des rivières, des hommes, une longue histoire* ». Corbeil-Essones, 2006. Editions AEDES, p. 11-38.

Castanet C., 2003, *Le Val d'Orléans : dynamique fluviale tardiglaciaire et holocène, interactions entre les facteurs géodynamiques et anthropiques*. Mémoire de DEA, Université Paris 1 Panthéon-Sorbonne., 2 vol., vol. 1 : texte 62 p. ; vol. 2 : illustrations, 60 p.

Castanet C., 2008, *La Loire en val d'Orléans. Dynamiques fluviales et socio-environnementales durant les derniers 30 000 ans : de l'hydrosystème à l'anthroposystème*. Thèse de l'Université Paris I Panthéon-Sorbonne, 545 p.

Castanet C., Burnouf J., Garcin M., Cyprien A.-L., Lamothe M., Camerlynck C. et Carcaud N., 2008, sous presse. Interactions sociétés – milieux fluviatiles holocènes dans la plaine alluviale de la Loire moyenne orléanaise. In : *L'eau. Enjeux, usages et représentations*, Guimier-Sorbets A.-M. (Ed.), (Colloques de la Maison René-Ginouvès, 5), p. 163-171.

Castanet C., Burnouf J., Garcin M., Cyprien A.-L., Lamothe M., Camerlynck C. et Carcaud N., 2008., Societies – fluvial dynamic interactions in the Middle Loire River floodplain during the Middle Ages and the Early Modern Times (Val d'Orléans, France), In: *Geophysical Research Abstracts*, 5th European Geosciences Union General Assembly. Vol. 10, EGU2008-A-00000.

Castanet C., Burnouf J., Garcin M., Lamothe M., Cyprien A.-L., Camerlynck C. et Carcaud N., 2007, Holocene societies – fluvial environments interactions in the Middle Loire River alluvial plain (Val d'Orléans, France), In : *Quaternary International*, XVII INQUA Congress - Abstracts., Volumes 167-168, Supplement 1, p. 62-63.

Castanet C., Garcin M., Lamothe M., Camerlynck C., Cyprien A.L., Burnouf J., Carcaud N., 2007, Response of the middle Loire River to climatic and environmental changes during the last 30 000 years (Val d'Orléans, France) in : *Quaternary International*, XVII INQUA Congress, vol. 167-168, Supplement 1, p 62-63.

Castanet C., Garcin M., Lamothe M., Camerlynck C., Cyprien A.-L., Carcaud N. et Burnouf J., 2007, Response of the middle Loire River to climatic and environmental changes during the last 30 000 years (Val d'Orléans, France). XVII INQUA Congress Abstracts. *Quaternary International*, 167-168, Suppl. 1, p. 62-63.

Chalamont J., 1989, *Deux indices prévisionnels de l'évolution démographique des populations de bois tendre, Salix après abaissement de la nappe phréatique.* Thèse de Doctorat, Université Joseph Fourier Grenoble I, 63 p.

Chave S., 2002, Pertinence de la cartographie hydrogéomorphologique dans l'approche des inondations rares à exceptionnelles : exemple de sept bassins fluviaux dans les Corbières et le Minervois, *Géomorphologie : Relief, Processus, Environnement*, 4, p. 297-306.

Chave S., 2003, *Elaboration d'une méthode intégrée de diagnostic du risque hydrologique,* Thèse de doctorat, Université de Provence, 284 p.

Chave S., Ballais J.-L., 2006, From hydrogeomorphology to hydraulics computations: a multidisciplinary approach of the flood hazard diagnosis in the Mediterranean zone, *Zeitschrift für Geomorphologie*, 50, 4, p. 523-540.

Chorley R.J., Kennedy B.A., 1971, *Physical geography.* Prentice Hall, London, 370 p.

Chouquer G., 2000, *L'étude des paysages. Essais sur leurs formes et leur histoire.* Errance, Paris, 208 p.

Chouquer, G., 2001, Nature, environnement et paysage au carrefour des théories, *études rurales*, n°157-158, p. 235-252

Chow V.T., 1959, *Open Channel Hydraulics.* McGraw-Hill (Ed.), 680 p.

Chow-Toun F., 2009, *Le concept d'indicateurs appliqué à la gestion des usages de l'eau et de ses impacts,* Doctorat de géographie en cours, Université Paris Diderot.

Cœur D, Lang M., Naulet R., Burnet R., Strazzeri D., 1998, Histoire et connaissance des phénomènes naturels extrêmes, *Ingénieries-EAT*, p.15-26.

Combe C., 2007, *La ville endormie ? Le risque d'inondation à Lyon. Approche géohistorique et systémique du risque de crue en milieu urbain et périurbain.* Doctorat de géographie, aménagement et urbanisme. Université Lumière – Lyon II, 456 p.

Conservatoire des Sites Alsaciens et Office National des Forêts, 2004. Référentiel des habitats reconnus d'intérêt communautaire de la bande rhénane : description, état de conservation et mesures de gestion. Programme LIFE Nature de conservation et restauration des habitats de la bande rhénane, 158 p.

Cook E.R., Kairiukstis L.A., 1990, *Methods of dendrochronology, Applications in the Environmental Sciences,* Dordretcht, Kluwer, 394 p.

Copans, J., 1980, *Les marabouts de l'arachide. La confrérie mouride et les paysans du Sénégal.* Le sycomore, Paris, 263 pages.

Corbin A., 1986, *Le miasme et la jonquille : l'odorat et l'imaginaire social, XVIIIe-XIXe.* Paris : Flammarion, coll. Champs, 2ème edition.

Corbonnois J., Beck T., 2001, *Analyse de la biodiversité végétale et animale comme révélateur du dysfonctionnement des écosystèmes aquatiques : application à la rivière Moselle.* PNETOX, 40 p + 14 annexes.

Corbonnois J., Beck T., 2001, *Cartographie de la dynamique fluviale de la Meurthe, de la source jusqu'au confluent de la Moselle.* Rapport d'étude. DIREN Lorraine/CEGUM. 100p + cartes hors texte.

Corbonnois J., Beck T., 2002, *Cartographie de la dynamique fluviale de la Moselle de Saint Maurice sur Moselle au confluent de la Meurthe, de la source à la confluence de la Moselle.* Rapport d'étude. DIREN Lorraine/CEGUM.

Corbonnois J., Jacquemot T., Neusch M., Bigarel R., 2003, *Cartographie de la dynamique fluviale de la Vezouze et de la Mortagne.* Rapport d'étude. DIREN Lorraine/CEGUM.

Corenblit D., 2006, *Structure et dynamique du paysage fluvial : étude des rétroactions entre processus hydro-géomorphologiques et dynamique de la végétation du Tech (Pyrénées orientales).* Thèse de Doctorat, Université Paul Sabatier, Toulouse.

Corenblit D., Gurnell A.M., Steiger J., Tabacchi E., 2008, Reciprocal adjustments between landforms and living organisms, extended geomorphic evolutionary insights. *Catena* 73, p. 261-273.

Corenblit D., Steiger J., Gurnell A., Tabacchi E., 2007b, Darwinian origin of landforms. *Earth Surface Processes and Landforms*, 32(13), p. 2070-2073.

Corenblit D., Tabacchi E., Steiger J., Gurnell A.M., 2007a, Reciprocal interactions and adjustments between fluvial landforms and vegetation dynamics in river corridors: a review of complementary approaches. *Earth-Science Reviews* 84, 56-86.

Cosandey C. et Robinson M.., 2000, *Hydrologie continentale*, A.Colin

Coste G., Lacombe A., 1924, *Usages locaux du département du Tarn. Albi,* Imprimerie Coopérative du Sud-Ouest, 311 p.

Crichton B. et Siboni M., 2001, *La reconstitution paléoydrologique dans les deltas: l'exemple du Rhône d'Ulmet sur les sites du Pont Noir, de La Capelière et de La Tour du Valat (Camargue). Relations avec la dynamique de l'occupation du sol.* Mémoire de Maîtrise de géographie physique, université Paris-Diderot (Paris 7), 159 p.

Cyprien-Chouin A.L., Visset L. et Charrieau L., 2005, *Analyses palynologiques des sites de Saint-Benoît 1 et 2 (Loiret, 45).* Rapport interne, Laboratoire d'Ecologie et des Paléoenvironnements Atlantiques, Nantes, 20 p.

Dacharry M., Gautier E. et Laganier R., 2002, Hydrologie et paysages ligériens. In : Actes du colloque Les paysages ligériens, Tours, mars 2001, *Etudes Ligériennes*, p.29-35.

Delahaye D., 2002, *Apport de l'analyse spatiale en Géomorphologie. Modélisation et approche multiscalaire des risques.* Mémoire d'habilitation à diriger des recherches, Université de Rouen, 471 p.

Delahaye D., 2003, Du ruissellement érosif à la crue turbide en domaine de grande culture. Analyse spatiale d'un phénomène complexe. *BAGF*, n°3, 287-301.

Delahaye E., 2009, *Les espaces fluvio-urbains rhodaniens à l'aval de Lyon. Vienne, Valence, Avignon, Tarascon, Beaucaire et Arles. Des territoires à la dérive.* 373 p., Thèse de géographie, Lyon 2.

Delcaillau B., Ozouf J.C., Masiée D., Laville E. et Coutard J.P., 1998, Réponses d'un bassin versant aux variations paléoclimatiques, eustatiques et tectoniques : l'exemple de la Touques (Basse- Basse-Normandie), *C. R. Acad. Sc.*, 32, p. 609-615.

Deleau M. et Nioche J.P., 1986, *Evaluer les politiques publiques : méthodes, déontologie, organisation.* Rapport pour le commissariat général du Plan. Paris : La Documentation française, 180 p.

Delorme-Laurent V., 2007, *Contribution à la méthode hydrogéomorphologique de détermination des zones inondables.* Thèse de Doctorat, Université de Provence, 433 p + annexes 400 p.

Demangeon, A., 1942, *Problèmes de géographie humaine.* A. Colin, Paris.

Derruau, M., (Dir.) 1996, *Composantes et concepts de la géographie physique.* A. Colin, Paris, 254p.

Devos A., 1996, *Hydrologie et aménagements hydrauliques de la Saulx et de l'Ornain (Lorraine).* Thèse en géographie- Université de Metz. 409 p.

Di Pietro, F., 2004, Echelles d'observation et niveaux d'organisation des espaces fluviaux. Une réflexion méthodologique à partir d'un paysage « ordinaire », *Contraintes environnementales et gouvernance des territoires* « Aube Nord « p. 409-417

Dion R., 1934, Le Val de Loire : Etude de géographie régionale. Arrault, Tours, 752 p.

Dion R., 1961, *Histoire des levées de la Loire.* Paris, Flammarion Ed.

Diop, A., 2004, *Villes et aménagement du territoire au Sénégal.* Thèse de doctorat d'Etat, Géographie, UCAD, 404 pages

Diouf, M.-C., et Diouf, M., 1990, *Le Sénégal sous Abdou Diouf.* Etat et société, 439 pages.

Dourlens C et P.A Vidal Naquet, 1992, *La ville au risque de l'eau,* Paris : L'Harmattan, 128 p

Douvinet J., 2006, Intérêts et limites des données « CatNat « pour un inventaire des inondations. L'exemple des « crues rapides « liées à de violents orages (Bassin Parisien, Nord de la France). *Norois*, 201(4), p. 17-30.

Douvinet J., 2008, *Les bassins versants sensibles aux « crues rapides » dans le Bassin Parisien – Analyse de la structure et de la dynamique de systèmes spatiaux complexes.* Thèse de géographie, Université de Caen – Basse-Normandie.

Douvinet J., Delahaye D., Langlois P., 2006, Les apports de l'IAD à la caractérisation morphométriques des bassins versants sensibles aux crues rapides hyper-concentrées (Bassin Parisien, Nord de la France) – *Proc. Inter. Conference On Interactions Nature-Sociétés. Analyse et modèle*, La Baule, CD-ROM, 6 p..

Douvinet J., Delahaye D., Langlois P., 2007, De la morphométrie à un champ de mesure de la structuration d'un bassin versant. *Actes du Colloque International de Géomatique et d'Analyse Spatiale (SAGEO'2007)*, 18-20 juin, Clermont-Ferrand, CD-ROM, 16 p..

Downward, S., Skinner, K., 2005, Working rivers : the geomorphological legacy of English freshwater mills, *Area*, vol. 37, n°2, pp. 138-147.

Drobenko B., 2007, *Droit de l'eau*, Gualino Editeur

Dubois J.J., Kergomard C., Laganier R., 2000, Analyse géohistorique des paysages d'eau de la région de Condé sur l'Escaut. *Hommes et Terres du Nord*, n°2/2000, p.77-85

Dubreuil P., 1990, *Rapport d'évaluation du potentiel français en hydrologie*, secrétariat d'état auprès du premier ministre, www.cig.ensmp.fr/~hydro/BIB/Histoire/RapportDubreuil.pdf

Dufour S., 2005, *Contrôles naturels et anthropiques de la structure et de la dynamique des forêts riveraines des cours d'eau du bassin rhodanien (Ain, Arve, Drôme et Rhône).* Thèse de géographie, Université Jean Moulin - Lyon III, 244 p.

Dufour S., 2007, Contrôles hydro-morphologiques et activités anthropiques dans les forêts alluviales du bassin rhodanien, de la quantification des processus à la gestion des milieux. *Annales de Géographie*, vol. 654, pp. 126-146.

Dufour S., 2007, Contrôles hydro-morphologiques et activités anthropiques dans les forêts alluviales du bassin rhodanien, de la quantification des processus à la gestion des milieux. *Annales de Géographie*, 654, p. 126-146.

Dufour S., H. Piégay, 2006, Forêts riveraines et ripisylves : spécificités, fonctions et gestion. *Revue Forestière Française*, LVIII, 4 : 339-350.

Dufour S., Piégay H., 2007, Changements fluviaux et forêts riveraines. *In Forêt et eau, 13e-21e siècle*, Corvol A., éd. L'Harmattan, pp. 323-338.

Dufour S., Piégay H., 2008, Geomorphic control of Fraxinus excelsior growth and recruitment in floodplain forests. *Ecology*, 89(1) : 205-215.

Dufournier, B., 1984, L'exploitation de la force hydraulique de la Sèvre nantaise. Les évolutions d'une technique, *303 Arts, Recherches et Créations*, n°3, pp 114-135.

Dumas S., 2004, *Les habitats forestiers de la basse vallée de l'Ain.* Programme LIFE Nature « Conservation des habitats crées par la dynamique de la rivière Ain », ONF-CREN, 36 p.

Dupont N., Agasse E., Douvinet J., Delahaye D., Planchon O., Cador J.M., 2005, Crises hydrologiques dans l'Ouest : variabilité climatique et influence humaine. *Proc. of the Int. Conference on « Interactions Nature-Sociétés. Analyse et modèles »*, 3-5 mai, La Baule, France, CD-ROM, 6 p.

Dupont N., Penven M-J., Gilois S., Gaillard S., 2005, Définition des indicateurs pour une cartographie de la courbe enveloppe des inondations dans le cadre de l'utilisation de la méthode hydrogémorphologique. Rapport pour la DIREN Bretagne, 52 p.

Dupuy G. et Knaebel G., 1982, *Assainir la ville hier et aujourd'hui.* Paris : Dunod. 92 p.

Dupuy G., 1978, *Urbanisme et technique. Chronique d'un mariage de raison.* Centre de recherche d'urbanisme, 420 p.

Durufle, G., 1994, Le Sénégal peut-il sortir de la crise. Douze ans d'ajustement structurel au Sénégal. Karthala, 222 pages.

El Ghachi M., 2007, *La Seille : Un système fluvial anthropisé (Lorraine, France),* Thèse de géographie, Université de Metz (en cours).

El Ghachi M., Corbonnois J., 2005, Evolution du mode de réaction de la Seille aux aménagements du fond alluvial » Actes du colloque de l'université de Metz « *Spatialisation et Cartographie En Hydrologie* », *Mosella*, pp. 25-37..

Erskine W.D. et Warner R.F., 1988, Geomorphic effects of alternating flood- and drought-dominated regimes on NSW coastal rivers, In: Warner R.F. (Ed.) *Fluvial Geomorphology of Australia*. Academic Press, Sydney, 223-244.

European Commission, 1999, *Guidelines for the ex-post evaluation of objective 5(B) programmes 1994-1999* programming period, Directorate General VI – Agriculture, 18 p

Evin J. et Oberlin C., 1998, *La méthode de datation par le radiocarbone.* In : *La datation en laboratoire.* Coll. Archéologiques, A. Ferdière (dir.), Errance (Ed.), p. 75-117.

Fagot P., Gadiolet P., Magne M., Bravard J.P., 1989, Une étude dendrochronologique dans le lit majeur de l'Ain : la forêt alluviale comme descripteur d'une métamorphose fluviale, Revue de Géographie de Lyon, 64(4), p. 213-223.

Fanton M. et Marre A., 2007, Les cartes hydrogéomorphologiques en région tempérée : l'exemple de la vallée de la Marne entre Vitry-le-François et Châlons-en-Champagne. *BAGF*, vol. 84, n°1, p. 22-34.

Favier R. et Granet-Abisset A.M. (dir.), 2002, *Les pouvoirs publics face aux risques naturels dans l'histoire.* CNRS - Maison des Sciences de l'Homme-Alpes, janvier 2001, 282 p.

Fleury, A. et Donadieu, P., 1997, De l'agriculture péri-urbaine à l'agriculture urbaine, *Courrier de l'environnement de l'INRA*, n°31, pp.45-61.

Flez C. et Lahousse P., 2003, Contribution to the assessment of the role of anthropic factors and bio-climatc controls in contemporary torrential activity in the southern Alps (Ubaye Valley, France). In : E. Fouache (Ed), *The mediterranean word, environment and history*, Elsevier, Paris, p. 109-122.

Fouache E. (Ed.), 2003, *The Mediterranean world environment and history*. Elsevier, Paris.

Fouache E., 2001, *Formation et itinéraire de recherche d'un géomorphologue, sélection d'articles.* Vol I, HDR *Approche géoarchéologique en domaines balkanique et méditerranéen : géomorphologie, paléo-environnements, histoire.* Université de Paris IV. 238 p.

Frécaut R., 1975, Maurice PARDÉ, hydrologue et géographe, numéro spécial de la *Revue Géographique de l'Est*, tome XV, n°1-2, pp. 3-4

Froquet H., Castanet C., Joly S. et Pradat B., 2007, Une fosse du Bronze final IIb dans le Val d'Orléans à Sandillon (Loiret) : données archéologiques et contexte environnemental, *Revue archéologique du Centre de la France*, Tome 45-46. 24 p.

Fustec, E.2000, *Fonctions et valeurs des zones humides*, Paris : Dunod, 426p.

Gaillard D., 2004, *Gestion concertée du ruissellement-érosif dans les espaces agricoles des plateaux de grande culture : analyse spatiale, approche socio-économique et mise en place d'une dynamique collective d'aménagement : exemple de la Seine-Maritime,* thèse de géographie, Université de Caen.

Galetti, P., et Racine, P., 2003, *I mulini nell'Europa medievale*, Bologna, CLUEB, 372 p.

Galinié H., Rodier X., Seigne J., Carcaud N., Garcin M. et Marlet O., 2004, Quelques aspects documentés des relations entretenues par les habitants de Tours avec la Loire du 1er au 12e siècle. In: Burnouf, J., Leveau, P. (Ed.), *Fleuves et marais, une histoire au croisement de la nature et de la culture. Sociétés préindistrielles et milieux fluviaux, lacustres et palustres : pratiques sociales et hydrosystèmes*. Comité des Travaux Historiques et Scientifiques, Paris, 127-136.

Galop, D., (ed), 2006, Paysages et environnement : de la reconstitution du passé aux modèles prospectifs, *Actes du colloque de Chilhac*, 27-30 septembre 2006.

Gamez P. ; Caramelle F. ; François D., 1999, *Inventaire des phénomènes karstiques et des expériences de traçage*. Dogger de Lorraine- Secteur Bassin Ferrifère-Rupt de Mad. CEGUM.

Gamez P., 1995, Hydrologie et karstologie du bassin de Loison (Woëvre septentrional-Lorraine). *Mosella* XXI, 453 p.

Gamez P., 1995, Hydrologie et karstologie du bassin de Loison (Woëvre septentrionale-Lorraine) *Mosella* XXI, 453 p. (Thèse géographie, Metz 1992)

Garcier R., 2005, *La pollution industrielle de la Moselle française : naissance, développement et gestion d'un problème environnemental, 1850-2000,* Thèse de géographhie, Université de Lyon II

Garcin M., Carcaud N., Gautier E., Burnouf J., Castanet C. et Fouillet N., 2006, Impacts des héritages sur un hydrosystème : l'exemple des levées de la Loire moyenne et océanique. In : *L'Erosion entre Société, Climat et Paléoenvironnement*, Actes de la Table Ronde en l'honneur de R. Neboit-Guilhot. Clermont-Ferrand, Presses Universitaires Blaise Pascal. Collection Nature et Sociétés. Ed. Scientifiques : Allée P. et Lespez L. p. 225-236.

Garcin M., Giot D., Farjanel G., Gourry J.-C., Kloppman W. et Negrel P., 1999, Géométrie et âge des alluvions du lit majeur de la Loire moyenne, exemple du Val d'Avaray (Loir-et-Cher, France). *C. R. Acad. Sci.*, Paris, Sciences de la Terre et des Planètes, 329, p. 405-412.

Garnier, P., Genin, A., Servain-Courant, S., 2002, Les sites de référence en Loire moyenne, une approche pluridisciplinaire des paysages, *Etudes Ligériennes*, numéro sur Les paysages ligériens, p.94-107.

Garrite G., 2006, *Les torrents de la vallée de la Clarée (Hautes-Alpes, France). Evolution contemporaine, dynamique actuelle et analyse géographique des risques associés.* Thèse de doctorat, Université des Sciences et Technologies de Lille, Lille, 386 p.

Gaucher G., Berger J.-F., Salvador P.-G., Franc O., Bleu S., Bravard J.-P. et Helly B., sous presse, 2006,. Evolution de la dynamique fluviale et du peuplement: le cas des Basses Terres dauphinoises dans le haut Rhône français. In : *« Ol'Man River » : Geo-archaeological aspects of rivers and river plains. Actes du colloque international de Gand*, p. 383-402.

Gaume E., Livet M., Desbordes M., Villeneuve J.P., 2004, Hydrological analysis of the river Aude, France, flash flood on 12 and 13 November 1999 *Journal of Hydrology* 286, p. 135–154.

Gautier E., Piégay H., Bertaina P., 2000, A methodological approach of fluvial dynamics oriented towards hydrosystem management : case study of the Loire and Allier rivers. *Geodinamica Acta*, p. 29-43.

Gensous B. et Tesson M., 1997, Les dépôts post-glaciaires de la plate-forme rhodanienne : organisation stratigraphique et conditions de mise en place. *C. R. Acad. Sci.*, Paris 325, 695-701.

George, P., 1971, *L'environnement.* Que sais-je ?, PUF, Paris, 127p.

Georges P., 1989, les hommes sur la terre, chez Seghers

Georges V., 2007, *Le Forez du VIe au Ier millénaire av. J.C. Territoires, identités et stratégies des sociétés humaines du Massif Central dans le bassin amont de la Loire (France).* Thèse, Université de Dijon.

Gérardot C., 2007, *Fleuves et action urbaine : de l'objet à l'argument géographique. Le Rhône et la Saône à Lyon, retour sur près de 30 ans de « reconquête » des fronts d'eau urbains,* 557 p., thèse d'Aménagement et urbanisme, Lyon 2.

Germaine, M.-A., 2006a, Réflexions pour une gestion durable de « paysage ordinaire », l'exemple des petites vallées bas-normandes, Colloque international *Interactions Nature-Société, analyses et modèles*, UMR LETG, La Baule, [communication en ligne], 5 p.

Germaine, M.-A., 2006b, (à paraître). Vers une gestion intégrée des « paysages ordinaires » des petites vallées du nord-ouest de la France : L'exemple de la vallée de la Seulles, *BAGF*, 12p.

Gex F., 1940, Le diguement de l'Isère dans la Combe de Savoie. *Revue de Géographie Alpine*, 28, p. 1-76.

Ghiotti S., 2007, *Les territoires de l'eau : gestion et développement en France,* CNRS Editions Paris

Gigout M. et Desprez N., 1971, Carte géologique au 1/50 000e, XXII, 20, Châteauneuf-sur-Loire, BRGM, Orléans.

Gigout M. et Desprez, N., 1984, Carte géologique au 1/50 000e, XXII, 20, La Ferté-Saint-Aubin, BRGM, Orléans.

Gigout M., Horemans P. et Rasplus L., 1972, Sur la géologie des environs d'Orléans. *Bull. BRGM* (2ème série). Sect. I, n°1: p. 1-28.

Gilard O., 1998, *Les bases techniques de la méthode Inondabilité.* Cemagref, 207 p.

Gille B., 1978, Les ingénieurs de la Renaissance. Concevoir et évaluer ; Rendre raison et rendre compte. Recherches sur l'histoire de l'ingénieur du XVe au XVIIIe siècle ». Dans « *La gloire des ingénieurs. L'intelligence technique du XVIe au XVIIIe siècle* », H. Vérin, Paris : A. Michel.

Gille E. et Lang C., 2004, Problématique d'optimisation des paramètres de calage d'un bilan hydrologique : application aux bassins versants de la Sauer, *Mosella*, XXVIII 1-2, Metz, pp. 157-172

Glossaire International d'Hydrologie, 1992, http://www.cig.ensmp.fr/~hubert/glu/indexfr.htm

Gob F., 2005, *La lichénométrie appliquée à l'étude des vallées en gorge en milieu méditerranéen : caractérisation de leurs paramètres dynamiques et de leur évolution durant le Petit Age Glaciaire.* Thèse de sciences, Université de Liège, 307 p.

Gob F., Jacob N., Bravard J.-P., Petit F., 2005, Determining the competence of mountainous Mediterranean streams using lichenometric techniques. *In : Geomorphological Processes and Human Impacts in River Basins*, Proceedings of the International Conference held at Solsona, Catalonia, Spain, May 2004. IAHS Publi. 299, p. 161-170.

Gob F., Jacob N., Bravard J.-P., Petit F., 2007, The value of lichenometry and historical archives in assessing the incision of submediterranean rivers from the Little Ice Age in the Ardèche and upper Loire (France). *Geomorphology*, 94/1-2, p. 170-183.

Godard O., 1980, Aspects institutionnels de la gestion intégrée des ressources naturelles et de l'environnement, Editions de la maison des sciences de l'Homme, 110 p.

Goubert J.P., 1986, *La conquête de l'eau*. Paris : Laffont, 296 p.

Granet-Abisset A.M., 2000, La connaissance des risques naturels : quand les sciences redécouvrent l'histoire, in *Histoire et mémoire des risques naturels*, sous la direction de R. Favier et A.M. Granet-Abisset, Publications de la MSH-Alpes, pp. 39-70.

Gregory K.J. (Ed.), 1983, *Background to Palaeohydrology*. J. Wiley et Sons Ltd, Chichester, 486 p.

Gregory K.J., Starkel L. et Baker V.R. (Ed.), 1995, *Global continental palaeohydrology*. J. Wiley and Sons Ltd, Chichester, 346 p.

Gregory S.V., Boyer K., Gurnell A.M., 2003, *The ecology and management of wood in world rivers*. Bethesda, American Fisheries Society, 431 p.

Gregory S.V., Swanson F.J., McKee W.A., Cummins K.W., 1991, *An ecosystem perspective of riparian systems*. BioScience 41, 540-551.

Griselin, M., Nageleisen, S., 2004, Au fil de l'Ognon : paysages et développement touristique, *Images de Franche-Comté* n°29, p. 2-5

Griselin, M., Ormaux, S., Wieber, J-C., 2006, *Autour du paysage*, Encyclopédie en ligne Hypergeo, 12 p.

Guillerme J., 1983, *Les temps de l'eau - La cité, l'eau et les techniques (fin IIIe-début XIXe siècle).* Seyssel, Champs Vallon, 2ème edition, 186 p.

Gurnell A., Peiry J.L., Petts G. 2003, Using historical data in fluvial geomorphology. In : Kondolf M. et Piégay H. (Eds), *Methods in Fluvial Geomorphology*, p. 77-101.

Gurnell A.M., Petts G., 2006, Trees as riparian engineers: the Tagliamento river, Italy. *Earth Surface Processes and Landforms* 31, p. 1558-1574.

Gurnell A.M., Tockner K., Petts G.E., Edwards P.J., 2005, Effects of deposited wood on biocomplexity of river corridors. *Frontiers in Ecology and the Environment* 3, p. 377-382.

Habermas J., 1978, *La technique et la science comme "idéologie",* traduit de l'allemand et préfacé par Jean-René Ladmiral. Paris: Gallimard, 1978, 221 p

Hallot, 2004, Elaboration d'une typologie hydro-géomorphologique de cours d'eau dans l'Eurégio Meuse-Rhin. *Mosella*, 27(3-4), pp. 309-322, 2004.

Harner M.J., Stanford J.A., 2003, Differences in cottonwood growth between a losing and a gaining reach of an alluvial floodplain. *Ecology,* 84(6), p. 1453-145.

Hauchard E., 2002, Note sur la méthodologie pour la définition des zones inondables des vallons secs en fonction de l'aléa ruissellement à partir des cartes topographiques au 1/25 000 de l'I.G.N. Rapport, CNRS Laboratoire MTG UMR 6063, DDE Seine-Maritime.

Hauchard E., 2002, *PPRI par débordement et ruissellement. Méthodologie pour la définition de l'aléa ruissellement, approche hydrogéomorphologique : application au bassin de l'Austreberthe.* CNRS Laboratoire MTG UMR 6063, DDE Seine-Maritime.

Hauchard E., Delahaye D., Frankhauser P., 1999, Analyse morphologique des talwegs et comportement scalant. Applications des dynamiques non entières à la géographie physique. *L'espace géographique*, vol. 3, p. 215-224.

Heikkinen O., 1994, Using dendrochronology for the dating of land surfaces, in Beck C. éd., Dating in *Exposed and Surface Contexts*, Albuquerque, University of New Mexico Press, p. 213-235.

Helley E.J., Lamarche V.C., 1973, Historic flood information for northern California streams from geological and botanical evidence, *Vegetation and Hydrologic Phenomena*, p. 2401-2414.

Helming K., Auzet A.V., Favis-Morlock D., 2005, Soil Erosion Patterns: Evolution, spatio-temporal dynamics and connectivity, *Earth Surface Processes and Landforms*, 30 (2), p. 131-132.

Hicks D.M., Duncan M.J., Lane S.N., Tal M., 2007, Contemporary morphological change in braided gravel-bed rivers: new developments from field and laboratory studies, with particular reference to the influence of riparian vegetation. Habersack H., Piégay H., Rinaldi M. (Eds.) : *Gravel-bed rivers 6 : From process understanding to river restoration »,* Elsevier, Amsterdam, Pays-Bas.

Holling C.S., 1986, Resilience of ecosystems: local surprise and global change. *In* Clark WC, Munn RE éd. *Sustainable Development of the Biosphere.* Cambridge, UK, Cambridge University Press.

Horemans P., 1961, *Contribution à l'étude pédologique des terrasses alluviales de la Loire moyenne*. Thèse de la faculté des sciences de l'Université de Paris, 164 p.

Horton J.L., Kolb T.E., Hart S.C., 2001, Physiological response to groundwater depth varies among species and with river flow regulation. Ecological Applications, 11, 4, p. 1046-1059.

Hotyat, M., 1990, *De l'espace territorial à l'analyse stationnelle : recherche méthodologique pour une approche biogéographique de la forêt française,* HDR de Géographie : Université Paris VII, 298 p.

Houbrechts G. et Petit F., 2001, La métallurgie ancienne en « Terre de Durbuy ». Utilisation des macroscories en dynamique fluviale. *Bulletin de la Société Géographique de Liège.* 40(1), p. 3-11.

Houbrechts, G. et Petit, F., 2003, Utilisation de scories métallurgiques en dynamique fluviale : détermination de la compétence effective des rivières et estimation des vitesses de progression de leur charge de fond. *Géomorphologie : relief, processus, environnement,* vol. 1, p. 3-12.

Hubert G. ; Pottier N., 2006 : L'évaluation de la politique réglementaire, *in* Laganier R. (dir.), *Territoires, inondation et figures du risque : la prévention au prisme de l'évaluation,* collection « itinéraires géographiques », L'Harmattan, p. 41-66.

Hubert G., 2001, *Aménagement et gestion locale des bassins hydrographiques. Procédures de planification et processus de décision,* HDR en Aménagement de l'espace et urbanisme, Université de Tours, 212 p.

Hughes F.M.R. [coor.], 2003, *The flooded forest : guidance for policy makers and river managers in Europe on the restoration of floodplain forests. FLOBAR2,* Depârtement of Geography, University of Cambridge, UK, 96 p.

Hupp C.R., 1988, Plant ecological aspects of flood geomorphology and paleoflood history, in Baker V.R., Kochel C.R., Patton P.C. éd., *Flood Geomorphology,* New York, Wiley and Sons, p. 335-356.

Hupp C.R., Osterkamp W.R., 1996, Riparian vegetation and fluvial geomorphic processes. *Geomorphology* 14, 277-295.

Hupp, C.R., Osterkamp, W.R., and Howard, 1995, *Biogeomorphology-Terrestrial and Freshwater Systems.* Elsevier Science, Amsterdam, 347 p.

Hydratec, 1999, Définition des fuseaux de mobilité fonctionnelle sur les cours d'eau du Bassin Rhin-Meuse, DIREN, AERM, Navigation du Nord-Est.

Ioana-Toroimac G., *La vallée de la Prahova (Roumanie), comportement hydro-géomorphologique et risques associés.* Thèse en cours, dir. : Y. Battiau-Queney (Université de Lille 1) et F. Grecu (Université de Bucarest).

Ishikawa Y., 1989, *Studies on disasters caused by debris flows carrying floating logs down mountain streams.* Ph.D. dissertation, Kyoto University, 121 p.

Jacob N., 2003, *Les vallées en gorges de la Cévenne vivaraise, montagne de sable et château d'eau.* Thèse de géographie et aménagement, Université Paris IV- Sorbonne, 459 p.

Jacob N., Astrade L., Bravard J.P. 2006, Le comportement hydrosédimentaire de rivières torrentielles des Cévennes et des Préalpes au PAG : enseignements géomorphologiques des archives historiques, de la dendrochronologie et de la lichénométrie. *In L'érosion entre société, climat et paléoenvironnement,* Clermont-Ferrand, 25-27 mars 2004, PUBP, coll. Nature et Société, p. 297-304.

Jacob N., Gob F., Bravard J.-P., Petit F., 2006, Les formes fluviales d'une rivière en gorge, le Chassezac (Cévennes, France). *Géomorphologie, relief, processus, environnement,* 1, p. 3-22.

Jacob N., Gob F., Petit F., Bravard, J.-P., 2002, Croissance du lichen Rhizocarpon geographicum sur les bordures montagneuses du NO de la Méditerranée (Cévennes, Corse et Pyrénées orientales) : observations en vue d'une application à l'étude des lits rocheux et caillouteux. *Géomorphologie, relief, processus, environnement*, 4, p. 283-296.

Jacob, N., 2005, Prélèvements hydriques de l'agriculture et de l'industrie en Cévenne vivaraise depuis le XIXe siècle : l'apport des archives à la gestion contemporaine. *La Houille Blanche – Revue Internationale de l'Eau,* n°3, p. 97-102

Jacob, N., Gob, F., Petit, F., Bravard, J.P., 2002, Croissance du lichen Rhizocarpon geographicum sur les bordures montagneuses du NO de la Méditerranée (Cévennes, Corse et Pyrénées orientales) : observations en vue d'une application à l'étude des lits rocheux et caillouteux. *Géomorphologie*, 4, p. 283-296.

Jaillet S., 2005, Le Barrois et son karst couvert: Structure, fonctionnement, évolution, *Karstologia Mémoires*, n° 12, 336 p. (Thèse de géographie, Bordeaux 3 2000)

Jones C.G., Lawton J.H., Shachak M., 1994, *Organisms as ecosystem engineers.* Oikos 69, 373-386.

Jouve, A.-M. et Padilla, M., 2007, Les agricultures périurbaines méditerranéennes à l'épreuve de la multifonctionnalité : comment fournir aux villes une nourriture et des paysages de qualité, *Cahiers Agricultures*, n°16, pp.311-317.

Jund S., Paillard C., Frossard P.A., Lachat B., Bessaguet J.C., Goetghebeur P., Russo P., Walter S., 2000, *Guide de la végétation des bords de cours d'eau,* rapport général. Agence de l'eau Rhin-Meuse. 54 p.

Kane C., *Les incidences de la mise en eau du barrage de Diama sur l'estuaire du Fleuve Sénégal.* Thèse en cours, Dir. : Joël Humbert (Université Louis PASTEUR à Strasbourg) *et al.*ioune KANE, (Université Cheikh Anta DIOP à Dakar).

Konaté, L. 1998, *Les bas fonds dans le réseau hydrographique du fleuve Gambie : cartographie, régime hydrologique, valorisation agricole et typologie.* Thèse de Doctorat de 3ème cycle, Géographie, Géographie, Université Cheikh Anta DIOP de Dakar (UCAD).

Koulinski V., 1994, *Etude de la formation d'un lit torrentiel.* Etudes du CEMAGREF, Série Equipements pour l'eau et l'environnement, 15, Grenoble, 538 p.

Kozlowski T.T., 1962, *Tree growth.* The Ronald Press Company, New York, 442 p.

Kozlowski T.T., 1984, *Flooding and Plant Growth,* Academic Press, New York.

Kozlowski T.T., Kramer P.J., Pallardy S.G., 1991, *The physiological ecology of woody plants.* Academic Press, San Diego, California, 657 p.

Kuntson K.L., Naef V.L., 1997, *Management recommandations for Washington priority habitats : riparian.* Wash. Dept. Fish and Wildl., Olympia, 181 p.

Laganier R., 1994, *Contribution à l'étude des processus d'érosion et des risques naturels dans les îles du sud-ouest Pacifique : Nouvelle-Calédonie, Iles Salomon*, Thèse de géographie, USTL, 305 p.

Laganier R., Davy L., 2000, La gestion de l'espace face aux risques hydroclimatiques en région méditerranéenne. in *Les régions françaises face aux extrêmes hydrologiques. Gestion des excès et de la pénurie,* sous la direction de J.P. Bravard, SEDES, collection Mobilité spatiale, pp. 15-38.

Laganier R., Davy L., 2000, (2000) : Paroxysmes climatiques et hydrosystèmes insulaires tropicaux : exemples de la Nouvelle-Calédonie et de Tahiti. in *Les régions françaises face aux extrêmes hydrologiques. Gestion des excès et de la pénurie,* sous la direction de J.P. Bravard, SEDES, collection Mobilité spatiale, pp. 96-118.

Laganier R., Scarwell H-J., 2000, Inondation et recomposition territoriale : quand la nature interroge le fonctionnement des territoires. *Hommes et Terres du Nord* n°2/2000 p.103-110.

Laganier, R., Salvador, P-G. (coord.), 2001, *Hydrosystèmes, Paysages, Territoires,* Actes du colloque de Lille, sept. 2001, CNFG – Commission Hydrosystèmes, CD-Rom.

Laganier R., 2002, *Recherches sur l'interface eau-territoire dans le nord de la France,* HDR, Université des Sciences et technologies de Lille, 237 p.

Laganier R. et Scarwell H.J., 2004, De la mémoire cartographique à la représentation in situ de la mémoire. Quelle stratégie de gestion du risque d'inondation ? in *Contraintes environnementales et gouvernance des territoires* (dir. Scarwell H.J. Franchomme M.), éd.l'Aube-nord, p. 452-459.

Laganier R. (dir.), 2006, *Territoires, inondation et figures du risque : la prévention au prisme de l'évaluation*, collection « itinéraires géographiques », L'Harmattan, 257 p.

Lahousse P., 1997, L'apport de l'enquête historique dans l'évaluation des risques morphodynamiques : l'exemple de la vallée de la Guisane (Hautes-Alpes, Briançonnais). *Revue de Géographie Alpine,* n°1, p. 53-60.

Lahousse P., Romelé C., 2000, Le Ravin des sables (Hautes–Alpes, France) : une nouvelle source de risque dans la vallée de la Clarée. *Géographie Physique et Quaternaire*, n°3, p. 271-280.

Lamarche V.C., 1966, An 800 year history of stream erosion as indicated by botanical evidence. Professional Paper USGS, 550D D83-D86, 267 P.

Lambert R., Prunet C., 2000, L'approche géographique de l'inondation. L'exemple de la Garonne à l'aval de Toulouse. *In* Bravard J.-P. (dir.) *Les régions françaises face aux extrêmes hydrologiques. Gestion des excès et de la pénurie*, SEDES, p. 39-53.

Landon N., 1999, *L'évolution contemporaine du profil en long des affluents du Rhône moyen, constat régional et analyse d'un hydrosystème complexe, la Drôme.* Thèse de Doctorat de géographie et aménagement, Université de Paris IV, 477 p.

Landon N., 2007, Du constat d'enfoncement du lit fluvial aux actions de recharge sédimentaire : quelles solutions pour une gestion raisonnée de nos cours d'eau ? *In: Outils de gestion de l'eau en territoire de montagne et al.ternatives* (collectif), publication du Projet Interreg III, p. 28-39.

Landuré C., Pasqualini M. et Guilcher A. (Ed.), 2004, Delta du Rhône. Camargue antique, médiévale et moderne. *Bulletin Archéologique de Provence*, supplément 2, Editions de l'APA, Aix-en-Provence.

Lang C., 2007, *Etiages et tarissements : vers quelles modélisations ? L'approche conceptuelle et l'analyse statistique en réponse à la diversité spatiale des écoulements en étiage des cours d'eau de l'est français,* Thèse de géographie, Université de Metz

Langlois P., 2005, Les automates cellulaires pour la modélisation des systèmes spatiaux. *In* Guermond Y. (Ed) - *Modélisations en géographie – Déterminismes et complexités.* Collection IGAT (Information Géographique et Aménagement du Territoire), Paris, Hermès-Lavoisier , p. 321-352.

Langlois P., Delahaye D., 2002, « Ruicells », automate cellulaire pour la simulation du ruissellement de surface. *Revue Internationale de Géomatique*, 12 (4), p. 461-487.

Lardé S., Castanet C., Musch Y., Souffi B., 2008, *« Bois au cœur », site n° 045.051.020 Bray-en-Val, Loiret (45).* Rapport de fouille archéologique. Institut National de Recherches Archéologiques Préventives.

Larrue, S., 2002, *La dynamique des milieux et des paysages sur la marge nord-est du Parc national du Niokolo-koba : un indicateur de rupture entre le milieu et la société mandingue (Sénégal oriental) ?* Thèse de Doctorat de 3ème cycle, Géographie, Université Bordeaux III, 344pages.

Latour B., 1999, *Politique de la nature. Comment faire entrer les sciences en démocratie.* Paris : La découverte, 382 p.

Lavigne F., 2004, Dynamique sédimentaire et risques naturels dans le bassin du fleuve Progo, Java Centre, Indonésie. Rapport final du PICS n°1042, CNRS.

Le Bissonnais Y, Thorette J., Bardet C., Daroussin J., 2002, *L'érosion hydrique des sols en France.* Rapport INRA-IFEN, 109 p. (Consultable sur le site http://erosion.orléans.inra.fr/rapport2002/).

Le Bot-Helly A. et Helly B., 1999, Vienne, contraintes hydrologiques et aménagements des rives du Rhône. *Gallia*, 56, 71-79.

Le Cœur, C., et Gautier, E., 2005, Les enjeux des friches hydrauliques : entretien, ré-affectation, dés-aménagements. Présentation d'un programme de recherche, *in* Serna V. et Gallicé A. (coord.), La rivière aménagée : entre héritages et modernité. Formes, techniques et mise en œuvre, *Aestuaria* n°7, pp. 495-508.

Le Lay Y., Piégay H., Gregory K.J., Dolédec S., Chin A., Elosegi A., Mutz M., Zawiejka J., Wyzga B., 2008, Variations in cross-cultural perception of riverscapes in relation to in-channel wood. *Transactions of the Institute of British Geographers*: 33(2) : 268-287

Le Lay, Y-F., 2007, *Les hommes et le bois en rivière : représerntations, pratiques et stratégies de gestion dans le cadre de l'entretien des cours d'eau,* thèse de Géographie, Université de Lyon (Jean Moulin), 569 p.

Lebaut S., 2000, L'apport de l'analyse et de la modélisation hydrologiques de bassin versant dans la connaissance du fonctionnement d'un aquifère : les grès d'Ardennes-Luxembourg, *Mosella,* XXVI, N°1-2. 271 p.

Lebaut S., 2001, L'apport de l'analyse et de la modélisation hydrologiques de bassin versant dans la connaissance du fonctionnement d'un aquifère : les grès d'Ardenne-Luxembourg, *Mosella*, XXVI, 271 p (Thèse géographie, Metz)

Lelong C. et Deutch J.C., 1995, L*'eau dans la ville, bilan général*. Paris, ENPC, 318 p.

Léopold L.B., Wolman M.G. et Miller J.P., 1964, *Fluvial processes in geomorphology*. J. Gilluly et A.-O. Woodford (Ed), San Francisco, 522 p.

Lepetit B., Pumain D., 1993, *Temporalités urbaines*, Anthropos, Paris, 330 p.

Leroux, M., 1983, *Le climat de l'Afrique tropicale*. Thèse de doctorat d'Etat, Géographie, Université de Dijon, 3 tomes, 1427 pages.

Lespez, L., 2005, Les aménagements hydrauliques et la dynamique des paysages des petits cours d'eau depuis le XVIIIe siècle dans le nord-ouest de la France : l'exemple du bassin versant de la Seulles (Calvados), *in* Serna V. et Gallicé A. (coord.), La rivière aménagée : entre héritages et modernité. Formes, techniques et mise en œuvre, *Aestuaria*, n°7pp. 125-145.

Lespez, L., Cador, J.-M., Carpentier, V., Clet-Pellerin, M., Germaine, M.-A., Garnier, E., Marcigny, C., 2008, Trajectoire des paysages des vallées normandes et gestion de l'eau, du Néolithique aux enjeux de la gestion contemporaine, in Galop (ed.), *Paysages et environnement : de la reconstitution du passé aux modèles prospectifs*, Actes du colloque de Chilhac, 27-30 septembre 2006, 16 p.

Leveau P., 1995, Géoarchéologie, géohistoire et géographie historique. A propos des approches naturaliste et historique du site de Marseille antique. *Méditerranée*, 3-4, 1-9.

Leveau P., 1997, Sociétés historiques et milieux humides. Un modèle systémique des données applicable aux marais continentaux de cuvette. *Natures, Sciences, Sociétés*, vol. 5, 2, 5-18.

Leveau P., Livet P. et Provansal M., 2000, Reconstruire des temporalités : la vallée des Baux, le temps des hommes et le temps de l'environnement. In : *Les temps de l'environnement*, M. Barrué-Pastor et G. Bertrand (dir.), P.U.M., 139-148.

Lévêque C., Muxart T., Abbadie L., Weill A. et Van der Leeuw S., 2003, L'anthroposystème : entité structurelle et fonctionnelle des interactions sociétés-milieux. *Quelles natures voulons-nous ? Pour une approche socio-écologique du champ de l'environnement*. Actes du colloque du PEVS, Lille 11-14 Novembre 2001. Elsevier, Paris, 110-132.

Lévêque, C., Pavé, A., Weill, A., Abbadie, L., Vivien, F.-D., 2000, Les zones ateliers, des dispositifs pour la recherche sur l'environnement et les anthroposystèmes. *Nature Sciences Sociétés*, vol. 8, n°4, p. 44-52.

Lévy G., Le Goff N., Lefèvre Y., Garros L., 1992, Les exigences stationnelles du frêne dans le Nord et le Nord-Est de la France. Revue Forestière Française, XLIV, n° spécial : 20-26.

Lexique Hydrologique pour l'Ingénieur, 2005, Cemagref, Quae, 211 p.

Leymarie, E., 2007, *Gestion et cultures de l'eau dans le sud du bassin garonnais : l'aménagement hydraulique face aux aquosités,* thèse de géographie, Université Paris X-Nanterre.

Liébault F., 2003, *Les rivières torrentielles des montagnes drômoises : évolution contemporaine et fonctionnement géomorphologique actuel (massifs du Diois et des Baronnies).* Thèse de doctorat, Université Lumière Lyon II, 358 p.

Liébault F., Gomez B., Page M., Marden M., Peacock D., Richard D., Trotter C.M., 2005, Land-use change, sediment production and channel response in upland regions. *River Research and Applications*, 21: 739-756.

Liébault F., Recking A., Frey P., Piégay H., et Clément P., 2007, Transport solide par charriage et régimes morphologiques : observations en conditions naturelles. *In* : *Transports solides et gestion des sédiments en milieux naturels et urbain*, publications de la SHF, Lyon, p. 25-33.

Liébault F., Taillefumier F., 2000, L'évolution contemporaine de la bande active des principaux affluents de la Drôme, de l'Eygues et du Roubion (Préalpes du Sud, France), *Géocarrefour*, vol. 75, p. 292-305.

Lite S.J., Stromberg J.C., 2005, Surface water and ground-water thresholds for maintaining Populus–Salix forests, San Pedro River, Arizona. *Biological Conservation,* 125, 2, 153-167.

Llamas J., 1993, *Hydrologie générale. Principes et application*, Gaétan Morin (eds), Québec, 2ème édition, 527 p.

LR. Johnston Associates, 1992, *Floodplain management in the United States : an Assessment Report*, vol. 2 : full report, Federal Interagency Floodplain Management Task Force, FIA, 18/June.

Luginbühl, Y., et Muxart, T., 1998, Place de la géographie dans les recherches sur l'environnement. In : La question de l'environnement dans les sciences sociales - éléments pour un bilan, PEVS, *Lettres des programmes* I*nterdisciplinaires de recherche du CNRS*, 17, p. 44-63.

Lytle D.A., Poff N.L., 2004, Adaptation to natural flow regimes. Trends in Ecology and Evolution 19, 94-100.

Macaire J. -J., Bernard J., Di-Giovanni C., Hinschberger F., Limondin-Lozouet N. et Visset L., 2006, Quantification and regulation of organic and mineral sedimentation in a late- Holocene floodplain as a result of climatic and human impacts (Taligny marsh, Parisian Basin, France). *The Holocene*, 16, 5: 647-660.

Macaire J.-J., 1990, L'enregistrement du temps dans les dépôts fluviatiles superficiels : de la géodynamique à la chronostratigraphie. *Quaternaire*, 1, 41-49.

Macaire J.-J., Di-Giovanni C. et Hinschberger F., 2005, Relations entre production organique et apports terrigènes dans les sédiments fluviatiles holocènes : observations et interprétations hétérodoxes. *Comptes Rendus des Géosciences*, 337 : 735-744.

Madesclaire A. [coor.], 2001, Les milieux forestiers de la vallée du Rhin : guide pour l'identification des stations et le choix des essences. CR Alsace, CRPF Lorraine Alsace, ONF direction régionale Alsace, 83 P.

Mahoney J.M., Rood S.B., 1992, Response of hybrid poplar to water table decline in different substrates. *Forest Ecology and Management*, 54, 141-146.

Mahoney J.M., Rood S.B., 1998, Streamflow requirements for cottonwood seedling recruitment - an integrative model. *Wetlands* 18, 634-645.

Maire G., Corbonnois J., 1999, Evolution récente du lit de trois cours d'eau lorrains (Meuse, Moselle, Meurthe) en divers sites caractéristiques, AERM.

Maire G., Corbonnois J., 2000, Evolution morphodynamique récente de la Moselle entre Charmes et Bayon - Diagnostic de l'état actuel du lit, choix d'un type de gestion de l'espace fluvial. *Revue de Géographie de Lyon*, vol. 75(4), p. 305-315.

Malanson G.P., 1993, *Riparian Landscapes.* Cambridge, Cambridge University Press.

Malavoi JR., Bravard JP, Piégay H., Herouin E., Ramez P., 1998, *Détermination de l'espace de liberté des cours d'eau*, Bassin Rhône Méditerranée Corse, Guide technique n°2, 39 p.

Malavoi, JR., 2003, *Stratégie d'intervention de l'agence de l'eau sur les seuils en rivière, rapport d'étude*, AREA – Eau – Environnement, Agence de l'Eau Loire Bretagne, 135 p.

Maleval V., Astrade L., 2003, Le modelage d'une cuvette lacustre artificielle après son remplissage : quantification et chronologie de l'érosion des rives du lac de St-pardoux, limousin (France). *Revue de Géographie Alpine*, Tome 91, n°1, p. 29-40.

Mangin A., 1971, *Contribution à l'étude hydrodynamique des aquifères karstiques.* Thèse de doctorat ès Sciences. Université de Dijon.

Mansuy D., 2005, *L'eau dans les formations argileuses et calcaires du Trias au sud de la Lorraine (France).* Thèse de doctorat de géographie. Université de Metz. 213 p.

Marancourt, 1794, *Adresse et réclamations pour les marchands de bois faisant l'approvisionnement de Paris, sur les rivières d'Yonne, Beuvron, Cure, Armançon et ruisseaux y affluans*. Paris, s.n., 19 p.

Marguerie, D., 2003, Bocages armoricains et sociétés, genèse, évolutions et interactions, in, Muxart t *et al.*, (dir.), *Des milieux et des hommes : fragments d'histoires croisées*, Paris, Elsevier, p. 15-28

Marié M., 1985, *De l'aménagement au ménagement du territoire en Provence. Le genre humain, les usages de la Nature,* n°12, Paris : Seuil.

Marre A., 2007, Cartographie géomorphologique et cartographie des risques. *BAGF*, vol. 84(1), p. 3-21.

Martinais, E. 2001, *Les sociétés locales à l'épreuve du risque urbain : un siècle de gestion du danger dans deux contextes de l'agglomération lyonnaise (fin XIXème-fin XXème siècle),* Université de St Etienne, 665 p.

Massard-Guibaud G., 2004, *Histoire de la pollution industrielle en France (1789-1914),* HDR, Université de Lyon II, 275 p.

Masson E., 2002, *Les conséquences des crues dans le bassin versant de l'Eure : Le risque inondation dans un hydrosystème anthropisé.* Thèse de doctorat. Université de Caen - Basse-Normandie, 223 figures, 81 tableaux, 2 tomes 447 et 244 p.

Masson M., Garry G., Ballais J.-L. : *Cartographie des zones inondables. Approche hydrogéomorphologique.* Ministère de l'Equipement, Ministère de l'Environnement, Editions Villes et Territoires, Paris, 100 p., 1996.

MATE (Ministère de l'Aménagement du Territoire et de l'environnement) , 2001, *Inondations et coulées de boue en Seine-Maritime.* Rapport de l'IGE, Inspection Générale de l'Environnement, 70 p. + annexes.

McKee A., Gregory S., Ashkenas L., 1996, *Riparian management references.* National Forest in Minnesota, USDA, Oregon State University, Corvallis, Oregon, 110 p.

Mermet L., 1992, *Stratégies pour la gestion de l'environnement. La nature comme jeu de société ?* Paris : L'Harmattan, 205 p.

Meschinet de Richemond N., 1997, *Les inondations catastrophiques sur la bordure montagneuse du Roussillon : dégâts et sinistres, sinistrés.* - Doctorat de géographie, Univ. Paris X-Nanterre

Meyer E., 2001, *Evolution des paysages ruraux et phénomènes d'inondation boueuse en terres de grande culture. Le cas du ru de Senneville (Yvelines).* Thèse de Doctorat de Géographie, Paris IV, Sorbonne, 413 p.

Miall A.D., 1996, *The geology of fluvial deposits. Sedimentary facies, basin analysis, and petroleum geology.* Springer-Verlag, Berlin, 582.

Michel P. (Ed.), 1993, *L'après-barrage dans la vallée du Sénégal : Modifications hydrodynamiques et sédimentologiques - Conséquences sur le milieu et les aménagements hydro-agricoles.* Résultats des travaux du Projet Campus 1989-1992, 152 p.

Michel, P. 1973, *Les bassins des fleuves Sénégal et Gambie. Etude géomorphologique.* Thèse d'Etat-Mémoire ORSTOM, n° 63, 3 tomes.

Ministry of Forest et Range, 1995, *Riparian management area guidebook.* Province of British Colombia.

Miramont C., 1998, *Morphogénèse, activité érosive et détritisme alluvial holocènes dans le basin de la Moyenne Durance (Alpes françaises du Sud).* Thèse de géographie physique, Université Aix-Marseille I, 286 p.

Miramont C., Sivan O. 2006, Les paléoenvironnements fluviatiles dans les Alpes du Sud : un exemple d'étude dendro-géomorphologique. pp. 71-72. *In* Dumont A., Benoit P., Berthier K., Billaud Y., Bonnamour L., Bonnot-Diconne C., Carcaud N., Dumont A., Hiron X., Magny M., Marguet A., Petrequin A.M., Petrequin P., Vaxelaire L., *Archéologie des lacs et des cours d'eau.* Collection Archéologiques, éd. Errance, 166p.

Mitsch W.J., Rust W.G., 1984, Tree growth responses to flooding in a bottomland forest in northeartern Illinois, *Forest Science*, 30, p. 499-510.

Montembault, D., 2002, *Les vallées face à l'appropriation urbaine : des mutations de l'occupation du sol dans les grandes vallées proches d'Angers aux nouveaux paysages,* thèse de géographie, Université d'Angers, 407 p.

Moulin B., 2005, *Variabilité spatiale et temporelle du bois dans le réseau hydrographique de l'Isère à l'amont de Grenoble.* Thèse de Doctorat en géographie, Université Jean Monnet –Saint-Etienne, 450 p.

Munne A., Prat N., Sola C., Bonada N., Rieradevall M., 2003, A simple field method for assessing the ecological quality of riparian habitat in rivers and streams: QBR index. *J. of Aquatic Conserv: Mar. Freshw. Ecosyst.* 13: 147-163.

Musset, A., 2003, L'agriculture sur l'eau en milieu urbain : Les hortillonnages d'Amiens et les chinampas de Xochimilco, *Bulletin de l'Association des géographes français*, septembre 2003, pp.325-337.

Muxart T., 2006, Essai sur une approche interdisciplinaire de l'analyse des anthroposystèmes dans la longue durée. In : C. Beck, Y. Luginbühl, T. Muxart (Ed.), *Temps et espaces des crises de l'environnement*. Editions Quæ, Paris : 393-400.

Muxart, T., Vivien, F.-D., Villalba, B., Burnouf, J., 2003, *Des milieux et des hommes : fragments d'histoires croisées*, Elsevier, Paris, 214p.

Naiman R.J. et Décamps H., 1990, The Ecology and Management of Aquatic-Terrestrial Ecotones. Paris. Vol.4, 316pp.

Nanson G.C. et Croke J.C., 1992, A genetic classification of floodplains. *Geomorphology*, 4, 459-486.

Nanson G.C. et Beach H.F., 1977, Forest succession and sedimentation on a meandering-river floodplain, Northeast British Columbia, Canada, *Journal of Biogeography* , 4 : 229-251.

Narcy J.B., 2004, *Pour une gestion spatiale de l'eau. Comment sortir du tuyau.* Bruxelles : Peter Lang, 342 p

National Research Concil, 2002, *Riparian areas, functions and strategies for management.* National Academy Press, Washington DC, 428 p.

Naulet R., 2002, *Utilisation de l'information des crues historiques pour une meilleure prédétermination du risque d'inondation. Application au bassin de l'Ardèche à Vallon-Pont-d'Arc et Saint-Martin-d'Ardèche.* Co-tutelle de thèse pour obtenir le grade de docteur, Université de Grenoble I, Université du Québec, Institut National de la Recherche Scientifique, 217 p.

Ndione, J.-A., 1998, *Contraintes et évolution climatique récente du Sénégal oriental : impacts sur le milieu physique.* Thèse de doctorat de 3ème cycle, Géographie, UCAD.

Noiville C., 2003, *Du bon gouvernement des risques*. Paris : PUF, 236 p.

Noizet H., Carcaud N. et Garcin M., 2004, Rive droite rive gauche : la Loire et Tours (XIIe-XVe s.). In : J. Burnouf, P. Leveau (Ed.), *Fleuves et marais, une histoire au croisement de la nature et de la culture.* Actes du colloque tenu à Aix-en-Provence du 8 au 10 avril 2002, CTHS (Archéologie et histoire de l'art, 19), p. 137-155.

November V., 2002, *Les territoires du risque*. Bruxelles : Peter Lang, 332 p

Odling-Smee F.J., Laland K.N., Feldman M.W., 2003, *Niche construction: the neglected process in evolution.* Princeton, NJ, Princeton University Press.

OECD, 1998, *Towards sustainable development. Environmental indicators*, Paris: Group on the State of the Environment SOE. 129p.

Ollagnon H., 1984, Acteurs et patrimoine de la gestion de la qualité des milieux naturels, *Aménagement et Nature*, n°74, pp. 1-4.

Otto H.J., 1998. *Ecologie forestière*. IDF, Paris, 397 p.

Pardé M., 1947, *Fleuves et rivières,* chez Armand Colin.

Passega R., 1957, Texture as characteristic of clastic deposition. *Bulletin American Association of Petroleum Geologists*, 41 (9), 1952-1984.

Pautou G., 1984, L'organisation des forêts alluviales dans l'axe rhodanien entre Genève et Lyon ; comparaison avec d'autres systèmes fluviaux. *Document de Cartographie Ecologique*, 27, 43-64.

Pautou G., Girel J., Borel J.L., 1992, Initial repercussions and hydroelectric developments in the French Upper Rhône Valley: A lesson for predictive scenarios, propositions. *Environmental Management*, 16, 2, 231-242.

Pautou G., Peiry J.L., Blanchard E., Hughes F.M.R., Richards K.S., Harris T., El-Hames A., 1997, Space-time units in floodplains, the example of the Drac River upstream of Grenoble (French Alps). *Global Ecology and Biogeography* Letters 6, 311-319.

Peiry J.-L., 1988, *Approche spatio-temporelle de la dynamique des sédiments d'un cours d'eau intra-montagnard : l'exemple de la plaine alluviale de l'Arve (Haute-Savoie),* Thèse de géographie et aménagement, Université de Lyon III, 378 p.

Peiry J.L., 1997, *Recherches en géomorphologie fluviale dans les hydrosystèmes fluviaux des Alpes du Nord.* Diplôme d'Habilitation à diriger les recherches en Géographie, Université Joseph Fourier, Grenoble 1, 2 vol., 308 et 341 p.

Penven M.-J., Dupont N. et Gaillard S., 2004, Fonctionnement hydrogéomorphologique et cartographie des fonds alluviaux dans le contexte armoricain. *Mosella*, vol. 29(3-4), p. 101-111.

Petit F., Hallot E., Houbrechts G. et Mols J., 2005, Evaluation des puissances spécifiques de rivières de moyenne et de haute Belgique. *Bulletin de la Société géographique de Liège*, 46, 37-50.

Petit F., Perpinien G., Deroanne C., 2000, Détermination des puissances spécifiques critiques dans des rivières à charge de fond caillouteuse. *Revue Géographique de l'Est*, vol. 40, p. 59-65.

Picon A., 1992, *L'invention de l'ingénieur moderne*, Paris, ENPC, 768 p.

Picon A., 1995, La mécanique des fleuves au XVIIIe siècle, dans « *Michel Crest 1690-1766, Homme des Lumières* », Genève : Maison Tavel, p. 126-129.

Picouet P., Laganier R., Salvador P.G., Stevenoot A.,2000, Élément pour une géohistoire des paysages d'une marge humide : la basse vallée de la Canche (Pas-de-Calais, France). *Hommes et Terres du Nord*, n° 2/2000 p.69-76.

Piégay H., 1995, *Dynamiques et gestion de la ripisylve de cinq cours d'eau à charge grossière du bassin de Rhône (l'Ain, l'Ardèche, le Giffre, l'Ouzère et l'Ubaye), XIXe-XXe siècles,* Thèse de Géographie et Aménagement, Université de Paris IV - Sorbonne, 529 p,.

Piégay H., Citterio A., Astrade L., 1998, Ligne de débris ligneux et recoupement de méandres, exemple du site de Mollon sur la rivière d'Ain (France). *Zeitschrift für Geomorphologie*, 42, 187-208.

Piégay H., Pautou G., Ruffinoni C. [coord.], 2003, *Les forêts riveraines des cours d'eau : écologie, fonctions, gestion,* Institut pour le Développement Forestier, Paris. 464 p.

Piégay H., Salvador P.G., 1997, Contemporary floodplain forest evolution along the middle Ubaye River, southern Alps, France. *Global Ecology and Biogeography Letters* 6, 1-10.

Piégay H., Thévenet A., Citterio A., 1999, Input, storage and distribution of large woody debris along a mountain river continuum, the Drôme river, France. *Catena*, 35, 19-39.

Piégay, H., et Stroffek, S., 2000, La « gestion physique » des rivières dans le bassin Rhône Méditerranée Corse : des extrêmes…au milieu *in* Bravard JP (dir.), *Les régions françaises face aux extrêmes hydrologiques. Gestion des excès et de la pénurie*, Paris, SEDES, pp. 247-274.

Piégay, H., Pautou, G., Ruffinoni, C., 2003, Les forêts riveraines des cours d'eau : écologie, fonctions et gestion, Paris, IRD, 463 p.

Poff N.L., Allan J.D., Bain M.B., Karr J.R., Prestegaard K.L., Richter B.D., Sparks R.E., Stromberg J.C., 1997, *The natural flow regime. A paradigm for river conservation and restoration.* BioScience 47, 11, 769-784.

Raccasi G., 2008, *Mutations géomorphologiques récentes du Rhône aval, recherches en vue de la restauration hydraulique et de la gestion des crues*, Thèse de géographie, Université d'Aix-Marseille (CEREGE, UFR des sciences géographiques et de l'aménagement), 334 p.

Reille M. et Beaulieu J.-L., 1988, History of the Würm and Holocene vegetation in western Velay (Massif Central, France): a comparison of pollen analysis from three corings at lac du Bouchet. *Review of Palaeobotany and Palynology*, 54: 233-248.

Reyt, P., 1998, *Formes et paysages de l'eau dans le bassin de la Loire : de l'eau dans les paysages aux paysages de l'eau*, thèse de doctorat (géographie), Saint-Etienne, Université Jean Monnet, Villeneuve d'Ascq, Presses Universitaires du Septentrion, 317 p.

RipFor-Team, 2003, *Riparian forest management – Guidelines for end-users.* RipFor-Team, European Commission, « Quality of Life Management of Living Resources », Vienna, 60 p.

Rivals, C., 2000, *Le Moulin et le meunier. Mille ans de meunerie en France et en Europe*, Portet-sur-Garonne, Empreintes Editions, 2 tomes, 239 et 233 p.

Rizzi P, 2006, in daniel Terrasson- cemagref, compte rendu séances plénières du colloque « *eaux et territoires ; quelles priorités pour la recherche* ? « Lyon, 9 et 10 janvier 2006, 23 janvier 2006

Rollet A.-J., 2007, *Etude et gestion de la dynamique sédimentaire d'un tronçon fluvial à l'aval d'un barrage : le cas de la basse vallée de l'Ain.* Thèse de géographie, Université Jean moulin – Lyon III.

Rollet A.-J., Macvicar B., Piégay H.. et Roy A., 2007, Une nouvelle technique de traçage des sédiments en cours d'eau : les PIT tags. *In* : *Transports solides et gestion des sédiments en milieux naturels et urbain*, publications de la SHF, Lyon, p. 179-185.

Rood S.B., Mahoney J.M., 1990, Collapse of riparian poplar forests downstream from dams in western prairies: probable causes and prospects for mitigation. *Environmental Management*, 14: 451-464.

Rossiaud J., 2002, *Dictionnaire du Rhône médiéval. Identités et langages, savoirs et techniques des hommes du fleuve (1300-1550).* Grenoble, Centre Alpin et Rhodanien d'Ethnologie, 2 tomes, 255 et 368 p.

Rotnicki A., 1991, Retroduction and palaeodischarges of meandering and sinuous alluvial rivers and its palaeohydroclimatic implications. In: Starkel, L., Gregory, K.J., Thorne, J.B. (Ed.), *Temperate Palaeohydrology*. John Wiley and Sons, Chichester, 431-471.

Rougerie, G., 1975, *Les Cadres de vie*. PUF, Coll. « SUP », Paris.

Rougerie, G., 1985, Le dessus ou le dedans ? *Revue Géographique de l'Est*, n°4, pp.355-363.

Rougerie, G., Beroutchachvili, N., 1991, *Géosystèmes et Paysages, Bilan et Méthodes,* Paris : A. Colin, 302p.

Roulier C., Teuscher F., Tognola M., Thielen R., 1999, Zones alluviales et revitalisation. *Génie biologique,* 4, p 26-38.

Roulier S., Angulo-Jaramillo R., Bresson L.M., Auzet A.V., Gaudet J.P., Bariac T., 2002, Water transfer and mobile water content measurement in a cultivated crusted soil. *Soil Science*, 167(3), p. 201-210.

Roux A.-L. (dir.), 1982, *Cartographie polythématique appliquée à la gestion écologique des eaux. Étude d'un hydrosystème fluvial : le Haut Rhône français.* Ouvrage coll. Ed. du CNRS-Lyon, 113 p.

Ruin I., 2007, *Conduite à contre courant : Les pratiques de mobilité dans le Gard : facteur de vulnérabilité aux crues rapides,* Doctorat de Géographie de l'Université Joseph Fourier (Grenoble 1), 358 p.

S.I.A.S.H., 1997, Schéma global d'aménagement et de valorisation des hortillonnages, Programme d'actions, Amiens : S.I.A.S.H.

Sagna, P., 2005, *Dynamique du climat et son évolution récente dans la partie ouest de l'Afrique occidentale.* Thèse de doctorat d'Etat, Géographie, UCAD tome 2. p. 271-786.

Salvador P.-G., 1991, *Le thème de la métamorphose fluviale dans les plaines alluviales du Rhône et de l'Isère - Bassin de Malville et ombilic de Moirans - Bas Dauphiné.* Thèse de géographie physique, université Jean Moulin (Lyon 3), 498 p.

Salvador P.-G., 2005, *Géomorphologie et géoarchéologie des plaines alluviales (piémont alpin et nord de la France).* Diplôme d'HDR Synthèse, Université des Sciences et Technologies de Lille 1, 297 p.

Salvador P.-G., Berger J.-F., Fontugne M. et Gauthier E., 2005, Etude des enregistrements sédimentaires des paléoméandres du Rhône dans le secteur des Basses Terres (Ain, Isère, France), *Quaternaire*, 16, (4), 315-327.

Salvador P.-G., Berger J.-F., Gauthier E. et Vannière B., 2004, Holocene fluctuations of the Rhône River in the alluvial plain of the Basses Terres (Isère, Ain, France). *Quaternaire*, 15, 177-186.

Sanlaville P., 1973, *Etude géomorphologique de la région littorale du Liban*. Thèse de géographie, Univ. Lyon, Publ. Univ. Libanaise (1977), Beyrouth, 832 p.

Scarwell H.J., 2005, *Recherche sur l'interface risque d'inondation et « ménagement » du territoire dans le Nord de la France,* USTL Lille 1, Rapport de synthèse présenté dans le cadre d'une HDR, 301 p.

Schmitt L., 2001, *Typologie hydro-géomorphologique fonctionnelle de cours d'eau. Recherche méthodologique appliquée aux systèmes fluviaux d'Alsace.* Thèse de géographie, Université de Strasbourg - Louis Pasteur, Faculté de Géographie et d'Aménagement, Centre d'Etudes et de Recherches Eco Géographiques.

Schumm S.A., 1977, *The fluvial system.* J. Wiley et Sons, New-York, 338 p.

Schweingruber F.H., 1988, Tree rings : Basics and Applications of Dendrochronology, Dordrecht, Kluwer, 276 p.

Schweingruber F.H., 1996, *Tree rings and Environment. Dendroecology,* Birmensdorf, Swiss Federal Institute for Forest, Snow and Landscape Research. Berne, Stuttgart, Vienne, Haupt, 609 p.

Scott M.L., Lines G.C., Auble G.T., 2000, Channel incision and patterns of cottonwood stress and mortality along the Mojave River, California. *Journal of Arid Environment*, 44, 399-414.

Serna, V., Gallicé, A., (coord.), 2005, La rivière aménagée : entre héritages et modernité. Formes, techniques et mise en œuvre, *Aestuaria*, n°7, 508 p.

Shafroth P.B., Stromberg J.C., Patten D.T., 2000, *Woody riparian vegetation response to different alluvial water table regimes.* Western North American Naturalist, 60, 1, 66-76.

Shroder J.F., 1978, Dendrogeomorphological analysis of mass movement on Table Cliffs Plateau, Utah, *Quaternary. Research*, 9, p. 168-185.

Siché I., 2008, Aléas fluviatiles et réponses des sociétés antiques dans les deltas de Méditerranée Nord-Occidentale. L'exemple de la plaine côtière d'Aquilée (Italie septentrionale). Thèse de géographie, cotutelle Univ. Paris 7 et Trieste.

Sigafoos R.S., 1964, Botanical evidence of floods and flood-plain deposition. *United States Geological Survey Professional Paper*, 485-A, 35 p.

Smelko S., L. Scheer, 2000, Dendrochronological analysis of diameter growth and increment of pedunculate oak, Quercus robur L. in Danube floodplain forests. *Ekologia,* Bratislava, 19, 2: 125-140.

Sommé J., 1984, Signification dynamique et climatique des formations et terrasses fluviatiles dans l'Europe du Nord-Ouest. *Bull. de l'Assoc. Française pour l'étude du Quaternaire*, 1.2.3, 9-12.

Souchère V., Cerdan O., Dubreuil N., Le Bissonnais Y., King C., 2005, Modelling the impact of agri-environmental scenarios on runoff in a cultivated catchment (Normandy, France). *Catena*, 61, p. 229-240.

Sow, A.-A., 2007, *L'hydrologie du sud-est du Sénégal et de ses confins guinéo-maliens : les bassins de la Gambie et de la Falémé.* Thèse de doctorat d'état, Géographie, Université Cheikh Anta DIOP de Dakar.

Starkel L., Gregory K.J. et Thornes J.B. (Ed.), 1991, *Temperate Palaeohydrology*. J. Wiley et Sons Ltd, Chichester, 548 p.

Steiger J., Gurnell A.M., 2003, Spatial hydrogeomorphological influences on sediment and nutrient deposition in riparian zones: Observations from the Garonne River, France. *Geomorphology* 49(1-2), p. 1-23.

Steiger J., Gurnell A.M., Corenblit D., 2007, La sédimentation dans les zones riveraines : un processus hydrogéomorphologique contribuant à l'intégrité écologique des rivières. *In* M. Trémolières and A. Schnitzler éd., *Protéger, restaurer et gérer les zones alluviales. Pourquoi et comment ?* Editions Tec et Doc, Lavoisier, Paris, 71-81.

Steiger J., Gurnell A.M., Petts G.E., 2001, Sediment deposition along the channel margins of a reach of the middle River Severn, UK. *Regulated Rivers: Research and Management* 17(4-5), 443-460.

Steiger J., James M., Gazelle F., 1998, Channelization and consequences on floodplain system functioning on the Garonne River, SW France. *Regulated Rivers: Research and Management*, 14, 1, 13-23

Steiger J., Tabacchi E., Dufour S., Corenblit D. Peiry J.L., 2005, Hydrogeomorphic processes affecting riparian habitat within alluvial channel-floodplain river systems, a review for the temperate zone. *River Research and Applications* 21, p. 719-737.

Stockton C.W., Boggess W.R., 1980, Tree rings : a proxy data source for hydrologic foarcasting, *Unified river basin management, American water Resources Association, Symposium Proceedings*, May 4-7 1980, Gatlinburg, Tennesse, p. 609-624.

Strickler A. 1923, Beiträge zur Frage der Geschwindigkeitsformel und der Rauhigkeitszahl für Ströme, Kanäle und geschlossene Leitungen. Mitteilungen des Eidg. *Amtes für Wasserwirtschaft,* Bern, Switzerland.

Stromberg J.C., Patten D.T., 1996, Instream flow and cottonwood growth in the eastern Sierra Nevada of California, USA. Regulated River, *Research and Management*, 12, p. 1-12.

Sy, B.-A., 1995, *Dynamique éolienne dans le Delta du fleuve Sénégal : (contribution à l'étude géomorphologique du Sénégal septentrional).* Thèse de Doctorat de 3ème cycle, Géographie, Université Cheikh Anta DIOP de Dakar (UCAD).

Tabacchi E., 1992, *Variabilité des peuplements riverains de l'Adour. Influence de la dynamique fluviale à différentes échelles d'espace et de temps.* Thèse de Doctorat, Université Paul Sabatier Toulouse, 227 p.

Tal M., Paola C., 2007, Dynamic single-thread channels maintained by the interaction of fl ow and vegetation, *Geology*, 35 (4): 347–350

Tapsoba, D., 1997, *Caractérisation événementielle des régimes pluviométriques ouest africains et de leurs récents changements.* Thèse de doctorat, Spécialité Hydrologie, université Paris XI, Orsay, pp 1-143.

Tardif J., Y. Bergeron, 1993, Radial growth of Fraxinus nigra in a Canadian boreal floodplain in response to climatic and hydrological fluctuations. *Journal of Vegetation Science*, 4, 751-758.

Temam S., 2007, *Stratégie de gestion du risque d'inondation, ouvrages d'art et ingénieurs dans le val de Loire nivernais du 18ème siècle à nos jour*, Thèse, Université Paris 8.

Teskey R.O., Hinckley T.M., 1977, *Impact of water level changes on woody riparian and wetland communities.* Six volumes, FWS/OBS 77/58, 77/59, 77/60, 78/87, 78/88, 78/89, US Fish and Wildelife Service, Office of Biological Service, Washington DC, USA.

Thénard L., *Contribution d'une étude géographique à la gestion durable du risque torrentiel à Serre-Chevalier.* Thèse en cours, dir. : P.-G. Salvador et P. Lahousse, Université de Lille I.

Thévenet A., 1998, *Intérêt des débris ligneux grossiers pour les poisons dans les grands cours d'eau. Pour une prise en compte de la dimension écologique des débris ligneux grossiers dans la gestion des cours d'eau.* Thèse de Doctorat en écologie, Lyon 1, 100 p.

Thévenet G., Astrade L., Bravard J.P., 2003, La métamorphose des lits torrentiels à la fin du XIXe siècle : un effet du changement climatique ou du reboisement ? (bassin du Haut-Bez). *Cahiers de Géographie*, Univ. Savoie, Coll. EDYTEM, 1, p. 115-122.

Thornes, J.B., 1990, *Vegetation and Erosion: Processes and Environments.* British Geomophological Research Group Symposia Series, John Wiley and Sons, Chichester, UK, 518 pp.

Thouret J.C., 2004, Risques naturels, risques de sociétés, *BAGF*, n°1, pp. 59-63.

Traub N., Tabouret P., Pissavin S., Pont B., 2001, *Guide pour la gestion forestière des forêts alluviale de la moyenne vallée du Rhône.* CRPF Rhône-Alpes et Association des amis de la réserve naturelle de l'île de la Platière, 32 p.

Tricart J., 1958, La crue de la mi-juin 1957 sur le Guil, l'Ubaye et la Cerveyrette. *Revue de Géographie Alpine*, 46-4, 565-627.

UNESCO, 1996, *Les Réserves de Biosphère. La stratégie de Séville et le cadre statuaire du réseau mondial.*

UNESCO, 2006, *Xochimilco, un proceso de gestión participativa*, Mexico : Unesco, 364p.

Vacca-Goutoulli M. et Bruneton H., 2004, La gestion du risque fluvial par les carriers romains : la carrière de l'Estel (Pont-du-Gard). In : J. Burnouf, Ph. Leveau (Ed.), *Fleuves et marais, une histoire au croisement de la nature et de la culture.* Ed. du CTHS, Paris 2004, 249-264.

Valette, P., 2002, *Les paysages de la Garonne : les métamorphoses d'un fleuve (entre Toulouse et Castets-en-Dorthe),* thèse de géographie, Université de Toulouse le Mirail, 554 p.

Valette, P., Gazelle F., 2001, L'impact des société du XVIIIe et du XIXe siècles sur les paysages fluviaux garonnais, *Géocarrefour*, n°76/1, p. 337-345.

Valiron F., 1984, *La gestion des eaux. Principes, moyens et structures.* Paris : Presses de l'Ecole Nationale des Ponts et Chaussées, 343 p.

Valiron F., 1990, *La politique de l'eau en France de 1945 à nos jours.* Presses de l'ENPC, 147 p.

Van der Leeuw S., 2001, Environmental Archaeology. *International Encyclopedia of the Social et Behavioral Sciences*, p. 4585-4589.

Vanssay B. (de), 1991, Les leçons à tirer de l'expérience PER, dans « *Conquête de la sécurité et gestion des risques* », C. Dourlens, Paris : l'Harmattan, p. 161-175.

Vautier, F., 2000, *Dynamique géomorphologique et végétalisation des cours d'eau endigués : l'exemple de l'Isère dans le Grésivaudan.* Thèse de géographie physique, Univ. Joseph Fourier, Grenoble, 376 p. + annexes

Vella C., Fleury T.-J., Raccasi G., Provansal M., Sabatier F. et Bourcier M., 2005, Evolution of the Rhône delta plain in the Holocene. *Marine Geology*, 222-223, 235-265.

Verdelli, L., Serrano, J., Servain-Courant, S., Andrieu, D., 2005, (sous presses). La résistance à l'urbanisation de communes du corridor fluvial de la Loire et leurs efforts pour la conservation des paysages (Indre-et-Loire, France), colloque *« Les villes au défi du développement durable : Quelle maîtrise de l'étalement urbain et des ségrégations associées ? «*, actes du colloque International du 24-25 novembre, Sfax.

Vérot A., Burnouf J., Jacquet C., Amoros C. et Bravard J.-P., 1989, Le site gallo-romain de la place Bellecour (Lyon 2è) : reconstitution interdisciplinaire du paléoenvironnement. In : Actes du colloque du CTHS *« la Ville et le Fleuve »*, 3, 147-155.

Vérin H., 1993, La gloire des ingénieurs. L'intelligence technique du XVIe au XVIIIe siècle. Paris : A. Michel, 445 p

Viles, H.A., 1988, *Biogeomorphology*. Basil Blackwell, Oxford, UK

Vinet F ;, 2003, *Crues et inondations dans la France méditerranéenne. Les crues torrentielles des 12 et 13 novembre 1999 (Aude, Tarn, Pyrénées Orientales et Hérault),* Editions du Temps, Nantes.

Viveret P., 1989, *L'évaluation des politiques et des actions publiques*. Rapport au Premier ministre, Paris : La Documentation française, collection des rapports officiels, juin 87 p. et annexes.

Walter, R.-C., Merritts, D.-J., 2008, Natural streams and the legacy of water-powered Mills, *Science*, vol. 319, 18 January 2008, p. 299-304.

Ward J.V., Tockner K., Arscott D.B., Claret C., 2002, Riverine landscape diversity. *Freshwater Biology* 47, p. 517-539.

Waters M.R., 1992, Principles of Geoarchaeology: a North American Perspective. University of Arizona Press, 387 p.

Weisrock A. 1990, Introduction à l'étude des fonds de vallées en Lorraine. *Revue Géographique de l'Est*, XXX, 1, 3-18.

White G., 1975, *Flood hazard in the United States: a research assessment.* University of Colorado, Institute of behavioral sciences, Boulder.

Willms J., Rood S.B., Willms W., Tyree M., 1998, Branch growth of riparian cottonwoods: a hydrologically sensitive dendrochronoligical tool. *Trees*, 12, 215-223.

Wolman M.G., 1954, A method for sampling coarse river bed material. *Transactions of the American Geophysical Union*, 35, 6, p. 951-956.

Yengue, J-L., Génin, A., 2004, SIG et transects : outils pour la caractérisation et l'évaluation du paysage, in Puech, D. et Rivière-Honegger, A., (dir), *L'évaluation du paysage, une utopie nécessaire ?*, p. 149-164.

Richard Laganier et Gilles Arnaud-Fassetta
remercient l'Université Paris Diderot
pour son soutien accordé à la publication de cet ouvrage

L'illustration de couverture a été réalisée par Richard Laganier

L'Harmattan, Italia
Via Degli Artisti 15 ; 10124 Torino

L'Harmattan Hongrie
Könyvesbolt ; Kossuth L. u. 14-16
1053 Budapest

L'Harmattan Burkina Faso
Rue 15.167 Route du Pô Patte d'oie
12 BP 226
Ouagadougou 12
(00226) 76 59 79 86

Espace L'Harmattan Kinshasa
Faculté des Sciences Sociales,
Politiques et Administratives
BP243, KIN XI ; Université de Kinshasa

L'Harmattan Guinée
Almamya Rue KA 028
En face du restaurant le cèdre
OKB agency BP 3470 Conakry
(00224) 60 20 85 08
harmattanguinee@yahoo.fr

L'Harmattan Côte d'Ivoire
M. Etien N'dah Ahmon
Résidence Karl / cité des arts
Abidjan-Cocody 03 BP 1588 Abidjan 03
(00225) 05 77 87 31

L'Harmattan Mauritanie
Espace El Kettab du livre francophone
N° 472 avenue Palais des Congrès
BP 316 Nouakchott
(00222) 63 25 980

L'Harmattan Cameroun
BP 11486
(00237) 458 67 00
(00237) 976 61 66
harmattancam@yahoo.fr

650766 - Avril 2016
Achevé d'imprimer par

1livre.com
du rêve à la réalité !

www.ingramcontent.com/pod-product-compliance
Lightning Source LLC
LaVergne TN
LVHW011247061026
849535LV00005B/1174